ダイヤモンド

輝きへの欲望と挑戦

マシュー・ハート／鬼澤 忍［訳］

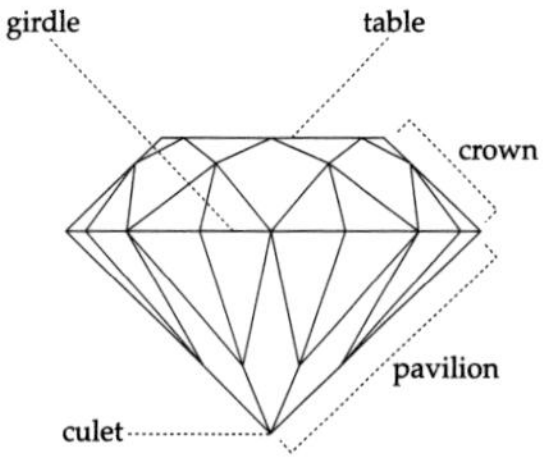

DIAMOND

THE HISTORY OF A COLD-BLOODED LOVE AFFAIR

早川書房

ダイヤモンド

——輝きへの欲望と挑戦

DIAMOND
by
Matthew Hart

Translated by
Shinobu Onizawa
First published 2002 in Japan by
Hayakawa Publishing, Inc.
This book is published in Japan by
arrangement with
Carlisle & Company L. L. C.
through Tuttle-Mori Agency, Inc., Tokyo.

ヘザーへ

目次

ダイヤモンド世界

シベリア・クラトン、ロシア
ロンドン、イギリス
モスクワ、ロシア
ヨーロッパ
アジア
アントワープ、ベルギー
テルアビブ、イスラエル
スーラト、インド
ボンベイ、インド
アフリカ
ルワンダ、アンゴラ
インド洋
オラパ、ボツワナ
ヨハネスバーグ、南アフリカ
オーストラリア
ケープタウン、南アフリカ
パース、オーストラリア

イエローナイフ、カナダ
北アメリカ
ニューヨーク、アメリカ
太平洋
大西洋
南アメリカ
ミナス ジェライス、ブラジル
N
0 マイル 2000 4000
0 キロ 4000
© 2001 Jeffrey L. Ward

略語一覧

ＢＨＰ――The Broken Hill Proprietary Company: オーストラリアの大鉱山会社。カナダでダイヤモンド事業を営む。

ＣＳＯ――Central Selling Organization: 現在は、ＤＴＣという名称に変わっている。

ＤＴＣ――The Diamond Trading Company: デビアスの販売部門。

ＵＮＩＴＡ――The National Union for the Total Independence of Angola: アンゴラの反乱派。ダイヤモンド鉱山で活動している。

ＭＰＬＡ――The Popular Movement for the Liberation of Angola: アンゴラの政府与党。

ＮＧＯ――Non-Governmental Organization: 政府と公式な結びつきを持たない活動家と人道主義者のグループ。資金面では政府に依存することも多い。

1 ラージ・ピンク

一九九九年五月九日の朝、ブラジルはミナス・ジェライス州を流れるアバエテ川上流でのこと。三人のガリンペイロが濁った流れにバージ――作業台がしつらえてある箱舟――を停泊させ、川から砂利を吸い上げはじめた。〝ガリンペイロ〟とはダイヤモンドや金を採掘する鉱夫のことで、その採掘場は〝ガリンポ〟と呼ばれる。その日は日曜日で、通常なら休みのはずだ。だが、それまでの収穫は乏しく、三人は金を必要としていた。そこで、彼らは船外エンジンをかけると、ポッポッと音を立ててキャンプから上流へやってきて、綱を岸につないでバージが流されないように固定した。天幕のおかげで、灼熱の太陽はさえぎられていた。

鉱夫たちは川底から約一立方メートルの土砂を吸い上げ、泥を洗い流すと、残った砂利をふるいにかけはじめた。地道に作業を続けたが、二時間が過ぎても幸運は訪れなかった。そのとき、ふるいの中に薄い石片が見えた。形はほぼ三角で、長い辺が約四センチあった。ふるいを使っていたガリンペイロは叫び声を上げ、ポンプを止めるよう仲間に手を振って合図した。彼はその石を洗い、指でこすり、布に包んできれいにふいた。三人はほとんど口をきかずに石をまわした。各人がそれを太陽にかざし、目を細めて見た。そして、次のように意見が一致した。そう、その石は間違いなくピンクだった。三人は大急ぎで綱をほどき、岸に向かってバージを進めた。一時間かけて電話を見つけると、ジルマール・カンポスに連絡をとった。ジルマール・カンポスは三人が乗っていたバージの持ち主であり、したがってその石の筆頭所有者だった。

日曜日だったため、アバエテ川のガリンポから西へ約一三〇キロ離れたパトス・デ・ミナスのオフィスに、カンポス兄弟はいなかった。パトス・デ・ミナスは人口一五万の都市で、歴史的にダイヤモンド業者の多いミナス・ジェライス州西部に位置している。カンポス兄弟は一つのビルで、トラック部品の会社を経営するかたわらダイヤモンドの売買も手がけていた。そのビルは人工の池に面していた。日曜日には、おだやかな水辺の小道をパトスの市民が家族連れで散歩する。池の真中にある島では鵜《う》が体を丸め、うなだれた修道士のように見えた。ブラジルの平穏なこの片田舎に、トラック部品を扱う会社はぴったりである。ビルの壁には、自動車関係の会社であることを示す大きな文字がペンキで描かれていた。どこから見ても、カンポス兄弟が、年に数百万ドル分ものダイヤ原石を売買しているとは思えなかった。ブレーキパッドやキャブレターが置いてあるフロアの二階に、小さなピンクの、驚くほど美しいグリーンの、あるいは五〇カラットの良質で透明なダイヤモンドが、常時置いてあるなどとは想像できなかった。

長兄にして家長のジルマール・カンポスは、四十代の冷徹な男だった。顔は黄褐色で、目は突き出し、髪の毛は黒く濃かった。一番下のジェラルドはスポーツマンタイプで絶えず動きまわっており、トラック部品の事業を取りしきっていた。年齢でも役割でも、この二人の間にいるのがジスネイだった。おおらかな性格の元役人で、家族の調停役だった。ジルマールとジェラルドという強い個性を団

アバエテ川で作業するガリンペイロのバージ。（マシュー・ハート撮影）

結させる強力な接着剤というわけだ。

「最初に見たのはジルマールだと書いてほしい」ガリンペイロが電話してきた五月の日曜日のことを話しながら、ジスネイは言った。「ジルマールが最初にアバエテ川に到着し、最初にその石を見たと書いてほしいんだ」実際には、最初に到着したのはジェラルドだった。ガリンペイロが電話してきたとき、彼が携帯電話を持っていたからだ。だが、到着の順番はプライドの問題だった。先のことを考えると、自尊心を満足させる役割を担うジスネイは、ジルマールが間違いなく栄誉を受けるようにしたかったのだ。

パトスから東へ車を飛ばしながら、兄弟はそれぞれ同じことを考えていた。その石は本当にピンクなのだろうか？　ガリンペイロはそうだと言った。だが、十中八九、そうではないと判明することはわかっていた。本物のピンクダイヤはきわめて希少だった。ブラジルではその色のダイヤが多く産出するとはいえ、今回の石もありふれた茶色で、ほのかにピンクがかっているだけだろう。そうした偽物のピンクは研磨の過程で薄くなり、茶色くあせてしまうのだ。だが、たとえそうだとしても、その石にはもう一つの特徴があった。カンポス兄弟は幹線道路上で自動車レースを繰り広げ、田園地帯を東へと疾走せずにはいられなかった——そのダイヤの大きさのために。

ガリンペイロの報告によれば、その石は八一カラットあるという。ガリンペイロはダイヤモンド用の秤《はかり》を持っているので、重さは正確なはずだ。さらに、もしダイヤが本当にピンクだとしたら、数百万ドルの価値があることになる。兄弟は危険も顧みずにそれぞれの車を飛ばし、舗装された幹線道路から川へ通じる赤土の道に入った。激しい揺れに、運転もままならなかったことをジスネイは覚えている。ジェラルドが最初に到着した。車をおりると、ガリンペイロが近づいてきた。彼らはジェラルドに石を手渡した。彼はルーペを取り出してそれを点検した。それから頭をはっきりさせるために目を離し、深呼吸するともう一度その石を見た。完璧なピンクだった。それほどのものは、いまだかつて見たことがなかった。「感激で体が震えたよ」のちに彼はそう言った。「まさに天にも昇る心地だった」ジルマールが到着すると、ジェラルドはダイヤを手渡した。冷徹なジルマールが、それを一目見るや泣き出した。

感激の時間が過ぎ去ると、兄弟はその石をどうしたらいいか考えた。ジルマールは、助けが必要だとわかっていた。第一に、ガリンペイロがその石には数百万ドルの価値があると言い張っていた。彼らは主張を曲げなかった。ジルマールはバージとポンプの所有者だったので、そのピンクダイヤに最大の権利を持つことになる。だが、ガリンペイロの分け前も五分の一あり、彼らは金をすぐに欲しがっていた。ジルマールは、仕事にパートナーを加えることにした。ガリンペイロの権利を買い取るためだけではなく、その石の価値を確立して売るためでもあった。

大粒で色のついたダイヤモンドの評価は難しい。それぞれが二つとないものだからだ。ダイヤモンド取引の標準的な価格協定は役に立たない。こうしたダイヤの価値は、売り手が手にできる金額によって決まるのだ。それを買える人は少ない。この雲の上の世界に、新たに発見されたダイヤモンドを紹介するには、とてつもなく微妙なコツとはったりが必要となる。ジルマール・カンポスは、どこから始めればいいかわからなかった。だが、それを知っている人物ならわかっていた。

ジルマールはルイージ・ジーリョに電話した。ジーリョはダイヤ商人であると同時に、鉱夫でもある。パトス・デ・ミナスから西に一三〇キロ離れたコロマンデルを本拠としていた。彼に電話したため、その相棒のスティーヴン・フェイビアンも仲間に加わることになった。オーストラリア人のフェイビアンは、採鉱技師にして鉱山株アナリストでもあった。彼はある取引を巧妙に立案し、ジーリョがブラジルに所有する採鉱有望地をもとに、ブラック・スワン・リソーシズという会社をつくりあげた。フェイビアンはそれ以来ブラジルにとどまり、ブラック・スワンの経営に当たっていた。

ジーリョは、ブラジルのダイヤモンド業界では有力者だった。中背で、特徴のある不精ひげを生やしていた。コロマンデルの裏通りのバーで、夜遅くにビールを飲み背中を丸めて座っているときも、ダイヤモンドがとれる川の泥で腕を汚したままだった。そんなとき、立てつづけにタバコを吸うジーリョはたやすく小物と見間違えられそうだった。原石の取引を始めたのは、彼がまだ十代の頃だった。二十三歳のときコロマンデルに移住し、この事件が起きたときもそこに住んでいた。塀のある、黄土色の大邸宅に一人で暮らしていた。それは街で最も大きな家だった。繁盛しているダイヤモンド商社

ピンクダイヤを吟味するジルマール・カンポス。（マシュー・ハート撮影）

のほかに研磨工場を経営し、近くの川のほとりにある砂利採取場で、鉱夫の集団を忙しく働かせていた。数カ月ごとにリオデジャネイロにいる妻と娘のところに飛んでいくのだが、一日か二日泊まると急いでコロマンデルに戻り、ダイヤモンドを休みなく探しつづけた。

かつてブラジルは、世界でも有数のダイヤモンド産出国だった。全盛期を過ぎたとはいえ、質の高い宝石がとれるため、ブラジルにはダイヤ商人の熱い視線が注がれつづけている。ブラジルのダイヤモンドは川でとれる。〝沖積鉱床もの〟と呼ばれるそれらのダイヤは、露天採鉱のものより概して品質がいい。アバエテ川では、かつて八二七カラットのダイヤがとれた。それぞれ二七五カラットと一二〇カラットのピンクダイヤが、その濁った川で採取された。一九三八年、サント・アントニオ・ド・ブリト川で、ガリンペイロが七二七カラットのプレジデンチ・ヴァルガを発見した。ブラジルで最も有名なダイヤモンドである。同じ川で、六〇二カラット、四六〇カラット、四〇〇カラット、三七五カラットのダイヤモンド原石がとれた。過去二五〇年の間に、この流域からくり出された驚くべきダイヤモンドのパレードだった。最近のいくつかは、興奮したガリンペイロによってぼろ布に包まれ、真夜中にジーリョの家に運ばれてきた。

貧しい人が多いブラジルでは、ガリンペイロは冒険物語に登場するような存在として一般にイメージされている。鉱夫の権利は、法律ではなく、数世紀にわたる実践によって得られたものだ。また、山賊行為が容認されるという恐ろしい雰囲気があったため、民衆の抱くイメージはさらにふくらんでいた。ガリンペイロといっても、川岸にプラスチック屋根の小屋を建てて住んでいる者もいれば、街に家を持っている者もいる。車に乗っている者もいれば、歩いている者もいる。だが財産に関係なく、一つのルールは決して変わらない。ダイヤモンドを発見すれば、誰かに代価を支払ってもらえるのだ。件《くだん》のピンクダイヤの場合、バージの所有者がジルマール・カンポスであることは問題ではなかった。ガリンペイロはその石を見つけた。彼らには分け前を手にする権利があった。それも、すぐに支払ってもらわねばならない。さらに、彼らは二〇〇万ドルという価格を主張し、頑として譲ろうとはしなかった。

カンポス兄弟は、ピンクダイヤをジーリョに見せた。ジーリョが心を奪われたのは間違いなかった――その色は美しく濃いピンクだった。話し合いは多方面におよんだ。ジーリョとカンポス兄弟は、その石の角にある目障りな突起について検討し、見た目を良くするためにそれを切りとることで意見が一致した。そのため、目方は二カラット減った。ジーリョはその石が非常にいい物に思えたので、ブラック・スワンから必要な投資をしようとフェイビアンに提案した。

あるガリンペイロ。（マシュー・ハート撮影）

フェイビアンには、この企画のメリットがすぐにはわからなかった。ジーリョが大量の株を所有しているとはいえ、ブラック・スワンはトロントで上場している株式会社だった。その設立目的はダイヤモンド鉱床の探査であり、希少なダイヤモンドへの投機ではなかった。それでも、高価な大粒ダイヤの物語は世間の注目を集め、投資家に対する会社のイメージをアップさせることはフェイビアンにもわかった。そのピンクダイヤへの出資に、彼は二つの条件をつけて同意した。ジーリョが会社に対して最低限の収益を保証することと、ブラック・スワンが外部の評価を確保することである。この第二の条件によって事態は動き出した。発見のニュースが、ダイヤを手にしている小さなグループから、より大きなダイヤモンド業界へと広がることになったのだ。

次々に問い合わせの電話をかけ、フェイビアンはリチャード・ウェイク‐ウォーカーを探し出した。ロンドンのダイヤモンドコンサルタントだ。ウェイク‐ウォーカーは、問題点を即座に理解した。評価は色にかかっているのだ。そのダイヤモンドは本当にピンクだったのか？ カットと研磨を経ても色は残るだろうか？ それとも消えてしまうだろうか？ あるいはことによると、さらに濃くなるだろうか？ これらの問いへの答えは、推測するしかないだろう。ダイヤモンドが最終的にどんな色になるかは、仕上がるまでわからないからだ。だが、そうした推測をする力を持つ人びとがいる。ウェイク‐ウォーカーが手を借りたい人物は、ロンドンを発って南アフリカへ戻ろうとしていた。ウェイク‐ウォーカーは大急ぎで電話をかけ、マーヴィン・リフシッツをどうにか捕まえた。ヨハネスバーグのディヤマンテールである。

〝ディヤマンテール〟とはダイヤモンド業界の用語で販売業者を指すが、そこには商才以上の意味が含まれている。つまり、熟練した技能、鋭い眼識、そして何よりも、ダイヤモンドに共感する才能を表わすのだ。ウェイク‐ウォーカーが連絡をとり、ピンクダイヤの話をすると、リフシッツはすぐに興味を示した。彼はブラジルに行ってダイヤモンドを見ることを承諾した。だが、リフシッツには時間がなかった。商用で、すぐに南アフリカへ帰らねばならなかったのだ。そのうえ、そうした重要な検査に必要な器具をあいにく持っていなかった。そこで、ウェイク‐ウォーカーの契約する旅行代理業者がコンピュータに向かって飛行機の手配をする間、リフシッツはタクシーでハットン・ガーデン――ロンドンにある、ダイヤモンド業者が集まる地区――に急行し、ルーペ、携帯ランプ、秤《はかり》を買った。それから、彼は空港へ向かった。

リフシッツは飛行機でチューリッヒに向かい、そこでサンパウロ行きの夜行便に乗った。サンパウロからベロ・オリゾンテへ飛ぶと、フェイビアンがターボプロップ機をチャーターして待っていた。

二人は、それに乗ってモンテ・カルメロへ向かった。ジーリョはそこで彼らと落ち合い、リフシッツと握手した。三人は、コロマンデルにあるジーリョの研磨工場へ車で直行した。例のダイヤはそこの金庫にしまわれていたのだ。リフシッツがオフィスで待っていると、ジーリョがダイヤモンドを取り出して部屋に運んできた。ロンドンを発って二〇時間後、リフシッツは紙の包みを広げた。

「初めてそのダイヤを見たとき――私は息をのんだ」とリフシッツは言った。「紙の包みを広げると、私はひどく興奮した。包みを閉じてテーブルに戻すと、オフィスの中を歩きまわった。それから席に戻った。現に見ているものと頭の中にあるものが一致しない、というのが第一印象だ。それはすばらしい。その石は実にすばらしい。それから二度目に〔包みを広げると〕、私は腰をおろして分析した。約三時間をかけてその石を吟味した」

リフシッツが検討を終えると、三人は車でジーリョの家に向かった。昼食をとりながら、リフシッツはこう言った。あのピンクダイヤには大変な価値があるが、すぐには値段をつけたくない、と。彼はあとでメモを見なおし、ロンドンにいるウェイク‐ウォーカーに報告書を送るつもりだった。そそくさと昼食を終えると、ジーリョとフェイビアンはリフシッツを空港まで車で送った。飛行機は直接サンパウロに向かい、南アフリカ航空の週一便のヨハネスバーグ行きに何とか間に合った。

翌朝八時にヨハネスバーグに着くまで、リフシッツはこの二日間で最も落ちついた時間を機上ですごした。彼はオフィスに直行し、コーヒーを飲み干すと仕事を始めた。例のダイヤモンドを吟味した三時間で、彼は詳細なメモをとっていた。それをデスクに広げ、整理し、考えをまとめた。最終的にできあがった報告書には、リフシッツの評価だけでなく、市場――とりわけそのピンクダイヤにとっての市場――の状況についてのウェイク‐ウォーカーの見解が盛り込まれていた。報告書は一一ページにおよんだ。そこには、きわめて重要なくだりが収められていた。それを読めば、リフシッツのブラジルへの旅行、ジーリョの強い関心、そしてカンポス兄弟の期待に十分な理由があることがわかった。

一見して、検査人はそのダイヤモンドに強い印象を受ける。まぎれもなくピンクだからだ。私の意見では、その石に茶色は入っていない。通常の日光のもとでは、その原石は非常に濃いピンク色をしており、全体的にまったくむらがない。きわめて明瞭で深いピンクである。

その原石には劈開面《へきかい》があり、その反対側の面には凹凸がある。これを考慮すれば、両面でのピンクの濃さは等しい。

仕上がりの色の濃さによって、カットされた石のカラット当たりの価格が決まる。したがって、カラット当たり数十万ドルが次の問いへの答えにかかっている。そのピンクはどんなピンクになるだろうか？　これについて、リフシッツは次のように述べた。最悪の場合、そのダイヤモンドは茶色がかったピンクに仕上がるだろう。彼は、その可能性を二〇パーセントと見積った。最高のシナリオは、その石から〝ヴィヴィッドピンク〟が現われることだ。この可能性は三〇パーセントとされた。リフシッツの見解では、その原石から〝ディープピンク〟（〝ヴィヴィッド〟よりは明るいが、非常に良好な色）の宝石が削り出されるというのが、最もありそうな結果だった。彼はその可能性を五〇パーセントと踏んだ。

仕上がりの色についてリフシッツが割り出した可能性をもとに、ウェイク‐ウォーカーのグループは、そのピンクダイヤの価格を六〇〇万ドルから二〇〇〇万ドルと見積った。それを売る最善の方法は指名入札だと考え、最低競売価格を提示するよう勧めた。それ以下の価格では、所有者はダイヤモンドを売らないことにするのだ。彼らは一カラット一三万ドルという最低価格をつけた。総額で一〇〇〇万ドルあまりになる。その価格が確定的なものでないのは明らかだった。その石を誰が、どの程度欲しがっているかが問題である。ロンドンのウェイク‐ウォーカー・グループからの報告書には以上のように書かれていた。加えて、石油価格の下落と最近になって起きたアジアの株式市場の暴落によって、多くの有力な買い手が入札に参加できなくなったとされていた。その一人は、おそらくブルネイの石油成金のスルタンだろう。これらの不確定要因にもかかわらず、ブラック・スワンはカンポス兄弟に二〇〇万ドルを支払い、その石の六分の一の共有権を手に入れた。

ここで、ジーリョとカンポス兄弟は大胆な手を打つことにした。買い手をブラジルに招待しダイヤを見せる（きわめて希少な商品を扱う場合の慣行）のではなく、その宝石をみずから直接ニューヨークに持っていこうというのだ。ニューヨークは大粒ダイヤの中心地である。彼らはピンクダイヤを布に包み、革の袋に入れた。ジルマール・カンポスが、それをシャツの下に革ひもで縛りつけた。まずマイアミへ飛び、それからニューヨークへ向かった。五番街の〈ハリー・ウィンストン〉へダイヤを持っていくと、二階へ案内された。ロナルド・ウィンストンの個人用オフィスである。ロナルドは伝説的人物であるハリーの息子で、事業の後継者だった。ウィンストンは、主任研磨師とベテランのセールスマンを呼んだ。それからジルマールは布を広げ、紙パッドの上にダイヤを転がした。しばしの間部屋は静まりかえり、ウィンストンと部下はその石に見入った。七九カラットのピンクダイヤの原石には、どんな場所でも人に息をのませる力がある。ウィンストンのオフィスでさえ、それは同じだった。

慎重な口ぶりで称賛の言葉がささやかれた。カンポス兄弟は言った。さよう、これはすばらしいダイヤです。みなさまには二〇〇〇万ドルでお買い上げいただけます。ウィンストンは考えさせてほしいと言った。もちろんです、とジーリョは答えた。ジーリョとカンポス兄弟は、ダイヤをしまうとその場を去った。その夜、彼らは街に繰り出し、朝までどんちゃん騒ぎをした。バーからバーへと飲み歩く間、懐の革袋の中では大きなピンクダイヤが揺れていた。

翌日、彼らは五番街の〈ハリー・ウィンストン〉へ戻った。ウィンストンのカット師は、そのダイヤを磨いて、内部を見るためのウィンドウをつけたいと言った。ウィンドウとは、カットされていないダイヤモンドを値踏みするとき、原石を磨いてつくるファセット（切子面）のことである。カットする前に、石の内部を評価できるようにするためだ。この場合、彼らがチェックしたかったのは色だった。ジーリョとカンポス兄弟はそれを断わった。彼らの一人がのちに言ったように、ウィンドウをつけるのは、デートに誘われてもいないのにセックスするようなものだった。彼らはニューヨークにとどまることも、ほかの業者にその石を見せることもしないと決めた。売りたくて仕方ないと思われるかもしれないからだ。彼らはブラジルへ帰った。

予想通り、そのピンクダイヤのニュースはまたたく間に広まった。すぐに、ウィリアム・ゴールドバーグが訪ねてきた。ニューヨークのディヤマンテールであるゴールドバーグは、かなり風変わりな人物だった。しゃがれ声で、白髪を長く伸ばした姿は『ゴッドファーザー』のマーロン・ブランドを思わせた。ゴールドバーグは、プレミア・ローズを買い取ってカットしたシンジケートを率いていた。それは最高品質の透明なダイヤモンドで、原石で三五三・九カラットあった。有名なパンプキン・ダイヤモンドを研磨したのもゴールドバーグだった。カット後の重さが五・五四カラットあるヴィヴィッドオレンジのダイヤで、ハリー・ウィンストンが一三〇万ドルで買ったものだ。大粒の石は、仕上がりがあてにならないことで有名である。それを買い取る財源、あるいは研磨する度胸のあるダイヤモンド業者はめったにいない。

カンポス兄弟は空港でゴールドバーグを出迎えると、車に乗せてトラック部品の店へ連れていった。その老商人は、二階への階段をのぼるとぜいぜい息を切らし、ジルマール・カンポスのデスクの椅子に腰をおろした。兄弟がピンクダイヤを出してくると、ゴールドバーグはそれを吟味した。彼が提示したのは三〇〇万ドルだった。兄弟はノーと言った。ゴールドバーグはそれ以上の価格で買い取るのは危険すぎると考え、ニューヨークへ帰った。

ピンクダイヤのような石は、ダイヤモンド売買にまつわる冒険本能とギャンブラー精神を刺激する。人びとはかたずをのんで成り行きを見守り、ダイヤモンドをめぐるゲームにつきものの詮索が始まる。その年の八月、私自身がそのピンクダイヤの噂を耳にした。研磨済みの宝石を扱うある商人が、ニューヨークから電話してきたのだ。

「ある人物が手に入れた大きな赤いダイヤの話を聞いたかい?」と彼はたずねた。

「赤だって?」私は答えた。

「そう、赤だ。とても濃いピンク。赤なんだ」

「血のように赤いのかい?」

「とても濃い赤だ。オハイオ州かどこかに住むある男がニューヨークに持ち込んだ。彼はそれを相続したのだが、何なのかわからなかった。そこで、どのくらいの価値があるかを知るため、あちこち持ってまわった。彼はその石を街の人たちに見せて歩いた。あるカウンター係の男がそれを見て仰天したというわけさ」

カンポス兄弟のピンクダイヤが、こんな突拍子もない噂になったとしても驚くには当たらない。大きなダイヤモンドは、いつでもそうした誤報を招き寄せるものなのだ。それによって、ダイヤの輝きが失われることはない。害のないちょっとしたでたらめは、適切な商取引の一部なのだ。

ダイヤモンド原石の売り手は、推測の余地を十分に残しておきたがる。ウェイク‐ウォーカーはこう言っていた。「ときには、石を扱う際の判断の自由が大きいほどその価値が増す。全世界の人びとが原石の価格を知っているとしたら、それは研磨された石の売り主にとって必ずしも有益な状況ではない」ジーリョとカンポス兄弟は、このアドバイスにしたがった。ピンクダイヤについての詳細な情報を公にするのを控えたのだ。ニューヨークのダイヤモンド・ストリートでは、わからないことはすべて想像に任されていた。当然の成り行きとして、噂が噂を呼ぶのは避けられなかった。私自身がこの噂に引きつけられるようになった。そして、そのダイヤモンドの正体を突き止めようと決心した。フェイビアンを探し出し、ウェイク‐ウォーカーの報告書のコピーを手に入れる頃には、すっかり夢中になっていた。カットされる前に、そのピンクダイヤを見なければならなかった。

◆

ダイヤモンドの原石は、大きな可能性を有すると同時に大きな危険をもはらんでいる。砥石車にかけたとき、あるいは鋸に当てたときどうなるか、確かなことは誰にもわからないからだ。ダイヤモン

ダイヤモンド・トレーディング・カンパニー（ロンドン）による、ダイヤモンド原石の分類。それぞれのまとまりに500,000ドルの価値がある。大きい石と小さい石では、カラット当たりの価格がかなり違うことがわかる。（デビアス提供）

ドには、機械を使っても探知できない傷がある。このようにわからない部分があるからこそ、ディヤマンテールは原石に情熱を燃やすのだ。最も頑固な原石マニア、つまり未加工のダイヤモンドの予測不可能性に夢中になっている人びとは、声の届くところにいる誰にでもこう言うだろう。研磨済みのダイヤモンドなど、台無しにされた原石にすぎない、と。

研磨後の石の形状を決定する際、原石の形は重要な要素となる。マーヴィン・リフシッツは、そのピンクダイヤにとって、ペア・シェイプが最も〝自然〟な形だと思っていた。ペア・シェイプに研磨すれば、原石の五〇パーセントが宝石になるはずだ。言いかえれば、研磨後のダイヤは原石の重量の半分、つまり四〇カラット弱になるだろう。原石から五〇パーセントの重量の宝石がとれるなら、すばらしい結果である。だが、そのピンクダイヤの場合、大粒のペア・シェイプをとるには原石に大きな傷があってはならなかった。それはリフシッツもわかっていた。ところが実際には、そのダイヤには大きな傷があった。

彼はグレッツ、つまり小さなひびを発見した。それは、原石の長さの半分にまでおよんでいる。おかげで、原石全体が危険にさらされていた。カット師が宝石の一部を磨いて取り除こうとすれば、ばらばらに砕けてしまうかもしれない。カットする前に、多くの日数をかけて吟味しなければならない。カット師はたくさんのプラスチック・モデルをつくり、実験をすることになる。リフシッツは研磨の仕方について、自分なりの四つの選択肢のあらましを説明した。

一つの選択肢は、その石をグレッツに沿ってまず半分に割るというものだ。結果としてできる二つの石のうち、片方がわずかに大きくなるだろう。大きいほうは二つの別々の石——一三カラットのペア・シェイプと二カラットのラウンド・シェイプ——に研磨されるはずだ。小さいほうの原石には、二つの小さなグレッツが残る。だがリフシッツは、研磨師にとってそれらが大きな障害になるとは思わなかった。この小さいほうの石は、〝やや太めかもしれないが〟一五カラットのハート・シェイプに研磨できるだろう。全体として見れば、この第一の選択肢をとった場合、四〇パーセント弱の原石をもとに、三〇カラット程度の研磨済みダイヤモンドができることになる。

研磨の仕方をめぐる三つの選択肢には、それぞれの結果があった。ダイヤの価値がどれくらいかを計算するのに、それは決定的な意味を持っていた。それぞれの選択肢において、合計で何カラットのダイヤがとれるかを計算し、その数字が最も大きな選択肢を選べばいいという単純な問題ではない。大きな研磨済みの石は、小さなそれとくらべてカラット当たりの価値が高いのだ。たとえば、ある品質の二カラットの石は、同じ品質の一カラットの石二つよりも高く売れる。こうした事情を考慮することは、そのピンクダイヤの原石の購入を検討している誰にとっても重要なはずだ。

価格の範囲は途方にくれるほど広いため、事態は複雑だった。色つきのダイヤモンド、つまり〝ファンシー・ダイヤ〟は細かい色の等級によって分類される。リフシッツは、ピンクダイヤにつく値段の範囲を一覧表にした。ライトピンクの七カラットものは、カラット当たり一一万三〇〇〇ドルで売れていた。一方、インテンス・パープリッシュピンクの三カラットものは、カラット当たり二六万ドルの値段がついた。これらは中間帯の価格である。その他のピンクダイヤは、カラット当たり一万六〇〇〇ドルという安値のものから、カラット当たり七三万ドルという高値のものまであった。ダイヤがいくらで売れるかは確定できなかった。私がそのピンクダイヤを原石のうちにぜひ見たかった理由の一つは、ここにある。

私は毎週、ダイヤを見せてくれるようスティーヴン・フェイビアンにしつこくせがんだ。とうとう彼は、カンポス兄弟に頼んでみると言ってくれた。兄弟は何の約束もしなかったが、ノーとは言わなかった。そして二〇〇〇年一月十六日、私はトロントからサンパウロ、さらにベロ・オリゾンテへと飛び、その晩はそこに泊まった。朝になるとフェイビアンが車で迎えにきてくれた。われわれは街をあとにし、パトス・デ・ミナスへ向かった。明るい陽光が降り注ぎ、前夜降った雨のために風景がきらきらと輝いていた。ブラジルの幹線道路は最も高い土地を通っている。豪雨に見舞われる夏の間、氾濫している河川の流域を避けるためだ。とても高いその場所からは、何キロも先まで見渡せる。われわれは幹線道路沿いのレストランで止まると、コーヒーを飲み〝ポン・デ・ケージョ〟を食べた。チーズを入れて焼いた温かいパンである。それから再びトラックに乗り込み、北へ向かう道を進んだ。それは、ダイヤモンドの街へと続いていた。

ミナス・ジェライスのダイヤモンド業者は、危険と隣り合わせの生活を送っている。商人はダイヤをめぐって激しく争い、ときには〝殺し屋〟が、あれやこれやの手で取引を有利に進める手助けをする。約一万人のガリンペイロがその一帯で採掘しており、ダイヤモンドが眠る川からは高価な品が絶え間なく出てくる。売買は現金取引である。ジーリョのような業者は、大金をすぐに動かせるようにしてある。それは広く知られた事実だ。ジーリョの手元にあるダイヤモンドの在庫は、常に数千万ドルにおよぶのではないだろうか。彼は殺し屋に襲われながら難を免れたことが、一度ならずあるという話だ。

その地のダイヤモンド業界には、ペテン師がうようよしている。あらゆる種類のまがい物が現われるのだ。ガリンペイロがあの大きなピンクダイヤを発見してほどなく、一人の商人がジーリョの家を夜遅く訪ねてくると、三〇カラットのピンクダイヤを差し出した。ジーリョはルーペを取り出そうとさえしなかった。「この石は盗品だ」彼は言った。「迷惑だから、元あった場所に戻すんだな。さもなければ、マニキュアか何かを塗った石英のかけらだろう。テルアビブへ持っていって、一五万ドルを要求してみたらどうだ」もちろん、巨大な石といえどもときには本物の場合がある。一九九七年、一人のガリンペイロが、ジーリョのところに三五〇カラットの透明なダイヤモンドを持ってきた。パラナイバ川でとれたものだった。ライバルの買い手の一人が、八〇〇万ドルを提示しているらしかった。ジーリョはその石を吟味するとシンジケートをつくり、そこから一二〇〇万ドルを支払った。そういう話である。

ベロ・オリゾンテを出てから四時間後、フェイビアンは携帯電話でジーリョに連絡すると、次のようにたずねた。この数時間にカンポス兄弟と連絡がとれたか。彼らはわれわれが行くことを知っているか。そのピンクダイヤを私に見せるつもりがあるか。ジーリョの知るかぎり、兄弟はそのつもりだった。とはいえ、彼ら次第で事態はどう転ぶかわからない。「ジルマールがどう判断するかだ」電話を切ると、フェイビアンは言った。「彼がいまの時点でどう思っているかによって、話は決まるはずだ」

われわれはパトス・デ・ミナスに入り、街を抜け、よどんだ湖のほとりのトラック部品店に到着した。てっぺんに有刺鉄線が張りめぐらされた門が、車線をさえぎっていた。フェイビアンは使われていない駐車場にバックで入り、車を止め、もう一度電話をかけた。五分後、ジスネイ・カンポスが現われた。両腕を体の横でぶらぶらさせながら、歩道をのぼってきた。彼はフェイビアンを温かく歓迎し、私と握手すると、ポルトガル語でフェイビアンと談笑した。その間ずっと、少し恥ずかしそうに横目で私をちらちらと見ていた。フェイビアンはトラックの後部座席を開けると、箱を引っ張り出した。ブラック・スワンのロゴが白く刺繍された、黒いポロシャツが入っていた。さらに彼は、ブラック・スワンの野球帽を数個取り出した。ジスネイは歯を見せてにっこり笑うと、冗談を飛ばして去っていった。

「どうなっているのですか?」私はたずねた。

「わからない」フェイビアンは答えた。「ここで待っていてくれと言われた。あなたがどんな男か確かめにきたのだと思う」

一〇分後、ジスネイが戻ってきたので、われわれは歩いて角を曲がり、小さなアパートのような三階建ての居住用ビルに向かった。そこでジェラルドと会った。白のタンクトップにトレーニングパンツという服装で、ランニングシューズをはいていた。ジェラルドとフェイビアンはおたがいの背中をぽんとたたいた。ジェラルドは私をじろじろと見た。ジスネイが鍵のかかった鉄の門を開けた。われわれが中に入ると、彼はうしろで鍵をかけた。それから大理石の階段をのぼって二階へ上がり、家具のろくにない部屋に入った。ジスネイとジェラルドは台所でひそひそと話し合うと、ジェラルドが出ていった。ジスネイはソファに腰をおろして缶入りのコークを飲み、一言もしゃべらなかった。フェイビアンと私はバルコニーに出て、隣に建っている大きなビルを見た。それはジルマールの新しい家だった。

「ジェラルドはどこに?」私はたずねた。

「例のダイヤをとってくるのだろう。置き場所をあちこち変えているんだ」

五分後、階下で鉄の門がガチャンと音を立てた。キュッキュッという靴音とともに、誰かが大理石の階段を足早にのぼってくる。ジェラルドがすばやく部屋に入ってきた。スエードの小袋を手にしている。彼は小袋から紙の包みを取り出すと、テーブルに置いて広げた。そこに、ピンクダイヤが横わっていた。フェイビアンと私はテーブルのほうへ進み、そのダイヤを見つめた。ジェラルドは石の横にルーペを置くと一歩下がった。あれほど多くの憶測を呼び起こしてきたダイヤモンドにしては、驚くほど繊細で壊れやすそうに見えた——厚みのない三角形の原石で、長さは五センチにも満たず、重さは三〇グラムもなく、片側の色は曇っていた。ジスネイはソファから私を見つめていた。私はフェイビアンを見た。彼が肩をすくめたので、私は腰をおろし、そのピンクダイヤをおそるおそるつまんだ。ルーペを目に当て、ダイヤをレンズに近づけた。私はそのダイヤモンドに初めて目をこらした。そのためにここまでやってきたのだ。

ルーペを通して見るダイヤの原石は、驚くべき小世界である。あらゆる部分が輝いている。水晶でできた風景を吟味しているようだ。研磨済みの宝石の場合とは違い、目がくらまされることはない。そのダイヤモンドはきわめて落ちついた色をしていた。まぎれもないピンクだった。昔、宝石愛好家が最高の色を形容する際、澄みきった〝水〟と言ったものだが、そのピンクダイヤはそうした液体的な質感を備えていた。かすかな光を発するはかなげな様子は、流れの中にたらした一滴のバラ色のインクが、このつかのまのピンクをつくりだしているかのようだった。その色はすぐに消えてしまうだろう。ダイヤモンド砥石をかければ、失われてしまうのは間違いないように思えた。最初につけたファセットから流れ出してしまいそうだ。このようなダイヤモンドの研磨がいかに神経をすり減らす作業かを、私は理解した。また、それを買うことがいかに危険であるかも。さらに、いかに真剣な視線が自分に注がれているかを感じた。それほどに、この石には家族の将来がかかっていたのだ。カンポス兄弟は二流の商人だった。だが、そのピンクダイヤの評判のおかげで、業界での地位はすでに上昇していた。私はダイヤを置き、目をこすった。

「彼らは、エストレラ・ローザ・ド・ミレニオという名前をつけた」フェイビアンがそう言うと、ジスネイとジェラルドは歯をむき出して笑った。ミレニアムのピンクの星。その名前が定着すれば、価格はさらに一〇〇万か二〇〇万ドル上がるかもしれない。名前のある石はプレミアム価格で売れるからだ。

ジェラルドとジスネイは、それぞれ交代でルーペを使って石を見た。それから、ジェラルドはダイヤモンドをすばやく紙に包んで革袋に入れると、隠し場所へ戻すために出ていった。大理石の階段を駆け下りる、キュッキュッというせわしない靴音に続き、門を閉じるガチャンという音が響いた。

◆

大きな宝石には大きな物語がつきものである。それによって、宝石の威厳はさらに高まる。ブラジルの歴史に名高い宝石の一つに、一六八〇カラットのブラガンサ・ストーンがある。カンポス兄弟のピンクダイヤがとれたのと同じ川から出たものだ。ブラガンサは一八〇〇年頃に発見された。見つけたのは、国家に背いた罪でブラジルの奥地へ追放された三人の騎士だった。追放にともなう条件によって、彼らは主要都市には住めなかったし、文明社会に定住することさえできなかった。荒野にとどまらねばならなかったのだ。こうした規定に違反すれば、即座に投獄されるという罰則が待っていた。厳しい刑罰によって、三人は国中で最も辺鄙な地域に追いやられた。彼らはミナス・ジェライス州に入ると、プラタ川を渡り、北へ数キロ進んだ。そしてついに、目的地であるアバエテ川の濁流にたどりついた。ミナス・ジェライスでは、すでにダイヤモンドが発見されていた。三人はダイヤの発見に希望を託していた。宝石を発見すれば、許してもらえるかもしれないと踏んでいたのだ。

彼らは五年の間宝石を探した。粗末な道具しかなかったため、掘れるのは川岸だけだった。ダイヤモンドがとれたのではないかと思われる場所を、あちこち掘った。六年目、その地域は旱魃《かんばつ》に見舞われ、アバエテ川の水もちょろちょろ流れるだけとなった。いまや川底は露出し、三人の罪人は最高の砂利をとることができた。彼らはダムを築くと砂利を洗いはじめた。宝石を発見したのはそのときだった。猛暑の中、ハエの大群にまとわりつかれながら、突然げんこつ大のダイヤモンドを手に入れたのだ。だがその発見によって、彼らはジレンマに直面した。採鉱免許を持っていなかったからだ。したがって、その石は違法に採鉱したものだった。要するに、彼らはポルトガル――ブラジルを植民地とする本国——の国王からそれを盗んだのだ。当局に申し出れば、法に背くばかりか、国王から盗みを働いた泥棒がのこのこ姿を現わすことにもなる。結局、三人に選択の余地はなく、そのダイヤモンド自体を信頼しようということになった。現地の提督は原石の大きさに興奮し、即座に三人の減刑を決めた。そのダイヤはリオデジャネイロへ移された。当局はそれをフリゲート艦に載せ、リスボンへ送った。

ブラガンサとはポルトガルの王家の名前だった。その宝石は王家にちなんで命名されたのだ。それが本当にダイヤモンドだったかどうかをめぐっては、現在にいたるまで論争がある。ダイヤだとしたら、当時としては世界最大だったはずだし、今日でもなお第二位の大きさである。だが、いったいどこにあるのだろうか？　そんなダイヤはどこにもないし、あるとしたら誰かが隠していることになる。ブラガンサはダイヤモンドではなく、ホワイト・トパーズだったと主張する研究者もいる。ダイヤモンドのほうが聞こえがいいと考え、王家の人びとが作り話をしたというのだ。あるいは、ブラガンサは本当にダイヤモンドで、十九世紀初頭の混乱の中で盗まれたのかもしれない。ナポレオンの軍隊がスペインやポルトガルでウェリントン公と争い、ポルトガル王室がブラジルへ避難したときのことだ。イギリス人によって、フランスの将軍アブランテ公がポルトガルからの退却を余儀なくされたとき、彼は四万枚のポルトガル金貨を詰めた小箱をフランスにいる妻に送った。そのフランス人公爵がブラガンサをも手にしており、金貨とともに箱に入れたのではないかと疑われたのだ。

もう一つのシナリオはこうだ。ブラガンサという名前は騎士が発見した大きな宝石などを指すのではなく、もっと小さなダイヤモンドのことなのだ。それぞれ一四四カラットと二一五カラットの石が、その候補にあがっている。パトス・デ・ミナスとコロマンデル周辺の河川では、そのくらいのダイヤが豊富にとれた。その大きさであれば、世に出て大混乱を引き起こす前に注目を集めただろうし、ことによると名前をつけられたかもしれない。

七九カラットのピンクダイヤも、物語をまとう資格は十分ある。エストレラ・ローザ・ド・ミレニオの物語が始まるまで、長くはかからなかった。突然、その石はダイヤモンド・レーダーから姿を消した。それについて何の情報も手に入らなくなったのだ。私自身、何度も電話をかけたが収穫はなかった。その石への唯一の共同出資者で、（株式公開会社として）一般への説明責任を負っているブラック・スワンは、そのダイヤの運命についてコメントするのを拒否した。ニューヨーク――最も価値のあるダイヤモンドがカットされる場所――にも、情報を持っている者はいなかった。そのダイヤモンドはテルアビブにあるという噂が浮上した。カット師のシンジケートが、共有権を買う目的で吟味しているというのだ。

そのピンクダイヤを買おうとする者にとって最も危険なのは、カットしたときに色が消えてしまう可能性があることだ。ヨハネスバーグのディヤマンテールで、南アフリカの有名な採鉱一家の一員であるブライアン・メネルは、かつて高価なブルーダイヤを買ったことがあった。「良質な濃いブルーだった」彼は言った。「われわれはそれを研磨し、ファセットをつけはじめた。カット師がファセットを一つ加えたとき、突然、濃いブルーが薄いブルーへ変わった。カラット当たりにして二六万ドルが四万ドルになってしまったのだ」メネルは、仕上がった段階で六カラットの宝石ができると考えていた。したがって、一三〇万ドルが消滅するのを目の当たりにしたことになる。結局のところ、メネルには運があった。研磨師が次のファセットをつけると、石に色が戻ったのだ。そうしたニュースはダイヤモンド業界にすばやく広まり、カラーダイヤに向かうカット師の心に不安の種がまかれるのだ。

もしもカンポス兄弟がピンクダイヤを売るのに苦労しているとしたら、そうした懸念のためだろう。あるいは、苦労などせずにすでに売ってしまったとも考えられる。だが、もしもその石の仕上がりが悲惨なものだったとしたら、買い手は決まり悪さから、何も言いたくなかったのかもしれない。もしも、もしも、もしも。確かなことは何もわからず、憶測だけが飛び交った。ブラック・スワンは二〇〇万ドルの投資によって、そのダイヤモンドへの権利の六分の一を確保していた。そしてジーリョは、その資金に対して一〇パーセントの収益を保証していた。したがって、六分の一の共有権に二二〇万ドルの価値があるとしたら、そのピンクダイヤの値札は一三二〇万ドルとなるはずだ。だが、この問題についてのいかなる言葉も、あるいはピンクダイヤに関するそれ以外のどんな情報も、所有者から聞くことはできなかった。そうした状況が三カ月続いたあとの二〇〇〇年五月三十日、ブラック・スワンのウェブサイトにある告知が掲載された。

ブラック・スワン・リソーシズ有限会社（以下ブラック・スワン）は、次のように理解している。ひときわすばらしい七九カラットのピンクダイヤの共有権を獲得し、それを市場に出すため、一九九九年に二〇〇万ドルを投資してつくった合名会社は、現在までにそのダイヤモンドを売却した。ブラック・スワンは、総額二二〇万ドルを、分割払いで二カ月以内に受け取る。ブラック・スワンはこの取引に関連する事実について、目下さらなる情報と確認を求めている。ブラック・スワンの取締役にして最大の株主であるL・ジーリョ氏は、ブラック・スワンに支払われるべき二二〇万ドルの担保を提供すると申し出ている。

私はすぐに、ブラック・スワン社長のスティーヴン・フェイビアンに電話をした。「どうもよくわからないのですが」私は言った。「あのダイヤモンドを売ったのですか？」

「カンポス兄弟は売ったと思う」フェイビアンは答えた。

「思うとは？」

「それについては何も言えないのだ、君。すまないな」

「では、どこで売ったのですか？　ニューヨークですか？」

「本当に知らないのだ。何も言えないのだ」

一カ月後、ウェブサイトに二度目の告知が掲載された。カンポス兄弟が、ブラック・スワンに少しでも借りがあるとされることに異議を唱えているという内容だった。八月、トロントでオンタリオ州証券委員会に提出された文書によって、ブラック・スワンが、ルイージ・ジーリョの大量の株を奪い取ろうと画策していることが明らかとなった。彼はそれを担保として、ブラック・スワンによる二〇〇万ドルの投資と二〇〇万ドルという約束の収益を保証していたのだ。

ピンクダイヤは姿を消した。それがどうなったかを知る者を、私は見つけられなかった。フェイビアンはやっと態度をやわらげ、eメールを送ってきた。「例の石はニューヨークで売られたのではない」彼は書いていた。「香港に拠点を置く、アジアの大きな建築グループを探してみるといい。そのグループは中国に豊富な資金を持ち、副業としてダイヤモンドをはじめとする宝石を商っている。規模は、事業全体の三パーセント程度だ。例のダイヤは会長の個人的コレクションとして買われたらしいから、決して表には出てこないだろう」

そのアジアの建築グループとは、周大福だった。有力なダイヤモンド事業を営む会社である。私はその会社とeメールのやりとりを始めた。先方は、なぜそのピンクダイヤのことを知りたいのかとたずねた。私は、いわば誕生からそのダイヤモンドを追ってきたので、研磨されたところを見たいのだと言った。その後、返事はいっさい来なかった。

三人のガリンペイロは短い間とても裕福に暮らしたが、いまでは金を使い果たしてしまった。

2　ダイヤモンドの海

ダイヤモンドはきわめて古い物質である。地球や太陽が形成される以前から、宇宙に存在していたのだ。ダイヤモンドの元となる炭素は、太陽系で——また、おそらく宇宙でも——四番目に多い元素である。それは星々の内部に大量に蓄えられている。星の進化の荒々しい過程で、この炭素は想像を絶する圧力を受ける。

一九八七年、分光学——種々の物質が放射する光を分析する学問——を駆使して超新星（爆発している星）を観察していた天文学者によって、ダイヤモンドが確認された。ダイヤモンドの分光学的な特徴は、結晶構造の異なるグラファイトのような炭素とは違う。微小な星のようなこれらのダイヤモンドは、爆発している星が発するスーパーウィンドの途方もない圧力の中でできたのだろう。

ダイヤモンドは宇宙空間に大量に存在する。もっと光があれば、宝石で輝く空間を遠くまで眺められるかもしれない。太陽系がゆっくりと形成されたとき、さまざまな物質が密集する渦巻きの中で、おそらく膨大な量のダイヤモンドができたはずだ。この一部が隕石に取り込まれたため、隕石には驚くほど豊富にダイヤモンドを含んでいるものがある。隕石中のダイヤは、直径一〇〇万分の一ミリにすぎない微小片である。だが、その濃度は大変なものだ。一つの隕石に、一四〇〇ｐｐｍものダイヤモンドが含まれることもある——地球上の平均的なダイヤモンド鉱床とくらべ、三〇〇倍の数字である。

一〇億年前、幼少期の地球に隕石が弾幕のように降り注いだ。その砲撃は約四億年にわたって続いた。当時、地球の大気は薄かった。あまりに薄かったため、大気中を落下する物体との摩擦もきわめて小さかった。今日であれば、摩擦によってほとんどの物体が燃えつきてしまうところだ。それゆえ、隕石に乗って地球に衝突した微小なダイヤモンドの中には、生き残ったものもあっただろう。次々と層が重なって結晶が成長することを考えれば、大昔に地球に降り注いだダイヤの雨の一部が、今日われわれが採掘するダイヤモンドの種をまいたのかもしれない。この仮説でいくと、ある人の指を飾るダイヤの中心に、はるか一〇〇億年前にできた宝石の小片が含まれているかもしれないことになる。

◆

宇宙にはダイヤモンドが豊富にあり、地球自体にはダイヤモンドを含む岩が大量に埋もれている。それにもかかわらず、鉱床の開発を支えるのに必要な量のダイヤを発見するのは難しい。ガリンペイロをはじめとする鉱夫によって、川や周辺の川岸から採鉱されるダイヤモンドが、世界中の宝飾用ダイヤに占める割合は微々たるものだ。ダイヤモンドの眠る川は、宝石の二次的な供給源にすぎない。そこで見つかるダイヤの元々の出所は川ではない。地球の内部深くに第一の供給源があるのだ。そのダイヤモンドが、火山の噴火によって地表に運ばれたのである。

ダイヤモンドの根本的な供給源は、パイプと呼ばれるある種の死火山である。その中には、概してやわらかくもろい、緑がかった灰色の岩がつまっている。その岩はキンバーライトと呼ばれる。南アフリカのキンバリー——その岩が最初に確認された場所——にちなんだものだ。見つかっている中で最大のキンバーライト・パイプは、地表部分が三六一エーカーある。ほとんどのパイプはそれよりずっと小規模である。ダイヤモンドの豊富なパイプでも、地表に出ている部分は数エーカーにすぎないものもある。〝パイプ〟という言葉は、その細長いにんじんのような形を表現している。パイプの内壁は、約八五度の角度で急激に傾斜している。深く落ち込んだ構造で、幅をせばめながら細長い岩脈を形成している。その岩脈は、地球を貫いて一六〇キロの深さにまで達する。そこから、ダイヤモンドが出てくるのだ。

地球には、金属の核と薄い地殻がある。その間に、可塑性の岩石の広大な領域がある。三二〇〇キロの深さにおよぶその層は、マントルと呼ばれる。マントルの上部では、温度が摂氏一〇〇〇度、圧力が五〇キロバールに達する。炭素がダイヤモンドとして存在するのは、その部分である。ダイヤモンドの形成にぴったりの条件が揃っている地帯は、ダイヤモンド安定領域と呼ばれる。きわめて広大なその領域でのみ、炭素原子がたがいに押しつけられて層になり、さらに別の層が重なり、やがてダイヤモンドができるのだ。

すべての結晶と同じように、ダイヤモンドは層が重なることによって形成される。ダイヤモンドの場合、各層は数百万という原子が何重にもなったもので、原子同士はからみあっている。炭素原子の電子構造は、同種の炭素原子ときわめて強く結びつくタイプである。炭素原子は六個の電子を持つが、スペースは一〇個分ある。ダイヤモンドという形態をとるとき、六個の電子を持つ原子は、周囲にあ

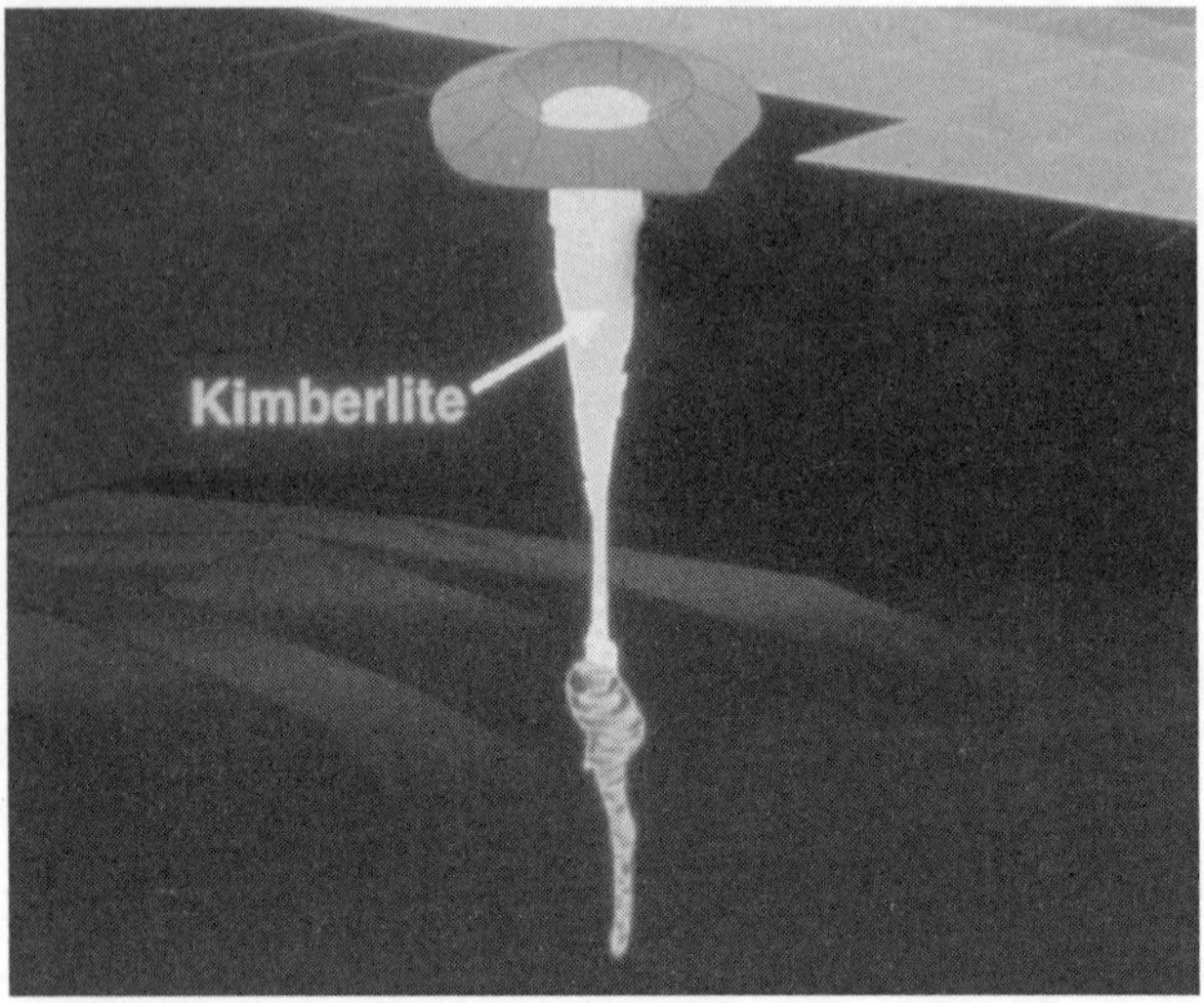

キンバーライトのパイプ。（BHPダイヤモンズ提供）

る四つの原子のそれぞれと一つの電子を共有している。こうして、一〇個という定数を満たすのだ。炭素におけるこうした形での電子の共有は、電子共有結合と呼ばれる。化学的に最も強い結合として知られているものだ。その構造は〝征服しがたい〟と言われている。ギリシャ語で〝アダマス(adamas)〟と表現された性質である。のちにそこから、〝ダイヤモンド（diamond)〟や〝ダイヤモンドのような（adamantine)〟などの言葉が生まれたのだ。

キンバーライト火山――すなわちパイプ――をつくりだす噴火は、マントル上部の深さに源を発する（セント・ヘレンズ山のような典型的な火山は、地表にずっと近いところに源を発する。それらの火山は、地殻が比較的薄い地域にある)。キンバーライト噴火では、ガス状の岩石プラズマが奔流となって上に向かって穴を掘る。上方の岩のもろい部分に入りこみ、一時間に約一五キロの速度で上昇する。地表に向かうこのキンバーライトが、ダイヤモンドを含む岩石の領域をたまたま通り抜ければ、その一部を削りとる。こうして、岩とダイヤモンドの両方がキンバーライトに混入し、一緒に運ばれるのだ。地質学者なら、キンバーライトがダイヤモンドの〝サンプルをとった〟と言うはずだ。ダイヤモンドはキンバーライト・マグマの産物ではない。キンバーライトはダイヤモンドをマントルから地殻へと運ぶ、急行のエレベーターにすぎないのだ。

マントルは途方もなく広がっているため、ほとんどのパイプはダイヤモンドを含む領域を通過できないまま、地表の荒野に達する。ダイヤモンド安定領域から宝石を取り込んだパイプでさえ、それらを地表まで運べるとはかぎらない。マントル中のダイヤモンドは非常に壊れやすいからだ。環境の変化にきわめて敏感なのである。マントルの温度と圧力は、地表に近づくにつれて低下する。キンバーライトの上昇速度が遅すぎれば、そこに含まれるダイヤモンドは姿を変える。低い温度と圧力下での自然な形の炭素――グラファイト――に変化してしまうのだ。それゆえ、宝石が残存するためには、上昇するパイプが、ダイヤモンドにとって好ましくないこうした環境の領域を、比較的すばやく通り抜ける必要がある。マントルから地殻までの行程にひそむ危険を知れば、ダイヤモンドを含むパイプが珍しい理由がわかる。なにしろ、世界中で六〇〇〇程度のパイプが知られているにもかかわらず、価値のあるダイヤの鉱脈を含むものは、ほんの数十しかないのだ。

キンバーライトが地表に近づくにつれて、岩石にかかる圧力は低下する。シャンパンボトルの中のガスがコルク栓を抜くと膨張するように、キンバーライトに含まれるガスが膨張する。キンバーライトは、頂上までの最後の行程を荒々しく噴き上がる。少なくとも時速一六〇キロに加速し、地表を突き破って爆発する。キンバーライトが噴出するとき、火山ではマグマと岩石の渦巻きがつくりだされ、ダイアトリームとして知られる円形の火道ができあがる。それは、ダイヤモンド・パイプの典型的な外形である。爆風によって、噴出物が空中に吐き出される——巨礫、溶岩、ときにダイヤモンドを含むこともある一〇億もの鉱物片。これらがすべて、誰でもわかる場所にあったとしたら、人びとは外に出て藪の中を探しまわり、宝石の原石をいつでもかき集められるかもしれない。だが、ダイヤモンドを含むパイプを発見するのは、それほど簡単ではない。

地質年代の観点から眺めると、地表に現われたパイプはすぐに姿を消してしまう。柔らかいキンバーライトは崩れ落ち、噴火口に流れ込み、固まり、沈下し、ついには、周囲の土や氷河性堆積物によって覆われる。この風化作用は数百万年にわたって起こり、パイプをしっかりと隠してしまう。空から手が伸びてきて、パイプによって引き裂かれた場所を埋め戻すかのように。キンバーライト・パイプの頂上を横断しても、その存在をほのめかすものは何も見えないこともある。だが、証拠はある。キンバーライトが〝サンプルをとった〟、ダイヤモンドを含む岩石に内包されるいくつかの鉱物の組成だ。これらの鉱物は、風化作用によって消滅しない。それらを発見し、その意味を認識する能力によって、ダイヤモンド・ビジネスは変容をとげてきた。

噴火するダイヤモンド・パイプは、鉱物を空中に噴き上げる。ダイヤモンド以外にも、エメラルド色のクロム透輝石や途方もない量のざくろ石など。ざくろ石の色はかすかなピンクから濃い紫まであり、オレンジ、黄、緑などが混ざっている。これらをはじめとする鉱物は、ダイヤモンドのいとこに当たる。あとで述べるように、ダイヤモンドの形成に関係しているのだ。それらの鉱物は、ダイヤモンドを探す助けとなることからダイヤモンド指標鉱物と呼ばれる。あるいは、産出地では簡略化して指標とも言う。ダイヤモンドの代わりに指標を探す理由は、そのほうが見つけやすいからだ。指標の量はダイヤモンドよりはるかに多い。ざくろ石の謎を解き明かし、ダイヤモンドの探査法を編み出した人物がいる。そのおかげで、世界最大のダイヤモンド採鉱業者であるデビアス・コンソリデーティッド・マインズ社の優位がおびやかされることになった。その人物とは、ケープタウン出身で背の低い日焼けした地球化学者、ジョン・ガーニーである。

◆

一九七〇年、ワシントンDCにあるカーネギー研究所の地球物理学研究室に所属する二人の研究者が、一本の論文を発表した。ダイヤモンドにざくろ石の小片が含まれていたという内容だった。そのざくろ石は以前には確認されていない種類で、濃い紫色をしていた。その色になるのは、クロムの含有量が多いためだった。ざくろ石がダイヤモンドに含まれていたことから、二人の研究者は、これらの特定のざくろ石はダイヤモンドと一緒に形成されたと主張した。言いかえれば、ダイヤモンドができる条件は、紫のざくろ石ができる条件でもあるということだ。この発見によって、次のような問題が提起された。同種の紫のざくろ石を探すことによって、探鉱者はダイヤモンドを発見できるのだろうか？

ガーニーもワシントンにいた。当時、博士課程修了の研究者として、スミソニアン研究所に所属していたのだ。彼は南アフリカで発見されたいくつものダイヤモンド・パイプから、キンバーライトのサンプルを集めた。色によってざくろ石を分類し、マイクロプローブ——鉱物の化学成分を分析する装置——を使って検査した。そして紫のざくろ石の一部が、ダイヤモンドの内包物と同じ化学的特徴を持っていることを発見した。クロムが多く、カルシウムが少ないのだ。次に、ダイヤモンドを含まないとわかっているパイプのキンバーライトを検査した。紫のざくろ石は発見したものの、クロムが多くカルシウムが少ない組成のものは、一つも見つからなかった。

次のように結論せざるをえないように思えた。これらの特別なざくろ石を含む鉱床を探し出すことによって、ダイヤモンドを発見できる。この仮説を検証するチャンスが、すぐにガーニーにめぐってきた。アフリカにある有望なダイヤモンド採鉱地の所有者たちが、所有地の評価を必要としていたのだ。その採鉱有望地からは、すでにダイヤモンドが発掘されていた。所有者たちはいまや、事業をさらに進めるため、財政的に援助してくれる投資家を探していた。ある投資家は、そのプロジェクトについて再保証を欲しがった。そこで、所有者たちはガーニーにざくろ石を見てくれるよう頼んだ。彼はその場所でとれたざくろ石を注意深く調べ、クロムが多くカルシウムが少ないものを発見しようとした。ダイヤモンドを含む土地には、それが存在するはずだと信じていたからだ。だが、その類のものは一つも見つからなかった。ガーニーは用心したほうがいいと助言した。

所有者たちはサンプルをとりなおした。今度は、ダイヤモンドはまったく見つからなかった。過去の採鉱経過について調べなおしてみると、次のことが明らかとなった。サンプル検査係がダイヤモンドを発見するのは、決まって一人の共同所有者が採鉱地を訪れた直後の数日のことだったのだ。ガーニーは、その男が所有地に〝塩をふりかけて〟いたのだと結論をくだした。ダイヤの原石をばらまいて地質的評価をゆがめ、自分の投資物件への市場価値を生み出したいと願ってのことだ。彼はその土地の売り方を模索していた。詐欺師の正体を暴いたことで、ガーニーはG10――クロムの多いざくろ石は、そう分類されていた――の力を証明した。彼はG10がなければダイヤモンドもないという明確な関連を示し、数百万ドルの詐欺から投資家を救った。

ガーニーが最初の研究を発表したのは、一九七三年のことだった。それは、採鉱業界中に雷鳴のように鳴り響いた。突然、ダイヤモンド・パイプを発見する技術が現われたのだ。そればかりか、その情報は公の場にはっきりと掲示された。誰もがそれを読めた。ダイヤモンド地質学の歴史において、これは新たな事態だった。ダイヤモンドに関する最大の技術的機関——デビアスのそれ——は秘密主義で有名だった。ダイヤモンドについて、デビアスと同じように知る者はいなかった。デビアスはその状況を維持するつもりだった。巨大採鉱業者と独立心旺盛なガーニーが衝突する条件はそろっていた。

ガーニーが爆弾を落としたあと、デビアスは彼の研究に強い関心を示した。その会社は、ガーニーが指導するある大学院生の学位論文のための研究を支援することに同意した。その論文の目的は、南アフリカにあるダイヤモンドを含むキンバーライトのいくつかで、指標の存在を立証することだった。一九七四年、論文が発表されると、デビアスはガーニーに秘密保持契約を結ぶよう求めた。理由として、学生が調査した鉱物の一部がデビアスの鉱山から出たことをあげた。ガーニーはそれを断わった。その情報はデビアスのものではないと、彼は主張した。「私は『これを発見したのは私だ』と言ってやった」

独立性を主張することによって、ガーニーは世界最強のコングロマリットの一つに暗黙のおどしをかけた。デビアスとその姉妹会社——南アフリカのアングロアメリカン・コーポレーション（金の採掘を営む有力企業）——は、ヨハネスバーグ証券取引所の上場総資本に対する占有率で評価すると、南アフリカ経済の約半分を占めていた。デビアスとアングロアメリカンを支配するオッペンハイマー家は、その国で最も富裕な一族だった。南アフリカの金融界を支える銀行や保険会社は、オッペンハイマー家の金・ダイヤモンド帝国の富にからめとられていた。

年に数十億ドルをかせぐダイヤモンド部門は、カルテルを運営することによって利益を維持していた。供給をしっかりと管理することによって、価格を統制していたのだ。価格が下がりそうな気配があれば、それを回復させるために、市場へのダイヤモンドの供給を減らせばよかった。カルテルの力は、供給を操作する点にあった。だが、供給の操作は強さの源であるとともに弱点でもあった。カルテルの支配のおよばないところに商品の供給源が現われるようなことがあれば、ダイヤモンドの価格——人為的に操作されたそれ——は、即座に競争に巻き込まれるだろう。ガーニーのG10のおかげで、新しい供給源への扉が開かれる可能性があった。

ガーニーの情熱は科学的なものだったが、ダイヤモンドにまつわるもう一つの感情——欲望——にも根ざしていた。ダイヤモンドの宝飾品には、年に五〇〇億ドルの市場が存在する。そのため、ダイヤ原石への需要は年に六〇億ドルもある。ダイヤモンドの採鉱は、非常に高い利益をあげられる事業なのだ。この利益を、デビアスに独占させておく理由はない。ガーニーの発見のおかげで、ダイヤモンド探鉱者の小規模な部隊も、カルテルに対抗して戦場へおもむけるようになった。一人で仕事をする探鉱者でさえ、いまや探知用兵器の倉庫を手にしていた。ガーニーが先鞭をつけた研究によって、ダイヤモンド・パイプを発見するすぐれた手法の開発に目処が立ったからだ。

◆

有名なG10――ダイヤモンド・パイプを発見する道を開いた鉱物――は、パイロープというざくろ石の一種である。パイロープとは、〝火のような目をした〟という意味の古代ギリシャ語に由来する言葉だ。その色は普通、濃い赤か紫である。クロムが多くカルシウムが少ないというG10の特徴は、ハルツバージャイティック・シグネチャーと呼ばれる。マントルを構成する岩石であり、ダイヤモンドが生成する土壌となるハルツバージャイトにちなんだものだ。ハルツバージャイトはかんらん岩の一種で、マントル上部に最も多い岩石である。かんらん岩の広大な海の中に、別の種類の岩石――エクロジャイト――の鉱穴がある。エクロジャイトもダイヤモンド生成の土壌である。ときにダイヤモンド・パイプには、ダイヤモンドを含むエクロジャイトの丸石が埋まっていることがある。その含有率は一〇パーセント――周囲のキンバーライトの一〇万倍――という高さだ。エクロジャイトに含まれるざくろ石はG10ではない。オレンジ色で、G10とは化学的に異なっている。エクロジャイトは豊富に存在するため、探鉱の対象にそのざくろ石が含まれるかどうかを知るのは重要である。技術者は土壌のサンプルを、オレンジ色の輝きを探してごしごしと洗う。

その他の鉱物も重要である。地質学者は、極度の高熱と高圧の中で一定の鉱物に何が起こるかを研究してきた。パイプの中でそれらの鉱物が見つかれば、それを利用して、パイプがダイヤモンド安定領域をつきぬけてきたかどうかを決定できる。たとえば、クロム鉄鉱が形成されるには高圧が必要である。それが見つかれば、そのパイプがつきぬけてきたマントル上部の圧力が、ダイヤモンドに適切だったかどうかがわかる。同様に、クロム透輝石からは温度に関する情報が得られる。

もう一つの問題は、キンバーライト・パイプはかたまって発生することが多いということだ。当然、探鉱者は、調査領域にパイプがいくつ隠れているかを知りたがる。この点について助けとなる指標は、チタン鉄鉱である。銀色の光沢を持った黒く美しい鉱物で、ほんのりと青みがかっている。チタン鉄鉱の粒子が示す化学的組成は広い範囲にわたっており、パイプによって異なる。化学的に同一のチタン鉄鉱を産出するキンバーライト・パイプは、二つとない。したがって、それらの組成の異同を解明すれば、一つの土地にパイプがいくつあるかを予言できるのだ。

ダイヤモンドを含むパイプのほとんどは、大陸地殻の最も古い部分で発見される。二五億年以上前から基盤岩がある場所だ。地中深くで安定しているキール――岩石圏の一部――が、ダイヤモンドが生成する深さまで達している様子がわかってきた。噴火するダイヤモンド・パイプがその部分を貫通するとき、キールの安定した岩石のおかげで、パイプの中を上昇するダイヤモンドは保護される。地中深くにあるこうしたキールの頂上に、大陸地殻の最も厚い部分――クラトンと呼ばれる古い岩石の板状地帯――がある。このクラトン上にダイヤモンド・パイプがあるのだ。クラトンの上に家を建てて住んでいるとしたら、裏庭でキンバーライトが噴火し、花壇をめちゃめちゃにし、家にダイヤモンドの雨を降らせても不思議はない。だが、そんなことは起こりそうもない。ダイヤモンドを含むキンバーライト・パイプは、最も新しくても四七〇〇万年前のものである。また、キンバーライトの火山活動が盛んな時期でさえ、噴火の間隔は数百万年におよぶからだ。

ダイヤモンドを研究する地質学者は、マグマの貫入によって、クラトンにダイヤモンドが運ばれるという全体的モデルを持っている。ダイヤモンドを含むマグマは冷たい岩石を通りぬけて上昇し、最後の短い距離を一気に突進し、地殻を突き破って爆発した。これによってダイヤモンドや、パイロープをはじめとするはるかに多くのダイヤモンドのいとこたちが、マントル上部から運ばれて地面にばらまかれた。探鉱者は何年もの間、これらの鉱物がダイヤモンドと関係があるのを知っていた。だが、どんな関係かはわからなかった。ガーニーの研究が発表されて、それが明らかになった。彼らは美しい鉱物の粒をかき集めて分析することによって、それがあった場所の状況を明快に推定した。これは、ダイヤモンド鉱床を発見するためのすばらしい方法である。また、ダイヤモンド業界において、一〇〇年以上続いてきた秩序をひっくり返す助けとなったのだ。

3 中王国

ダイヤモンドの遠い過去と不確かな現在の間に、壮大な中間の時代がある。かつてない量のダイヤモンドが発掘され、それを支配するために力強い男たちが次々に現われて戦ったのだ。人は当時を、活気に満ちた発見と征服の時代として回顧するかもしれない。運、科学、帝国の理想が一つになったとき、男たちはアフリカ南部の平原のあちこちで騒動を引き起こした。その熱狂たるや、かつて例を見ないものだった。数万という人がくりだし、猛烈な勢いで地面を掘り返した。人びとは大きな夢とつまらない敵対心を抱いていた。彼らが自分たちで問題を適切に解決し、採掘坑の性質を正しく理解したとき、壮大なダイヤモンド時代が始まった。

十九世紀の最後の四半世紀まで、ダイヤモンド・パイプについて知る者はいなかった。古代、世界にダイヤモンドを供給していたのはインドだった。インドの採鉱地では、沖積層から採掘されていた。つまり、マントル上部からパイプの中を上昇したダイヤモンドが、数百万年の間に河川へと流され、それを人びとが発見したのだ。十八世紀の中頃、ブラジルがインドにかわって最大のダイヤモンド産地となった。ブラジルの鉱床も沖積層のものだった。今日、探鉱者がパイプを求めて世界中を探しまわるという事実は、探鉱科学の最近の発達だけに起因するわけではない。アフリカに始まった一連の事件にも原因があるのだ。その事件を通じて、現代のダイヤモンド業界を形づくった帝国が建設されたのである。

一八三六年、ケープ地方に住んでいたオランダ人農夫の大きな集団が、イギリスの支配に耐えかね、家財道具を荷馬車に積んでとぼとぼと北へ向かった。ぶどう園、街、美しい谷をあとにし、過酷なアフリカの大地へ出ていったのだ。北へ向かって移住の旅をしながら、農夫たちはカープファール・クラトンの上までやってきた。マントルに浮かぶ巨大で安定した岩石の島の一つで、その周囲には、より新しく流動的な岩石が広がっている。

カープファール・クラトンは二五億年以上前にできたものだ。北へ向かって現在のボツワナへと広がり、カラハリ砂漠の下に横たわっている。もちろんクラトンそのものは、数千年の間に積もった砂塵に埋もれ、農夫たちには見えなかった。荒涼とした風景の中に、棘《とげ》のある木が点在していた。移住者たちは、ようやくオレンジ川とヴァール川の合流点に到達すると、その間に農場をつくった。

農夫たちは先住民のグリカ族を追い出し、表土を掘り返して作物を植えはじめた。そこにはダイヤモンドがあったにもかかわらず、彼らはそれに気づかなかった。一面に広がる砂の中で、砂糖の粒のように土に混ざっていたのだ。一八五九年、グリカ族の少年が五カラットのダイヤモンドを見つけ、ヴァール川のほとりのプニエルにあるベルリン伝道協会へ持っていった。ダイヤを見た司祭は、それが何か薄々わかっていたに違いない。少年に五ポンドもの大金を支払ったからだ。このニュースはケープ地方に伝えられたが、何の反応もなかった。

八年後の一八六七年、シャルク・ファン・ニーカークという名の若い農夫が、お金を稼ぐために美しい石の売買を始めた。そのほとんどが、ヴァール川の浅瀬で子供たちが見つけたものだった。グリカ族の少年が見つけた宝石のことを耳にしていた地元の測量技師が、ダイヤモンドを探すようファン・ニーカークにアドバイスした。ファン・ニーカークは、ある農婦にこの話をした。彼女は、息子が輝く石を持ち帰り、遊びに使っていたのを思い出した。ファン・ニーカークは、その石が泥の中に落ちているのを見つけた。ダイヤモンドはガラスを傷つけられると知っていたので、窓ガラスにしっかりと押しつけて引いてみた。すると、傷跡がはっきり残った。現在、その窓ガラスは博物館に収められている。その石が、二一・二五カラットのダイヤモンドだったからだ。ケープ地方のイギリス人提督サー・フィリップ・ウッドハウスは、その石の代金として、ファン・ニーカークの代理人に五〇〇ポンドもの大金を支払った。そのダイヤモンドは、ロンドンにあるハント・アンド・ロスケルという会社へ送られた。そこでブリリアント・カットに研磨され、一〇・七三カラットの宝石となり、ユーリカと命名された。それでもまだ、ダイヤモンド・ラッシュは起こらなかった。

一八六九年三月、グリカ族の別の少年が大きく透明な鉱物を発見し、翌日ファン・ニーカークのところへ持っていった。ファン・ニーカークは一目それを見て、少年に一〇頭の雄牛、荷馬車一台分の品々、五〇〇頭の脂尾羊《しびよう》を提供したと言われている。少年はこの驚くほどの収穫を受け取り、ファン・ニーカークは石を手に入れた。八三・五カラットのその石を、彼は一万ポンドで売った。そのダイヤモンドは、四七・七五カラットのペア・シェイプ・ブリリアントカットの〈南アフリカの星〉となり、ダッドリー伯爵夫人に二万五〇〇〇ポンドで売られた。カットされる前に、植民地大臣のサー・リチャード・サウジーはその宝石をケープタウンの議事堂に運ばせた。「諸君、このダイヤモンドの上に」彼は声に抑揚をつけて言った。「南アフリカの将来の繁栄が築かれるだろう」

銃が火をふいたかのように、ダイヤモンド・ラッシュが始まった。ケープタウンとポートエリザベスに停泊した船から、船乗りが抜け出した。合衆国、カナダ、オーストラリアから、金鉱夫がやってきた。ヨーロッパから、ダイヤモンド探鉱者が続々と押し寄せた。多くの人が、ケープタウンに到着しては散っていった。ケープ地方からダイヤモンドの産出地までは、直線距離で八八〇キロだった。だが、そのルートは山道を抜ける険しいものだった。一攫千金を夢見る探鉱者の先陣が川の合流点に到着するのに、数カ月かかった。彼らがやってくると、ボーア人の静かな農地は大混乱に陥った。一年足らずのうちに、五万人の鉱夫がヴァール川沿いの一万の鉱区で働くようになった。それらのキャンプには、〝はかない希望〟とか〝貧乏人の小丘〟などという名前がつけられていた。多くの人の夢が破れたからである。なかには裕福になった者もいた。ある鉱区にはあまりに多くのダイヤモンドが埋まっていたため、一〇〇年間も採鉱が続けられたのだ。

ダイヤモンドが発見されると、そのニュースはただちに広まった。男たちは魚の群れのように、川の上流へ押し寄せたり下流に突進したりした。彼らは自分なりに暮らしていた。草原にぼろテントを張り、夜はこごえてすごす者もいた。掘建て小屋をつくって地面に絨毯を敷き、召使を雇ってシャツにアイロンをかけさせている者もいた。ダイヤモンド・ラッシュがピークに達すると、スタンダード・バンクがクリップドリフトに支店を開いた。その金庫は、ダイヤモンドと現金ですぐにいっぱいになった。騒然とした空気が広がり、お金はあふれ、近隣住民の中には、銀行が支配権を握る必要があると考える者もいた。

ボーア人は、その付近に二つの共和国を建てた。ヴァール川の北のトランスヴァール共和国と、ダイヤモンド産出地の東に位置するオレンジ自由国だ。ボーア人とは、アフリカーンス語を話すオランダ系とフランス系の移住者で、敬虔で高潔だった。彼らは鉱夫の無法な振舞いをひどく嫌っていた。先に行動を起こしたのはオレンジ自由国だった。ダイヤモンドが出る川への法的権利を主張したのだ。トランスヴァール共和国もあとに続き、ヴァール川北岸のハルツ川までの全域は自国に帰属すると宣言した。鉱夫たちは、鉱区を買って採鉱できるかぎり気にしなかった。だが、トランスヴァール共和国の政府は、彼らと真っ向から対決する姿勢をとった。鉱夫が住みついていた土地の採掘権を、自国民に与えはじめたのだ。

鉱夫たちはすぐに反応した。怒号が飛び交う会議が重ねられた結果、鉱夫共和国の建国が宣言されるにいたった。大統領には、スタッフォード・パーカーが選ばれた。シルクハットをかぶった厳格なダイヤモンド採掘者で、船乗り、警官、金鉱夫などの職を転々とした人物だ。パーカーは規律にやかましく、公職につくとまず刑罰の執行人を任命した。ダイヤモンドを盗んだ罰は、公開むち打ちだった。また、共和国の全国民に軍事訓練を受けるよう命じた。これは賢明な措置だった。自国の法令を押しつけようと躍起になっていたトランスヴァール共和国の指導者たちが、軍隊を率いて現われたからだ。ダイヤモンドがとれる鉱区を没収するためである。この侵略のニュースが広まると、凶暴な鉱夫の大集団——鉱夫共和国の軍隊——が集結し、ボーア人に向かって進撃した。

そのときまでに、鉱夫たちは経験豊かな砂漠の住人となっていた。彼らはボーア人と同じ服装をしていた。半ズボンに、つばの広い帽子という出で立ちだ。風で飛んでくる刺すような砂と、強烈な日光から顔を守るため、多くの人があごひげを生やしていた。ベルトには拳銃を差していた。ボーア人の軍隊は退却した。ケープ地方にいたイギリス人は、こうした成り行きの一部始終を見届けると、その土地の所有権をみずから主張することに決めた。そして、キンバリーを主要都市とする、グリカランド・ウェストという植民地を建設した。鉱夫の中には、イギリス人にも抵抗したがる者がいた。だがパーカーは、自分たちの女王とは戦えないと彼らに告げた。鉱夫共和国は、これを最後に旗を降ろした。

人びとの間に新しい見方が広がらなかったとしたら、ダイヤモンド・ラッシュは宝石の眠る川を空っぽにしただけで、華やかなエピソードとして歴史の一コマになったかもしれない。新しい見方とは、ダイヤモンドは川から離れた場所でも見つかるかもしれないというものだ。一八七〇年、オレンジ自由国に住む農夫の子供が、ある探鉱者にいくつかの石を見せた。ドルストフォンテインという農場にある、自宅の泥壁の中で光っていたという。その石はダイヤモンドだった。だが、その子の親はキャンプの荒くれ者を嫌っており、その探鉱者に農場を掘らせなかった。彼は、ブルトフォンテインという隣の農場へ行った。すぐに、そこでもダイヤモンドが見つかった。その後、コフィーフォンテインというそれほど離れていない農場で、別の石が見つかった。話を聞きつけ、ヤーガースフォンテインというまた別の農場の作業長が、干上がった小川の溝を掘り、五〇カラットのダイヤを発見した。

そのニュースは、すぐさま川べりのキャンプに伝わった。鉱夫たちはテントをばらし、ヴァール川を去った。一週間のうちにいくつものキャンプが見捨てられた。男たちはオレンジ自由国に流れ込んだ。ボーア人の農夫は、鉱夫が草木を踏みつけ、木を切り倒し、牛を盗むのを、あきらめ顔で見守った。草原にホテルやバーができた。採鉱地の上空には、もうもうとしたほこりが数キロにわたって漂うようになった。ドルストフォンテインの所有者――探鉱者に農地を掘らせるのさえ断わった人物――は、土地を売って出ていった。

デビアスという名の兄弟が農場の採鉱を許しているという噂が広まると、馬や荷馬車が草原を疾走した。数時間のうちに、農場は鉱夫でごったがえすことになった。びっしりと杭で仕切りがつくられた。結局、兄弟はあるシンジケートに、六三〇〇ポンドで農場を売り払った。一一年前に五〇ポンドで買った土地だったから、いい値段で売れたと思ったに違いない。だが、彼らはもう少し要求すべきだった。その後の一〇〇年間で、兄弟の名前をダイヤモンドと同義語にしたその会社は、その農場から六億ポンド分の宝石を掘り出したのだ。

陸地の新しい鉱床から、驚くべき量のダイヤモンドが産出された。南アフリカのおかげで、ダイヤモンドの産出に関する歴史的眺望はがらりと変わった。インドで二〇〇〇万カラットのダイヤモンドが産出されるまでに、二〇〇〇年かかった。ブラジルで同じ量がとれるのには、二世紀しかかからなかった。だが、南アフリカでは一五年だった。これほど大量に産出されたにもかかわらず、ダイヤモンドの価格が下落しなかったのは、一連の大実業家たちのおかげである。その生き方はフィクションの素材となった。彼らは巨人たちの争いを繰り広げ、莫大な財産を築き、光のように幻想的な商品から現代的産業をつくりあげた。もうもうとしたほこりが平原に積もる間もなく、最初の二人が衝突した——バーニー・バーナートとセシル・ローズである。

◆

バーニー・バーナートは、一八五二年七月五日に生まれた。その日は、ライバルのセシル・ローズが生まれたちょうど一年前に当たる。二人の実家は、列車でほんの数時間の距離しか離れていなかった。だが、彼らは違う世界の出身だった。ローズは、ハートフォードシャー州ビショップス・ストー

バーニー・バーナート。（デビアス提供）

トフォードの司祭館で生まれた。バーナートは、ロンドンのイースト・エンドで初めて日の光を見た。それも、ペティコート・レーンという路地のかどのコップス・コートという空地にある、荒れ果てたあばら家で。彼の父親は古着と布切れを商っていた。バーナートは、兄のハリーと一つのベッドで寝ながら育った。ベル・レーンにあるユダヤ・フリースクールに通っていたが、十三歳の誕生日を迎えてすぐに、担任の教師からぴかぴかの新しい一ペニー貨をもらって退学した。泥棒、売春婦、狡猾な商人といった隣人たちの住む猥雑な世界で身を立てるためだ。

その世界で、バーナートは大胆さを身につけ、新しい名前を手に入れた。バーネット・アイザックスというのが本名だったが、ピエロと手品師のコンビとして、ハリーと一緒に地元の演芸場に出演しはじめたとき、名前を変えたのだ。バーニーを紹介するときのハリーのせりふが「そしてバーニーです！」だった。これがすぐにバーナートになった。はじめはバーニーの異名だったが、その後、兄弟の姓となった。

バーナートは身長一五八センチのがっしりした体格で、水差しのような形の大きな耳をしていた。色白で頬はピンク、髪はバターのようなブロンドで目は青かった。色の黒い兄弟やいとこの中では目立つ存在だった。彼は自分を侮辱する者を決して許さなかった。すぐに暴力をふるい、女と猥談が好きで、カラーボタンから輪ゴムまであらゆるものを売り、金を賭けてトランプをした。二十一歳のとき、もっと大きなことがしたくてたまらなくなり、パートタイムの仕事――ロンドン東部のキング・オブ・プロシアというパブのバーテン――をやめると、アフリカへ向かった。

ダイヤモンド・ラッシュのニュースを耳にして、バーナートのいとこのデイヴィッド・ハリスが、すでにキンバリーへ発っていた。その後、ハリー・バーナートもあとを追った。一八七三年の夏も終わる頃、バーニー・バーナートその人がケープに到着した。ポケットに三〇ポンドと、商売用に品質の低い葉巻を四〇箱持っていた。山高帽をかぶり、明るい青のジャケットを着て、ステッキを振りまわしていた。その出で立ちで、バーナートはケープタウンから、ボーア人の農夫をともなって堂々と歩きはじめた。キンバリーへ連れていってもらうため、四ポンドで雇った男だ。徒歩でグレート・カルーを横切り、山地をとぼとぼ歩いた。二カ月後、服はぼろぼろで、顔は黒ずんだ木のように日焼けしていたが、彼はふんぞり返ってキンバリーへ入った。

バーナートは金のためなら何でもやった。市場で、農夫を手伝ってずだ袋の荷おろしをした。〝ハバナ〟の葉巻を一箱ずつ売って歩いた。ある客が、こんな臭い葉巻は吸ったことがないと苦情を言いに戻ってくると、バーナートはその男を事業に引き込んだ。キンバリーを歩きまわって葉巻をほめて

キンバリーにおける初期の発掘現場。（デビアス提供）

くれたら、利益を分けてやろうと申し出たのだ。稼いだ金は、一ペニー残らず商品につぎこんだ。布、櫛、懐中ナイフなど、すぐに売買できるものなら何でも買った。懸賞ボクサーとしてサーカスに加わった。サーカスが去ると、みずからリングを設置し、金を賭けて誰とでも対戦した。元手をかき集めるやいなや、バーナートはダイヤモンドを商いはじめた。

毎朝明け方に、バーナートは、ダイヤモンド用の秤《はかり》とレンズを持って街を出た。採鉱地の赤土の中を、数時間歩きまわった。肌も服も泥だらけになった。彼は、キャンプで値引き交渉をしてもうけた。鉱夫の選別台を訪れるとき、ケープ・スモーク・ブランデーを持っていき、相手の喉の渇きをいやしてやったのだ。失敗を通じて、成功する商売の手法を学んだ。ドゥトイトスパンの立坑から出る質の低い宝石と、ブルトフォンテインのダイヤをすぐに区別できるようになった。

ダイヤモンドの土壌として最高なのは、貴重とされる〝黄色い土〟だった。酸化によって黄褐色に変化した、キンバーライトの層である。それぞれの鉱床で、小さな鉱区が蜂の巣状に複雑に入り組んでいた。一つの鉱区は各辺が九メートルしかなく、さらに小さな区画に分割されていることも多かった。キンバリーのパイプは一六〇〇の鉱区に分割された蜂の巣であり、土の入ったバケツを穴から持ち上げるためのロープウェーが、クモの巣状に張りめぐらされていた。約五メートルの幅で通行権が認められており、小道が各現場へと延びていた。鉱夫が深く掘り進むにつれて、高く、支えのない坑道の危険は増した。鉱区の間の薄い土壁は崩れはじめていた。こうした状況を改善するため、政府は法律を改正し、小さな鉱区の大きなブロックへの統合を解禁した。すぐに、いくつかのシンジケートが形成された。小規模な事業を営む鉱夫の土地は買い上げられ、大きな鉱区がつくりだされた。事態のこうした進展と新しい妙な噂に駆りたてられ、バーナートは最初の大きな賭けに出た。

彼は、地元の鉱物学者が、次のような理論を提唱しているのを聞いたことがあった。ダイヤモンドは、火山によって地表に運ばれてきたというのだ。これが正しければ、黄色い土は鉱床の最上層にすぎず、その下にもっと多くのダイヤモンドが埋まっていることになる。一八七六年の初頭、バーナートは、二人の兄弟がキンバリーの発掘現場の中央にある鉱区を売りたがっていることを知った。彼らは黄色い土を掘りつくしてしまい、その下の〝青い土〟にダイヤモンドが埋まっているとは思っていなかった。バーナートは、その鉱区を三〇〇〇ポンドで買った。ハリーと一緒に三年がかりでためた資金のすべてだった。彼らは何人かの鉱夫を仲間に加え、青い土の掘削にとりかかった。だが、ダイヤはごくわずかしか見つからなかった。ハリーは落胆したが、バーナートはさらに鉱夫を雇った。破産するまで掘ると彼は言った。ほとんどそうなりかけたとき、一〇、一五、二五カラットといったダイヤが、突如として見つかりはじめた。一週間で、彼らは投資を全額とりもどした。その年の終わりには、九万ポンドを手にしていた。

バーナートはさらに鉱区を買い、数年のうちにバーナート・マイニング・カンパニーを設立した。資本金は三〇万ポンドだった。当時のバーナートの写真を見ると、チェックのスーツを着て、ポケットに片手を入れ、ボタン穴に花をさしている。彼は最高の状態にあったし、そうあることが必要だったのだろう。その帝国で最も冷徹な人物の一人、セシル・ローズとの衝突が避けられない運命にあったからだ。

ローズは生まれつき体が弱く、希望したはずの職場――軍隊あるいは教会――への道は閉ざされていた。兄たちに続いてイートンやウィンチェスターといったエリート校へ進むこともできず、地元のグラマースクールに通った。十七歳のとき、おばに借りた二〇〇〇ポンドを懐に、南アフリカのナタール州へ向かった。兄のハーバートから綿農業を学ぶためだ。ローズが到着して二カ月後、ハーバートはダイヤモンド熱にとりつかれ、ローズもキンバリーについていった。ハーバートはダイヤモンド採掘の現場にすぐにうんざりし、農園に戻った。だがローズはあとに残り、鉱区の一つを買った。

彼は不恰好な人物だった。肌は青白く、学生用のブレザーから細長い腕が突き出していた。雇った鉱夫がシャベルで土砂をすくっている間、彼はひっくり返したバケツに腰掛け、ウェルギリウスの『アエネーイス』を夢中で読んだものだった。また、マルクス・アウレリウスを読んだ。読書を中断するのは、ダイヤモンドを選別するときだけだった。夕方になると、ダイヤをいくつかの小さな包みにまとめ、宵闇が迫る中を馬に乗って街へ戻った。さび色のポニーが夜道をゆっくりと進み、唯一の相棒であるしっぽのない犬が並んでついてきた。

ローズは財産を蓄えた。そのほとんどが、鉱区内にたまった水をくみだすためのポンプを、鉱夫に

セシル・ローズ。（デビアス提供）

貸し出すことによって稼いだものだった。ポンプで得た棚ぼたの利益を使い、ローズはデビアス採鉱地の鉱区を買った。一八八〇年、彼はデビアス・マイニング・カンパニー有限会社を設立した。

ローズはバーナートをひどく嫌い、〝小さな暴れ馬〟と呼んでいた。ローズが冷淡で無愛想だったのに対し、バーナートは活力にあふれていた。ローズは肺が悪く、心臓も弱かった。修道士のように生活し、鉄製のベッドで寝た。バーナートは朝になるとベッドから飛び起き、掘建て小屋の外に立ってインディアン・クラブを振りまわした。寒い時期には洗面器の氷を割り、半分凍っている水を頭に浴びてからシャドーボクシングをした。二人は衝突した。両者が同じものを欲しがったからだ――ビッグ・ホールと呼ばれるパイプである。

一八八七年までに、二つの会社がキンバリ

ーのダイヤモンド業界を支配していた。キンバリーから東へ一・五キロの採掘場を所有する、セシル・ローズのデビアスと、ビッグ・ホールを支配するキンバリー・セントラル・ダイヤモンド・マイニング・カンパニーである。バーナートは自分の会社をキンバリー・セントラルと合併させ、筆頭株主となっていた。キンバリー・セントラルの第二位の株主は、喜望峰ダイヤモンド鉱山フランス会社だった。フレンチ・カンパニーとして知られていた会社である。バーナートはフレンチ・カンパニーを買い取りたかったが、その会社の取締役に嫌われており、売ってもらえなかった。ローズはそれを知ると、ロスチャイルド家を含むロンドンの資本家たちのシンジケートの支援を受け、フレンチ・カンパニーに一四〇万ポンドでの買い取りを申し込んだ。これを聞いたバーナートは、すぐさま対抗して一七五万ポンドの価格を提示した。

ローズは、これではフレンチ・カンパニーが得をするだけだと気づいた。彼はバーナートのもとに出向き、たがいに価格を競り上げるかわりに手を組もうと申し出た。ローズは一連の取引を提案した。バーナートが対抗のための申し出を引っ込め、一四〇万ポンドという元の付け値でフレンチ・カンパニーを買い取るのを認めてくれれば、そのあとでローズはフレンチ・カンパニーをバーナートに売る。代価として、キンバリー・セントラルの株の五分の一に加え、三〇万ポンドの現金を受け取る。バーナートはその提案をよく考えた。損はないように思えた。ローズはキンバリー・セントラルの五分の一を所有することになるが、バーナートはさらに多くのものを手にするのだ。彼は敵を容易に封じ込められると思った。バーナートはその提案に同意し、取引は実現した。アフリカで最も情け容赦のない男が、いまやバーナートのドアの内側に、しっかりと足を割り込ませていた。

バーナートが、キンバリー・セントラルの筆頭株主だったのは確かである。とはいえ、多くの小株主もいた。いまや、ローズは彼らを追いかけていた。公開市場で見つけられる、あらゆる株を買いあさりはじめたのだ。これに警戒態勢をとり、バーナートも株を買いはじめた。キンバリー・セントラルの株価は暴騰した。ついに、バーナートのほうが音をあげた。彼は競争を断念した。ローズの財源の底深さがわかったのかもしれないし、株価を吊り上げたことに満足したのかもしれない。彼は自分の株をローズに売った。戦いが終わったように見えたとき、思いもよらない邪魔者が現われた。

キンバリー・セントラルの小株主のグループが団結し、デビアスへの売却に反対して裁判を起こしたのだ。彼らの指摘によれば、キンバリー・セントラルの設立許可状では、合併は同種の会社としかできないとされていた。そして、デビアスの目的は採鉱だけではないから、同種の会社とは言えないと主張した。そこで引用されたデビアスの設立許可状によれば、取締役には次のような権限が与えられていた。「すべての領土の良い政府のために方策を講じること、常備軍を編成・維持し、軍事作戦を引き受けること」裁判所は株主の訴えを認め、両社は合併できないという判決をくだした。ローズとバーナートは、キンバリー・セントラルを解散することによってこの問題を回避した。彼らは会社の資産をデビアスに売り、面食らっている訴訟当事者に給料を払って解雇した。キンバリー・セントラルの〝精算人〟に振り出された、五三三万八六五〇ポンドの小切手は、キンバリーのストックデール・ストリートにある古いデビアスの会議室にいまもかけられている——ダイヤモンド・カルテルは、その小切手から始まったのだ。

バーナートはデビアスの莫大な株を手にし、終身役員となった。彼はヴィトヴァーテルスラント金鉱へと去り、大きな採鉱会社を設立した。その後継者たちは、大富豪のスポーツマンや有力者になった。バーナート自身は、大英帝国で最も富裕な人物の一人だった。ケープタウン議会議員選挙にも当

カルテルのはじまりとなった小切手。5,338,650ポンドをぽんと支払うことによって、セシル・ローズは、キンバリー鉱床の支配権を獲得するための最後の対立を解消した。（デビアス提供）

選した。人生のあらゆる障害が、彼の前から消えた。ところが、きわめて複雑な巨大企業の運営に神経をすり減らし、バーナートは精神の健康を損なってしまった。一八九七年六月、スコットという汽船でイングランドへ帰る途中、彼は海に飛び込んだ。その死は自殺とされた。あるいは、落ちたのかもしれない。その死は自殺とされた。四五回目の誕生日を数週間後に控えてのことだった。ローズは、バーナートより五年近く長生きした。だが、彼が築いた会社によって、現代のダイヤモンド・ビジネスがつくりあげられたのだ。

◆

デビアスが大量の採鉱場を支配するようになってまもなく、ローズはどうやって前進するつもりかをあからさまに示しはじめた。まず、彼はダイヤモンドの生産を大幅に削減した。そのため、南アフリカのダイヤ産出量は四〇パーセントも落ち込んだ。下落していた原石価格はただちに反転し、カラット当たり二〇シリングから三〇シリングへ上昇した。一九〇〇年までに、デビアスは、世界の原石の供給量の九〇パーセントを支配した。そして、ロンドンを拠点とする買い手のシンジケートに商品を売った。南アフリカに蓄えられたダイヤモンドはロンドンに送られ、デビアスはその流れを支配した。このシステムをおびやかす事態は、一つしかなかった。新しい供給地の発見である。

一九〇二年、たった一つの発見でさえ、デビアスにとって大きな痛手となることがはっきりした。元レンガ積み職人のトーマス・カリナンが、ヨハネスバーグにほど近い場所でプレミア鉱山を発見したのだ。デビアスと手を組んでいたサー・アルフレッド・バイトは、車でそれを見にいくと、気絶して倒れてしまった。そのパイプの地表に現われた部分が、八〇エーカーもあったからだ。キンバリーで最大のパイプの三倍である。

デビアスの役員はカリナンに交渉を申し入れたが、すげなく断わられた。すると、その会社は次のように警告して、彼をカルテルに引き込もうとした。ダイヤモンド価格の安定は、原石の売り手が一社しかないことにかかっている、と。カリナンはそれも断わった。彼はデビアスを疑っていた。実際に原石を売るのはデビアスだけなので、自分に適正な金額が支払われているかどうかわからないからだ。そのうえ、彼はテストサンプルからとれたダイヤモンドを見て、それをヨーロッパの意欲的な買い手に提示してあった。カリナンは、一人でやっていけると思っていた。操業を始めた一九〇四年、プレミア鉱山からは七五万カラットのダイヤモンドが産出した。キンバリーのすべての鉱山からデビアスが採鉱する総量の、約三分の一に等しい。産出量は、さらに増えるはずだった。

一九〇五年一月二十六日の午後遅く、プレミア鉱山から最後の断層が現われつつあったとき、一人の鉱夫が地上監督のF・G・ウェルズのところに急いでやってきた。立坑の壁に輝くものが見えるというのだ。夕日の光線が、結晶面を持つ何かに当たっているのは明らかだった。ウェルズは立坑のへりまで歩いていくと、穴をのぞきこんだ。彼にも光るものが見えた。その時点で、立坑の深さは九メートルしかなかった。反射光は、斜面の上のほうの一点から発していた。

火口の壁は急峻だった。だが、ウェルズは上着を脱いで這いおりると、その石を点検した。それはかつて見たことのない代物だった。泥を払いのけてみると、拳ほどもある透明な結晶だった。ウェルズは、ポケットナイフをてこのように使って石を掘り出し、斜面を這いあがると事務所へ急いだ。総監督は多忙のため不在だった。ウェルズが待っている間、別の現場監督に何を持っているのかとたずねられた。結晶を見せると、その男は小馬鹿にしたように笑い、ウェルズから石をひったくって窓から放り投げてしまった。ウェルズは何も言わず、外に出て石を拾ってきた。疑っていたのは、結晶を放り投げた男だけではなかった。その夜、発見を知らせる電報を受け取ったとき、カリナンはディナーの客に言った。「何かの間違いだと思いますがね」

人びとが疑ったのも無理はない。〈カリナン〉は、それまでに発見された最大のダイヤモンドだったからだ。三一〇六カラット、つまり約六二〇グラムもあったのだ。〈カリナン〉を九個の宝石に磨き上げるまでに、三人の研磨師が一日一四時間作業し、まる八カ月かかった。研磨された宝石の総重量は、一〇五五・九カラットだった。つまり、鋸で切り落とされ、磨きとられ、さらには別のやり方で、二〇〇〇カラット以上が無駄になったことになる。元の原石の約六五パーセントである。それは、ダイヤモンドへの容赦のない暴力だったが、息をのむような宝石を生み出しもした。

〈カリナンI〉——別名〈アフリカの偉大な星〉——は五三〇・二カラットのペア・シェイプで、

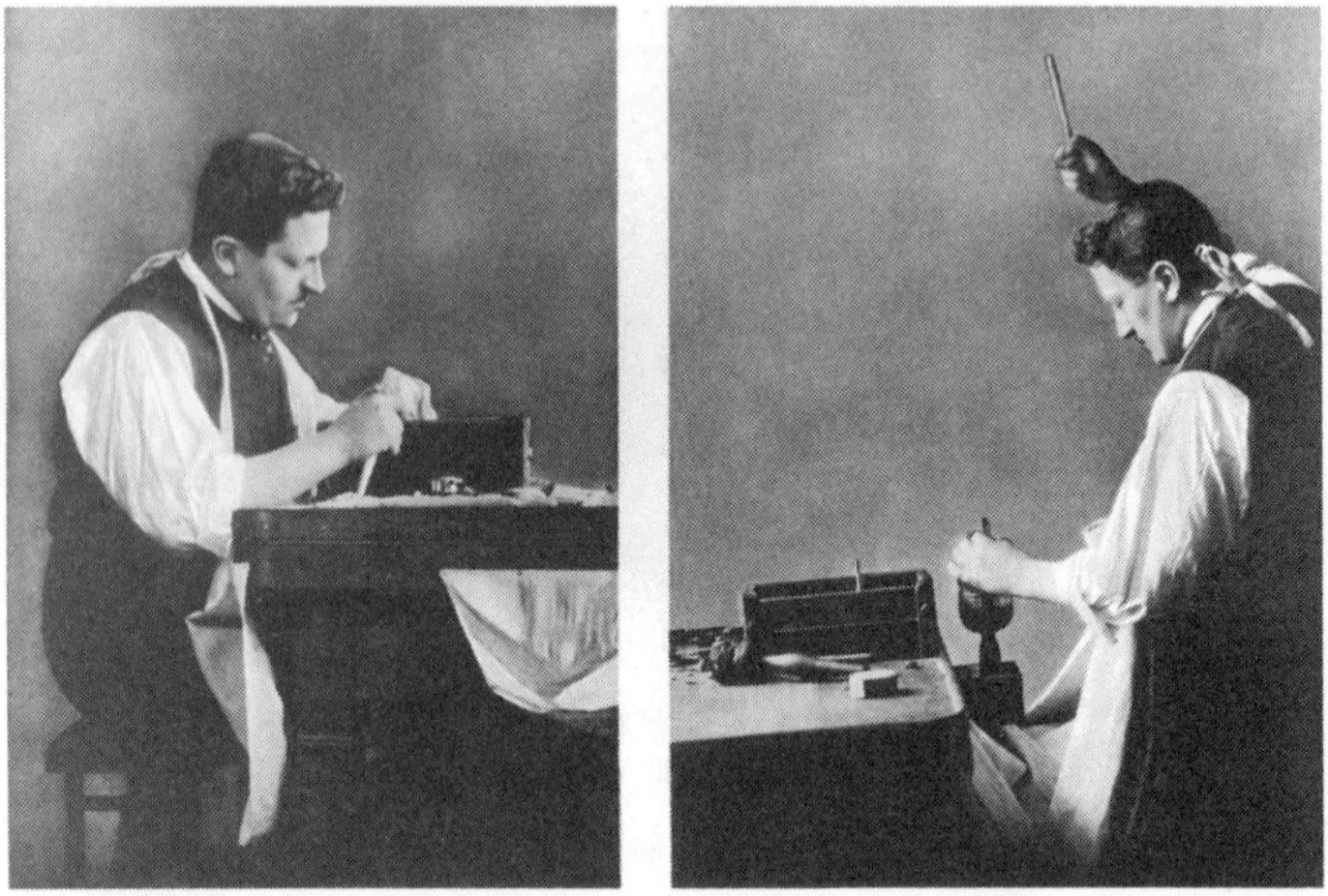

1908年2月14日、アムステルダムでカリナン・ダイヤモンドを割るヨーゼフ・アッシャー。（デビアス提供）

七四のファセットを持つ。イギリス王室の王笏《おうしゃく》にはめこまれ、ロンドン塔に展示されている。来訪者は、動く歩道に乗ってその前を通るようになっている。一定の角度から見ると、そのダイヤはまばゆいばかりの銀の光を一面に放つ。歩道が動きつづけて角度が変わると、ファセットがぶつかる髪の毛のように細い線に沿って、光が集結するように見える。研磨された面は暗くなり、その底知れない深みに視線が吸い込まれる。

〈カリナン〉が発見された年、プレミア鉱山の産出量は増加した。翌年も再び増加し、年産二〇〇万カラットに達した。それは、デビアスの所有する全鉱山の産出量にほぼ等しい。プレミア鉱山の発掘が開始されて最初の一〇年で、世界のダイヤ産出量に占めるデビアスのシェアは、九〇パーセントから四〇パーセントへ急落した。デビアスにとって唯一の慰めは、プレミア鉱山の株を買っていたことだ

カリナン原石から磨き出された宝石のレプリカ。〈アフリカの偉大な星〉としても知られる〈カリナンⅠ〉は、530.2カラットで、世界最大のダイヤモンドである。〈カリナンⅠ〉は、イギリス王室の王笏にはめこまれている。(デビアス提供)

った。大胆不敵な新興のダイヤモンド業者、アーネスト・オッペンハイマーのアドバイスにしたがってのことだった。

オッペンハイマーはロンドンの有力なシンジケートの代表者で、デビアスの商品を売買していた。プレミア鉱山は、デビアスばかりかそのシンジケートをもおびやかしていた。ダイヤモンドをほかの買い手に売っていたからだ。そうした幸運な買い手の一人が、アーネストの長兄のバーナード・オッペンハイマーだった。別の状況であればシンジケートが得たはずの利益を手にし、バーナードは財をなした。一九一四年に戦争が勃発すると、デビアスはついにプレミアという棘《とげ》を引き抜いた。ヨーロッパが二つの陣営に分かれて戦いを始めると、ほとんどの鉱山は閉鎖された。プレミア鉱山の株価は下落し、デビアスはその支配権を買い取った。再び、ダイヤモンド帝国に君臨することになったのだ。だが、ダイヤモンドの君主は、すぐにもう一つの脅威に直面した。それは、カリナンよりもさらに手に負えない相手だった——アーネスト・オッペンハイマーその人である。

◆

オッペンハイマーはドイツ系ユダヤ人で、有力な親戚に恵まれた大家族の出身だった。フリートベルクの商人だった父は、高まる反ユダヤ的風潮から逃れるため、息子たちをロンドンへ行かせた。一八九六年、十六歳のオッペンハイマーはイギリスの首都に到着した。当時は内気で控え目な少年だった。彼は、アントン・ドゥンケルスブーラーのもとに働きに行った。ドゥンケルスブーラーは、オッペンハイマー家と姻戚関係にあったダイヤモンド商人である。オッペンハイマー家のほかの二人の息子——オットーとルイス——が、すでにその会社で働いていた。ドゥンケルスブーラーはロンドン・ダイヤモンド・シンジケートの一員だった。そのシンジケートはデビアスの製品を買い、アムステルダムやアントワープのカッティングセンターへ売っていた。

〝ドゥンケルスじいさん〟——若い社員は彼をそう呼んでいた——は背が低く尊大で、片目が見えず、頭ははげて光り、大食漢だった。ある日、最年少の社員であるアーネスト・オッペンハイマーは、インク壺にインクを補充していた。ところがつまずいて、大量のインクをドゥンケルスブーラーの頭にぶちまけてしまった。ドゥンケルスブーラーはかっとなって立ち上がった。「ダイヤモンドの専門家よ！」彼はオッペンハイマーをどなりつけた。「いいか、お前はまともなウェイターにすらなれないぞ！」だが、オッペンハイマーにはダイヤモンドを扱う素質があった。彼はダイヤを選別するのが大

アーネスト・オッペンハイマー。（デビアス提供）

好きで、その技能をたちまち身につけてしまった。まもなく、彼はほかの人びとを指導するようになり、ダイヤモンドを売りはじめもした。彼は社内で出世をとげた。一九〇二年、ドゥンケルスブーラーは、オッペンハイマーを南アフリカへ派遣した。

若き購入係がキンバリーに到着したとき、彼がその地で顔を売るためのすばらしい環境が整っていた。いとこのフリッツ・ヒルシュホルンは、ロンドン・シンジケートの現役メンバーであるとともに、デビアスの重役を務めていた。また彼は、ダイヤモンド売買と銀行業を営むウェルナー・バイト社でも働いていた。その会社を率いていたのは、アルフレッド・バイトだった。ヒルシュホルンは、オッペンハイマーを温かく迎えた。彼の会社で、アーネストはダイヤモンドクラブの主導的人物たちと知り合った。

オッペンハイマーは、キンバリーの実業界

に飛び込んだ。当時の少なくとも一つの記事によって、デビアスの最高幹部による自己取引の驚くべき混乱ぶりが詳しく述べられている。自社の重役が、しばしば最大の顧客でもあったのだ。オッペンハイマーはみずからのコネクションのおかげで、このもうかるネットワークに近づけた。シンジケートのために、また自分のためにダイヤを売買し、彼は大金をかせいだ。血縁によって優位に立てば、あとは能力を十分に発揮できた。きわめて謹厳そうな風貌で、気品があり、切れ者のオッペンハイマーは、仲間の目には信頼できるクラブのメンバーと映ったに違いない。彼らには気の毒だが、オッペンハイマーが所属していた唯一のクラブは、自分自身だった。

オッペンハイマーが最初に親交を結んだ友人の一人が、ソリー・ジョエルだった。ジョエルは〝ランド・ロード〟だった。財産の少なくとも一部を、ヴィトヴァーテルスラントの金鉱から得ている大富豪の一人だ。彼はバーニー・バーナートの甥で、事業の後継者だった。大柄の派手な人物で、ヨットや競走馬を所有し、ヴァンダイクひげをこれ見よがしに生やしていた。同族会社を経営するかたわら、デビアスの重役を務め、シンジケートの最も重要なメンバーでもあった。オッペンハイマーの野心に火をつけたのは、ジョエルのような有力者の存在だったのかもしれない。南アフリカに到着して一五年たたないうちに、彼は大胆な作戦の第一手を打った。

オッペンハイマーは、最初の見事な手腕を発揮した。南アフリカにアングロアメリカン・コーポレーションを設立し、ニューヨークの金融業者であるJ・P・モルガンを取引銀行に選んだのだ。南アフリカで新会社を登記して分割し、アメリカの金融業者と提携することによって、オッペンハイマーは自分自身の権力の場をつくりだした。ロスチャイルド銀行のような、ロンドンを本拠とする、デビアスとの歴史的つながりを持つ機関から独立したのだ。

オッペンハイマーは、直感で行動することによって、世界最強の鉱山王になったと言われてきた。おそらくそうなのだろう。だが彼は、周到に計画を立て、長い間研究し、カモは誰かを明確に意識することによって、進むべき道を整備したのだ。アングロアメリカンによって金鉱山の権力者となったにもかかわらず、彼はダイヤモンド事業から決して注意をそらさなかった。ダイヤモンドによる資金は、ローズの商業帝国の中心をなしていた。バーナートの場合もそうだった。オッペンハイマーにとっても、それは同じだろう。ダイヤモンドを支配することは、新会社を設立した当初からの目標だった。彼の貪欲な本能を、それ以上刺激するものはなかった。ダイヤモンドの支配は、デビアスの支配を意味していた。獲物を狙う長い追跡が始まった。

オッペンハイマーは、いくつかの戦線で戦いを始めた。その一つが、ソリー・ジョエルとの関係をうまく利用することだった。ジョエルはデビアスの筆頭株主であるだけでなく、ダイヤモンド・シンジケートの主導的メンバーでもあった。オッペンハイマーには、次のことがわかっていた。ダイヤモンド業界の征服をくわだてるとき、あらゆる人びとを敵にまわすわけにはいかない。ジョエルはきわめて貴重な味方になるはずだ。

第一次世界大戦が勃発すると、ダイヤモンド業界の状況は悪化した。鉱山は閉鎖され、商品の価格は急落し、シンジケートには売れそうもない備蓄品が残った。一九一五年、南アフリカは、ダイヤモンドが豊富に出る南西アフリカのドイツ植民地を奪取した。現在のナミビアである。その植民地は南アフリカの保護領となった。南アフリカ本国のダイヤモンド生産は停止されていたにもかかわらず、保護領の行政官たちは手にできる収益を欲しがり、ダイヤモンド鉱山の操業を続けた。戦争が終わった一九一九年までに、保護領のダイヤモンド産出量は世界の供給量の一八パーセントに増加していた。

これらの鉱山が非常に重要になったため、南アフリカの行政官は経営が一つの企業に統合されるべきだと考えた。圧力をかけられたドイツ人の所有者たちは、鉱山を売ることに同意した。

オッペンハイマーの友人たちは、おそらく彼の差し金で南アフリカ首相のルイス・ボータ将軍に近づき、オッペンハイマーを買い手に推薦した。ボータは、それを検討すると言った。その後フリッツ・ヒルシュホルンが、オッペンハイマーの動きを知らないまま、デビアスの重役としてみずから将軍を訪問した。ボータは彼に、政府は〝ある採鉱業者〟の働きかけをすでに受けていると告げた。ヒルシュホルンは何が起きているのかを即座に悟り、ロンドンにいるデビアスの重役に緊急電報を打った。驚くべきことに、ロンドンの重役はオッペンハイマーの脅威を理解できなかった。彼らが打ち返してきた電報は、次のようなのんきなものだった。「ドイツ人の鉱山所有者は、その土地を手放さないと思われる。われわれがドイツで調査したところ、これらの鉱山所有者は、いまのところ土地を売るつもりはない。この状況では、〔オッペンハイマーの〕作戦は失敗するだろう」

こう信じ込んだおかげで、彼らはナミビアを失うことになった。オッペンハイマーは、保護領のダイヤモンド鉱山をすべて買い取った。それは巨大なダイヤモンド鉱脈だった。彼の新会社は数十年間存続し、ダイヤモンド・コーストをアフリカで最大の宝箱に発展させることになった。作戦はすばらしい大成功をおさめた。ヒルシュホルンは憤慨した。まもなく、彼はさらに怒り狂うことになった。オッペンハイマーと兄のルイスが、鉱山を所有するためにみずから設立した会社と契約を結んだからだ。それによって、兄弟はみずから販売シンジケートを設立する権利を手にした。言いかえれば、オッペンハイマーはダイヤモンドをオッペンハイマーに売ることに同意したのだ。ヒルシュホルンは、デビアスの重役にしてオッペンハイマーの親戚であるのはもちろん、現存するシンジケートのリーダ

ーだった。そのときの状況は、オッペンハイマーが過去の生活を公然と切り裂き、その断片を旧友の顔に投げつけたかのようだった。その先の何年かで、過去との決別はさらに完全なものとなった。オッペンハイマーはユダヤの信仰を捨て、英国国教会に改宗したからだ。

　ナミビアでの大成功から五年後、いまやサー・アーネストとなったオッペンハイマーは、デビアスへの最後の攻撃の準備を整えた。彼はすでに、J・P・モルガンへの手紙の中で自分の意図をはっきりと述べていた。「はじめから、私は次のような希望を表明していました。金に加えてダイヤモンド業界でも、わが社は主導的地位に一歩ずつ近づきたい、と。それゆえ、ダイヤモンド産業のパイオニア（セシル・ローズ、ウェルナー・バイト社など）がかつて占めていた地位を、徐々にわが社の手中におさめていきます」彼は、デビアスの持ち株を増やしはじめた。

オッペンハイマーは、ダイヤモンド関連の資産を着々とポートフォリオに加えていった。彼はソリー・ジョエルとの関係をきわめて良好に保ち、潜在的な敵を制圧した。二人で共同し、ベルギー領コンゴで産出されるダイヤモンドをすべて買い取る契約を結んだ。オッペンハイマーは、産出物を市場に出す権利のほかに、西アフリカのさまざまな採鉱地を手に入れた。彼はシンジケートに加わったが、自分のために大量の品物を買うと即座に追い出された。シンジケートでは、組織のためにそれを買うべきだったとみなされたのだ。オッペンハイマーはまたしても、みずからシンジケートをつくることによって反撃に出た。そして、大西洋沿岸に広がるナマクアランドにある、巨大で新しいダイヤモンド沖積鉱床を支配下に置いた。彼はデビアス株をさらに買った。ダイヤモンド業界に、彼と肩を並べる者はいなかった。

オッペンハイマーが狙っていたデビアス会長の地位は、熟れた果実のように彼の手に落ちるはずだった。ところが、デビアスにはリーダーがいなかったにもかかわらず、オッペンハイマーがダイヤモンド業界の王座へ即位することに反対する人びとがいた。そこにはロスチャイルドも含まれていた。彼らは、あまりに大きな権力――デビアス会長と新しい〝彼の〟シンジケートのトップ――が一人に集中することを恐れていたのだ。結局、自分の立場の重みを十分に利用して、オッペンハイマーは勝利をおさめた。一九二九年十二月二十日の金曜日、デビアスの取締役会は、満場一致で彼を会長に選んだ。

キンバリーのストックデール・ストリートにある古い会議室で、オッペンハイマーはダイヤモンド業界の高位についた。四十九歳にして権力の絶頂をきわめたのだ。バーニー・バーナートとセシル・

ローズの写真が、壁から見下ろしていた。一人の重役が、ぶっきらぼうで形式的なスピーチをした。バーナートのいとこのサー・デイヴィッド・ハリスが、険しい表情で座っていた。フリッツ・ヒルシュホルンは口ひげを引っ張りながら、テーブルをにらみつけていた。こうしたむき出しの敵意にも、オッペンハイマーは落ち着き払っているように見えた。右ひざを両手で握り、満足した少年のようなポーズで席についていた。

◆

サー・アーネスト・オッペンハイマーは、ロンドン・ダイヤモンド・シンジケートを壊滅させた。オッペンハイマーがダイヤモンド帝国の手綱をとったときから、彼の旧友には過酷な運命が待ち受けていた。オッペンハイマーは彼らを知りすぎていた。デビアスは、原石を仲買人には二度と売らなくなった。それをみずから買うことにしたからだ。

デビアスは、オッペンハイマーが始めたシステムを〈シングル・チャンネル・マーケティング〉と名づけた。生産者のカルテルが、原石をロンドンへ売りに出した。生産者とは、デビアスが全部あるいは一部を所有する鉱山か、商品をカルテルに売る契約をデビアスと結んでいる鉱山を意味した。さらにデビアスは、管理しきれない原石が市場に出たところでかき集めた。それをロンドンでひとまとめにし、選別すると、販売用にさまざまな原石を混ぜた〝ボックス〟をいくつも用意し、言い値を支払う顧客に売った。ピーク時には、このシステムが世界のダイヤ原石の八〇パーセントを支配した。ダイヤの価格が下がれば、デビアスはカッティングセンターへおろす商品の量を減らした。価格が回復すれば、再び量を増やした。

ダイヤモンド帝国が巨大だったため、暗黙のうちに一つの信念が説得力を持つようになった——ダイヤモンドにとって最善のことを知っているのはデビアスだけだ。原石市場において、カルテルがきわめて大きな位置を占めている（カルテルすなわち原石市場と言ってもよかった）ことを考えれば、デビアスの損害はダイヤモンドの損害だと推測されるのも当然だった。こうした巧妙な論理のすりかえのおかげもあり、デビアスは、大きな打撃となったかもしれないある事態を乗り切ることができた。一九五四年、ソ連の地質学者が、シベリア・クラトンに密集するパイプを発見した。その発見について、ソ連は懸命に秘密を守ろうとした。だがダイヤを発掘しても、利益は出ないだろうと推測されていた。なにしろ、その土地は一〇五メートルの深さまで永久に凍っていたし、輸送機関も電力施設もなかったからだ。だが、こうしたことを考慮して、ソ連が開発を思いとどまるという見込みはなかった。ソ連に口うるさい投資家はいなかったから、ダイヤモンドを得るのにかかるコストは問題ではなかった。ソ連政府の頭にあったのは、ダイヤモンドによってもたらされる外貨だった。

ソ連は鉱山都市を建設すると、パイプの頂上の樹木を伐採し、採掘を始めた。デビアスの重役はモスクワへ飛び、カルテルに加わるよう共産主義の指導者たちを説得した。デビアスには、シベリアのパイプを恐れる理由があった。そこに埋蔵されている資源は途方もなく豊富であり、世界のダイヤ原石市場の四分の一を供給するようになるはずだからだ。デビアスは、ソ連政府にこう警告した。これだけの産出量がアントワープやテルアビブに放出されれば、ダイヤモンドはひどい値崩れを起こすだろう、と。モスクワはそれを認め、カルテルとのマーケティング契約にサインした。

デビアスとの取引をめぐって、ソ連が一度だけ異議を申し立てたことがあった。一九六〇年三月二十一日に起きた事件のあとのことだ。南アフリカの警察が、シャープヴィルの街で黒人の群衆に発砲し、六九人の死者を出した。それに対する非難が巻き起こると、ソ連政府は当惑した。提携している会社が、人種差別主義の国に住む白人の大富豪によって支配されていたからだ。すぐさま、シベリアのダイヤモンドを買うため、シティ・アンド・ウェストイースト有限会社という新会社が設立された。その会社とデビアスとの目に見える結びつきはなかった。だが、それを所有していたのはデビアスだった。それまでと同じように、ダイヤモンドはロンドンに流れ込んだ。

そのダイヤモンド帝国――過去と現在の間の壮大な中王国――は、原石の支配というむちを手にしていた。だが、そのむちは奪い取られる可能性もあった。デビアスはしばらくの間、ソ連のダイヤをうまくロンドンへ誘導した。だが、ロシア人との関係は不安定だった。モスクワのダイヤモンド王たちは、シベリアで産出されるダイヤに対するデビアスの評価を疑っていた。ソ連のダイヤ産出量が増えるにつれ、ロシア人がみずから原石を市場に出す機会も増えた。そうした展開に対するデビアスの最高の防御法は、ほかの誰よりも多くダイヤモンドを所有することだった。それによって、カルテルは反逆する生産者を罰する力を手にした。市場に商品をあふれさせ、価格を下落させればいいのだ。規模の大きさとダイヤモンドの貯蔵量のおかげで、デビアスは、そうした荒海を敵よりもうまく乗り切れた。

それゆえ、デビアスの主要な仕事は、新しい鉱山をほかより先に発見することだった。その会社は、世界中の多くの辺鄙な場所へ地質学者を送り込んだ。彼らは、そこに何年もとどまることもあった。そのダイヤモンド帝国が、市場操作に支えられていたのは確かだ。だが同時に、何も出ない場所を長い間探査することや、ダイヤモンドに関する純然たる知識にも支えられていたのだ。

◆

一九五五年、ガヴィン・ラモントは、ベチュアナランド保護領――現在のボツワナ――で長期間のダイヤモンド探査を始めた。ラモントはやせこけた南アフリカ人で、かすかに微笑を浮かべた物静かな人物だった。デビアスのこのベテラン地質学者が、半袖のカーキ色のサファリジャケットにカーキ色の半ズボンという出で立ちをした当時の写真が残っている。首にはスカーフが粋に結ばれ、白い髪はきちんととかしつけられている。目を細くして太陽を見るとき、彼はつねに帽子を顔の横に持っていったようだ。

ラモントはロバツェに本拠を置いた。ボツワナの地勢の大きな特徴であるカラハリ砂漠の、南端に位置する街だ。南アフリカにいくつものダイヤモンド・パイプを擁するカープヴァール・クラトンは、カラハリ砂漠の下に広がっている。車で数時間南下すればダイヤモンド・パイプがあるというのに、ここにないことがあるだろうか？　ラモントはそう推論した。

その砂漠の面積は約七一万平方キロにおよんでいる。砂の深さは三〇メートルに達する場所もある。クラトンのこの部分にパイプがあるとしても、その証拠は分厚い表土に覆われ、いまさら探し出せるとは思えなかった。ダイヤモンド指標鉱物はすべて、砂の数メートル下に埋もれているはずだ。それを探してカラハリ砂漠を掘り返すのは、徒労に思えた。だが、ラモントは成算があると思っていた。

カラハリ砂漠のあちこちに、赤いアリ塚がうずたかく築かれていた。アリの群れが砂漠で暮らしていたのだ。彼らは数千年の間、その営みを続けてきた。アリが築いたトンネルのネットワークは、地表のはるか下まで広がっていた。何世代にもわたって、数十億というアリがトンネルを掘った。砂やその他の鉱物の粒を採掘して地表に運び、そびえるアリ塚につけくわえてきた。アリは、カラハリ砂漠の深部からサンプルをとっていたのだ。いずれ、アリ塚は風化して平らになる。だが地下から運び上げられた鉱物は、砂漠の表土の中に残るはずだ。したがって、表層にはきわめて深い層から運ばれた鉱物が混ざっていた。地表のサンプルをとれば、より深い土壌のサンプルをとることにもなる。地下にパイプがあれば、地表にダイヤモンド指標があるはずなのだ。

(ラモントがこの探査をしたのは、ジョン・ガーニーが、ざくろ石の組成とダイヤモンドの産出見込みの関係を発見するだいぶ前のことだった。だが、その当時でさえ、ダイヤモンドの存在を示す鉱物粒の一つがざくろ石であることを、地質学者たちは知っていたのだ)

ラモントは、サンプル採取者を砂漠に展開させた。彼らは棘《とげ》のある木を切り倒し、トラックが通れるまっすぐな道をつくった。それからグリッドを歩測し、所定の地点でサンプルをとった。ラモントは、指標鉱物の報告を受けはじめた。鉱物の種類は広い範囲にわたっており、特別に密度の濃い鉱物を含むサンプルは見つからなかった。だがラモントにとって、指標鉱物の存在は、カラハリ砂漠の地下のどこかにパイプがあることを意味していた。

彼は、六年の間砂漠を探査した。サンプル採取者は、グリッド上の道を歩きまわった。走行距離計をつけた自転車の車輪を押し、サンプル採取地点の間の距離を測って区分けをした。だが、決定的な結果は出なかった。一九六一年、ラモントは調査チームをカラハリ砂漠から呼び集めると、東へ注意を向けた。

その二年前、カラハリ砂漠のへりで、別の会社がダイヤモンドを三つ発見していた。その会社は供給源をつきとめられず、結局、試掘権を放棄した。ラモントはその場所へ行くと、ダイヤモンドと指標鉱物をすぐに発見した。現場の堆積物から、ダイヤは川から供給されたものと思われた。ラモント率いるサンプル採取者たちは、ダイヤの供給源の痕跡を求めてその地域をしらみつぶしに探したが、何も見つからなかった。ラモントは、何度も何度も入念に調べた。だが前の会社と同じように、供給源を発見できなかった。彼は見つかったダイヤは例外だと考え、サンプル採取者をほかの場所へ移動させた。

当時、政府の地質学者クリス・ジェニングズも、ロバツェを本拠としていた。ジェニングズは、ラモントと長い時間話し合ったのを覚えている。夕方をのんびりすごしながら、クラトンのその部分にパイプがある可能性について推測した。しばしば彼らの話題は、砂漠のへりにダイヤモンドがあったことへ戻った。後日、ジェニングズは大学時代に読んだある論文を思い出した。その筆者は、アフリカ南部のいたるところに、一連の隆起——地球表面のひずみ——が存在すると主張していた。そうした隆起によって、ダイヤモンドを運ぶ川の流れが分断され、供給源の場所がわからなくなっているのではないか？　彼は、その論文のことをラモントに言っておいた。

一九六五年、ラモントは現地へ戻った。ダイヤモンドが発見されたのは、カラハリ砂漠の東端のすぐ東側だった。砂漠のへりは低い断崖となっていた。隆起理論が正しければ、カラハリ砂漠から南東へ流れ、水を吐き出していた古代の川は、地殻の隆起によって突然分断されたことになる。その断崖は、隆起があったことを示していた。この仮説が妥当なら、川の上流にあったダイヤモンドの供給源は、カラハリ砂漠のはずれで砂の下に埋もれているはずだ。ラモントは、断崖の西にあるカラハリの低木地を次々に横断するよう部下に命令した。一九六六年七月、レタカネという村の西のオラパ地区で、地質学者のマンフレート・マルクスが、高密度の指標鉱物を発見した。さらに、地表が大きな円形にくぼんでいる部分があった。彼らは砂地に立坑を掘り、キンバーライトの灰緑色の土を見つけた。

オラパのダイヤモンド・パイプの最上部は、二七八エーカーの広さがある。マンハッタンの中心の二五街区とほぼ同じだ。そこから、年に一二〇〇万カラットのダイヤが産出される。その発見は、レタカネとジュワネンでの発見に結びつき、ひいては、世界一のダイヤ産出国という現在のボツワナの地位につながった。ボツワナでは、年に二五〇〇万カラットの原石が産出される。その価値は約三〇億ドルである。

膨大な原石を産出するボツワナの採鉱地は、デビアス・カルテルにとって最大の供給源である。そのダイヤモンドがロンドンへ流れ込み、ほかの鉱山でとれた大量の原石と一緒にされる。それらの鉱山もまた、全部あるいは一部がデビアスのものなのだ。一九九九年、デビアスは一三〇万カラットをナミビアから、二三万カラットをタンザニアから手に入れた。南アフリカの鉱山でとれるダイヤも、その流れに加えられた――ヴェネティアで三七〇万カラット、フィンシュで一七〇万カラット、プレミアで一五〇万カラット、クラインシーで七三万六〇〇〇カラット、キンバリーで五六万三〇〇〇カラットが産出された。さらに小さな鉱山でとれた原石を加え、カルテルがアフリカ南部から得たダイヤモンドは、その一年だけで総計三四〇〇万カラット以上になった。約四〇億ドルの価値があるそれらの原石によって、ダイヤモンド帝国が世界を支配するための基盤が築かれたのだ。

4　長い追跡

オラパのパイプが発見され、史上最大のダイヤモンドの宝庫がカルテルの手に入ろうとしていた頃、長きにわたる注目すべき一連の出来事が、始まりを告げた。その結末は、カルテルにとってきわめて不吉なものとなった。最終的にその意味がはっきりすると、巨大なダイヤモンド帝国の国境は跡形もなく突破され、ダイヤモンド業界への支配力は見る影もなく低下した。ダイヤモンド探鉱者の新しい軍団が立ち上がり、産出地でダイヤを求めて戦った。帝国の未来が輝いていたオラパ時代に、誰もが次のことを知れば驚いたはずだ。その輝きを曇らせることになる事件が、ロバツェにいた政府の地質学者の行動から始まったのだ。

当時、クリス・ジェニングズがベッドフォードの五トントラックに乗り、砂漠をがたがたと進んでいるのがよくみかけられた。暑い運転席では、隣に妻のジーンが座っていた。雨季になると、豪雨が砂漠を襲い、地面はぬかるみに変わった。日によっては、四〇〇メートル進むのに八時間かかることもあった。最後には、トラックの車軸までぬかるみに埋もれてしまう。それ以上進めなくなると、彼らはテントを張った。背が高くたくましいジェニングズは、カラハリ砂漠を苦労して歩き、記録をつ

地球物理学の探査装置を設置するクリス・ジェニングズ。
1965年、ボツワナにて。(ジェニングズの家族提供)

けた。

ジェニングズの任務の一つは、水が出そうな場所の地図をつくることだった。砂漠に雨が降ると、しみこんだ水は地中深くにある盆地にたまる。その場所をつきとめるのが仕事だった。だがジェニングズは、地球物理学で用いられる高度な機器をまったく持っていなかった。それがあれば、この仕事も簡単だったはずだ。そこで彼は、ロバッェの大工に一対の木箱をつくるよう注文すると、それぞれの箱に、四五ボルトの電池を二五個ずつ取りつけた。したがって、一つの箱が一〇〇〇ボルト以上の電気的〝キック〟を放出できた。彼はその箱をトラックに積み込んだ。盆地がありそうな地点につくとそれをおろし、電極を砂に埋め電流を流した。試行錯誤を重ね、ジェニングズは電流が盆地らしき場所からはねかえってくるのにかかる時間を計算した。深くなればなるほど、水がたまっている可能性が高いはずだ。ロバツェにいる地質学者の小さなコミュニティで、ジェニングズの風変わりな装置は有名だった。ガヴィン・ラモントはオラパのパイプを発見したとき、ジェニングズに、その扱いにくい機械を現地に持ってきて、パイプが地球物理学的な反射を示すかどうかを調べてほしいと頼んだ。ジェニングズは電池をトラックに積み込むと、オラパへ向けて出発した。彼はパイプの上で二週間キャンプ生活を送りながら、鉄の導線を砂に差し込み、サージ電流（短時間内に激しく動揺する電流）を流した。そして、次のような事実を発見した。パイプから得られた測定結果は周囲の砂漠と異なっており、明確な地球物理学的特徴を示していたのだ。ジェニングズはその意味を理解した。同じような特徴を持つ土地を見つければ、第二のオラパとなるはずだ。数カ月後、ロバツェで一四年をすごしたジェニングズは、ボツワナを去った。その頃には彼は家族を持っており、子供たちを上の学校に進ませる必要があったからだ。ジェニングズは現場での自由気ままな生活に別れを告げ、ヨハネスバーグで日々の退屈な仕事に取り組むことになった。

だが、彼の頭からはパイプのことが離れなかった。カナダの多国籍鉱山企業であるファルコンブリッジ有限会社のアフリカ調査部長になるには、ヨハネスバーグに移らざるをえなかった。彼が目標とする鉱物はニッケル、銅、錫だった。だが、南アフリカの地質学者で、ダイヤモンドが脳裏に焼きついていない者はいなかった。ジェニングズも、いつのまにかオラパのことを考えていることがよくあった。ファルコンブリッジで彼が手にした資産は、遠く離れた保護領の公務員のそれよりはるかに多かった。世界各地での鉱山開発について書かれたものを読むにつれ、カラハリ砂漠でのダイヤモンド探査をめぐる彼のアイデアは、一つの形になっていった。たとえばカナダでは、ファルコンブリッジの地質学者が、地球物理学的方法によって上空から卑金属を探していた。ジェニングズがトラックに積んだ電池を使って収集していたデータは、航空機のうしろで引かれるポッドという道具によって集められていた。ジェニングズには、次のことがわかっていた。航空探査の技術と、パイプの地球物理学的反射について彼がすでに得た知識が一つになれば、ガヴィン・ラモントがなしとげたよりもはるかに早く、また確実に、カラハリ砂漠の途方もなく広い地域を調査できるのだ。

ヨハネスバーグで、ジェニングズが落ちつかない思いをしていたであろうことは、想像に難くない。オフィスで、彼は抑圧されたエネルギーを発散する。大きな手を絶えずあちこちに動かし、鉛筆をつまみあげて机をたたいたかと思えば、引き出しを開けたり閉めたりする。さっと立ちあがり、壁に貼ってある地図を調べる。大またで歩けば耐えがたい監禁から逃れられる場所へ、彼はどうしても行きたいようだ。

ジェニングズは、公務員時代にオラパの特徴を示すデータを集めていた。さもなければ、ラモントは彼がパイプに近づくことを許さなかっただろう。その後ジェニングズは、多少のうしろめたさから、自分の知識を利用して行動を起こすまで四年間待った。ついに一九七四年九月、ヨハネスバーグで開かれた特別会議で、彼は自分のアイデアを売り込んだ。会議には、ファルコンブリッジとスペリアー・オイル——テキサスにある会社で、ファルコンブリッジの大株主——の最高責任者が出席していた。ジェニングズは、ダイヤモンド鉱山について知っているあらゆることを、二時間にわたってとうとうとまくしたてた。そこには、潜在的な利益の話も含まれていた。彼は、飽くなき欲望が渦巻く産業の構図を描き、欲望が底なしであるのには、明白な理由があることを説明した。デビアスが、市場を満足させないからだ。デビアスは、ダイヤモンドの供給が確実に不足するようにしていた。デビアスの販路の外からこの市場に参入すれば、熱気あふれる市場が待っているはずだ。

それから、ジェニングズは自分の計画を発表した。出席者に向かってオラパについて知ったことを述べ、上空からの地球物理学的な探査を利用すれば、隠れたパイプをたちまち見つけられることを説明した。パイプはかたまって存在する。一つ見つかれば、ほかのパイプも見つかるはずだ。出席者たちは彼の話に納得した。その場で、スペリアー・オイルの最高責任者がこう提案した。ファルコンブリッジとスペリアー・オイルが半分ずつ出資して、合弁企業をつくろう――こうして、ダイヤモンドの追跡が始まった。

数カ月後、カラハリ砂漠で空中作戦が始まった。地球物理学的な探査のための機材を積んだDC-3が、ヨハネスバーグ近郊にある民間の格納庫を出て、轟音を響かせて滑走し、夜明けの空に飛び立った。飛行機は、ボツワナを目指して北へ向かった。その後三〇カ月の間、ジェニングズは規則正しいスケジュールにしたがい、カラハリ砂漠の上空を飛行した。飛行機は格子状に飛んだ。その探査について、ファルコンブリッジはしっかりと秘密を守っていた。だが、デビアスはそれを見破った。旧式のDC-3が定期的に飛んでいれば――カラハリ砂漠上空の低い位置に現われ、ぶんぶんと音を立てながら一直線に飛行し、やがて去っていく――見逃すほうが難しかっただろう。飛行機はすぐに、低空飛行を保ったまま前のコースに平行な進路を戻ってきた。デビアスの現地スタッフは、このことをヨハネスバーグに報告した。ジェニングズがデビアスの関係者から聞いた話では、役員会議でファルコンブリッジの飛行機の問題が話し合われ、デビアスの最高幹部は激怒したという。のちにジェニングズが述べたように、「アフリカ大陸はデビアスの所有地だった。自分がその裏庭に入っているかどうかを気にしても意味はなかった。どこもかしこもその会社の裏庭だったからだ」。ジェニングズが何を発見したかをデビアスの重役が知ったら、会議室での反応はいらだちから狼狽へと変わったかもしれない——目標とすべき地域を数十カ所も発見したのだ。

ジェニングズ率いるプロジェクトチームは、全部で六六のパイプを発見した。調査にたずさわった人びとには、その数字が信じられなかった。一つの調査地点で、毎週一つのパイプが見つかった。ファルコンブリッジのヨハネスバーグ本社では、みなが有頂天になっていた。だが、次から次へとパイプが見つかり、記録が増えるにつれて、ジェニングズは成功の大きさ自体が一つの問題を引き起こすことを理解した。コストの問題である。

ほとんどのパイプで、ダイヤモンドの密度は鉱山の運営を維持できるほど高くない。世界中で知られている六〇〇〇以上のパイプの中で、生産性が高いものはほとんどない。採算がとれる量のダイヤモンドがキンバーライト・パイプに含まれる確率は、二〇〇分の一である。パイプの調査は、キンバーライトからサンプルをとることから始まる。それを分析し、ダイヤモンドを探すのだ。ダイヤモンドは親鉱石の中に不均等に分布している（〝ナゲット効果〟と呼ばれる性質）ので、初期のサンプルに十分な数のダイヤモンドが含まれていても、採取するサンプルの量を徐々に増やしていくことになる。十分な量のサンプルをとり、パイプ全体の価値が確実に推定できると採鉱者が納得するまで、その作業は続けられる。

カラハリ砂漠では、パイプは砂の表土に覆われている。その厚さは四〇メートルから一八〇メートルの深さに達するだろう。ジェニングズの計算では、サンプル採取のために表土を除去するのに、一つのパイプにつき一〇〇〇万ドルかかるはずだった。すべてのパイプを一つずつ丁寧に調査すれば、合弁企業はべらぼうな額の請求書をつきつけられることになる。ジェニングズは何らかの方法で、ダイヤモンドを含む可能性が最も高いパイプはどれかを決める必要があった。彼はジョン・ガーニーに

ジョン・ガーニー。(ジョン・ガーニー提供)

電話をした。

ガーニーは、ダイヤモンドの探査について新たな状況に直面した。観察すべきパイプは一つではなく、六六あるのだ。それぞれのパイプから指標鉱物を集め、分析することによって、最高の目標を選び出すことが課題だった。ガーニーは、G10とダイヤモンドを産出するパイプとの関係についての結論には自信があった。だが自分の研究が、この問題について安心して予言できる段階に達したとは思っていなかった。もっと多くのパイプから、もっと多くのデータを集める必要があった。こうした要請から、ダイヤモンド・パイプの徹底的な調査が始まった。ガーニーとジェニングズは、あらゆるパイプに関する情報の断片をできるかぎり集めた。パイプへ近づくことが許されなかった場合、ガーニーは手がかりを求めて学術文献を綿密にチェックした。彼は基盤となるデータをまとめあげた。だが、

アフリカのキンバーライト・パイプから、鉱石のサンプルを採取しているところ。（マシュー・ハート撮影）

そこには一つの大きな欠陥があった。カラハリ砂漠で、ダイヤモンドを含むと〝わかっている〟場所――オラパ、レタカネ、ジュワネンにあるデビアスのパイプ――のいずれからも、鉱物を入手していなかったのだ。それらの土地から出た標本を獲得するには、カラハリ砂漠を覗き込める強力なレンズを持つしかないだろう。そうした指標を手に入れる機会が訪れたとき、ジェニングズはそれをものにした。

出張旅行途中のボツワナで、ジェニングズは小さな飛行機に乗ってジュワネン上空を飛んでいた。デビアスは、そのパイプからまだサンプルを採取していた。キンバーライトの山が、カラハリ砂漠のいたるところに積み上げられていた。ジェニングズは、どこに道があり、どの道が山に最も近いかを頭に叩き込んだ。ヨハネスバーグに戻ると、彼は食料の缶詰数個とグランドシートをシボレーのピックアップ・トラックに放り込んだ。そして翌日の明け方、北へ向かって冒険に出発した。彼の妻と子供たちは、いまだにそれを真夜中の奇襲と呼んでいる。

彼は国境を越え、ロバツェに入った。正午だった。知り合いに見られないように脇道を選び、用心深く街を抜けた。ロバツェからは、ガンジへと続く道を選んだ。六時間後、曲がり角に到着した。そこを曲がれば、カラハリ砂漠の低木地に入り、ジュワネンへ向かうことになる。

「道は西へ向かっていたので、太陽がまぶしかった。三〇分後、砂漠の中をトラックが近づいてくるのが見えた。まぶしくても、それはデビアスのトラックだとわかった。あの巨大なフォードF150だったからだ。ガヴィン・ラモントだったらどうする？　私は帽子を目深にかぶりなおし、座席で少しばかり身を縮めた。そして、あいまいに手を振って彼らとすれ違った」

ジェニングズは、どちらへ進んでいるのかわかっていると思っていた。だが日暮れまでに、棘《とげ》のある木々の間をうねうねと通る、わだちのできた迷路のような道で迷ってしまった。彼は発見された鉱山の場所を示すものを探して、右往左往した。砂漠に夜のとばりがおりた。ほとんどあきらめかけていたとき、ヘッドライトの光の中に地元の男が現われ、親しげに手を振った。ジェニングズは、ジュワネン鉱山への道を知っているかとたずねた。その見知らぬ男は、案内してやると言った。闇の中、二人は採鉱地までの最後の数キロを走った。ジェニングズは低木の茂みにグランドシートを広げ、目覚まし時計を夜の十二時に合わせた。

アラームで目を覚ますと、ジェニングズは藪の中に這いだし、ジュワネン鉱山の境界線へ向かった。採鉱地の周囲には、高いフェンスが張りめぐらされていた。キンバーライトの山のいくつかは、フェンスのすぐ内側にあった。そのため土砂は金網を通り抜け、外側にこぼれおちていた。ジェニングズは、鉱物用シャベルといくつかのサンプル・バッグを持っていた。一時間後、四つのバッグのそれぞれが、七キロのキンバーライトでいっぱいになった。ジェニングズは、日の出とともにその場を去った。夕暮れまでに、N1高速道路を通ってヨハネスバーグに入った。翌日、そのサンプルはガーニーのもとへ届けられた。

ケープタウン大学の研究室で、ガーニーはすべてのデータを集め、報告書を書きあげた。その中で彼は、四九の異なるキンバーライトを分析していた。電子マイクロプローブによる二五〇〇以上の鉱物の分析結果、二三〇におよぶグラフと図面、おびただしい数の地図や表などが含まれていた。ガーニーはまた、ざくろ石、クロム鉱石、チタン鉱石のサンプルの相対的重要度を記録する仕組みを考案していた。要するに、その文書で述べられていたのは、目標とするパイプのダイヤモンド密度を予測するための、当時としては最上の分析手法だった。ガーニーがその機密文書で詳述した手法は、同じ時期にデビアスが用いていたものよりすぐれていると、広く信じられている。

ジェニングズがカラハリ砂漠の上空を初めて飛行して七年後の一九八一年、ファルコンブリッジは目標とする地域の評価を終え、最高のパイプを選んだ――ジュワネンとオラパの間の、ゴープという場所にあるパイプだ。ガーニーの発見によれば、カラハリ砂漠のパイプのほとんどは、ダイヤモンドを含んでいないか、含んでいても密度が低いものだった。だが、ゴープ・パイプでとれた指標鉱物を見たとき、ガーニーは、鉱山なみの密度を持つ鉱床を発見したとわかった。「それを見るやいなや、私はこれだと思った。私はその地域全体に星印をつけた」

これは、その合弁企業にとって勝利の瞬間のはずだった。空と陸の両方から砂漠をくまなく探査し、一つの発見をなしとげたのだ。ところが突然、その発見はジェニングズの手の届かないところへ行ってしまった。ファルコンブリッジとスペリアー・オイルの最高責任者がヨハネスバーグに現われ、ハリー・オッペンハイマー――サー・アーネストの息子で、デビアスの会長――と会談を始めたのだ。ジェニングズは、その会談から締め出された。重役たちは彼に、近くのホテルの部屋で待機し、電話がかかってきたら出るようにと命じた。「お偉方は私にまったく相談しなかった」彼は言った。「ときどき電話がかかってきた。彼らは私に質問すると、オッペンハイマーとの会談に戻っていった。私は知らなかったのだが、オッペンハイマーはこんなことを言っていたのだ。ダイヤモンド・ビジネスはとても危険なゲームで、価格は非常に変わりやすく、利ざやは少ない。それゆえ、デビアスによる市場の支配力が信頼を失えば、すべてが崩壊する、と。だが、最も重要な問題は、オッペンハイマーその人だったと思う。有名な億万長者にしてダイヤモンド帝国の皇帝だ。わが社のお偉方はすっかり丸め込まれ、彼と手を組んでカルテルの一員になりたいと熱望したのだ」

ファルコンブリッジとスペリアー・オイルは、ゴープ・パイプの株の三分の一をデビアスに譲渡し、その見返りとして、デビアスが事業を運営することになった。ある日の午後、カラハリ砂漠で最高の新しいパイプが、その開発にほとんど興味のない人びとにゆだねられたのだ。その鉱山からダイヤモンドが産出しても、デビアスには何のメリットもなかっただろう。利益が出れば、ファルコンブリッジとスペリアー・オイルは、もっと多くの鉱床を探そうとするはずだからだ。ガーニーはこう言った。「すべての人への援助が突然打ち切られた。デビアスが事業を引き継いだ日は、私の収入がなくなった日だった」ガーニーは自分がつくったデータをカラハリ砂漠に葬り、ほかの仕事を探した。ジェニングズは、トロントのファルコンブリッジ本社へ転勤となった。そこでの任務は、またしても卑金属の探査だった。彼は苦々しい気分を味わった。デビアスが、その挑戦者たちを永久に追い払ったかに見えた。ところが、そうではなかった。挑戦の舞台は、別の大陸に移っていたのだ。

◆

その合弁企業がデビアスにパイプを明け渡す三年前の一九七八年、スペリアー・オイルは、北アメリカでダイヤモンドの探査を別に始めていた。その計画は、ボツワナでの作戦の狂騒とは無縁で、着実に進展していた。北アメリカでは、あちこちでダイヤモンドがとれる。五大湖周辺の氷成堆積物にダイヤモンドが含まれている。ミシガン州、ウィスコンシン州、ケンタッキー州でも発見されている。アーカンソー州では、ダイヤモンド鉱山が一時的に操業されたこともある。一九六〇年代の末、オンタリオ州北部のカークランド湖でキンバーライトが発見され、注目を集めた。だが、鉱山なみの密度のある鉱床は発見されていなかった。北アメリカはダイヤモンドを売るにはいいが、それを発見する場所ではないという評価が定着していた。

スペリアー・オイルの主任地質学者を務めるヒューゴー・ダメットは、別の考えを持っていた。北米大陸の地殻の下には、三つの大きなクラトンが横たわっている。そして、パイプはすでに発見されていた。ダメットは、これらのパイプをガーニーの手法によって再評価すべきだと考えていた。彼は、コロラド州のあるパイプに狙いを定めていた。合衆国の地質調査部が、そこでダイヤモンドを発見していたのだ。彼は探鉱権を確保し、近くのフォート・コリンズにダイヤモンド採収工場を建設した。そして、チャールズ・フィプケというカナダ人地質学者を派遣し、その地帯のサンプルをとらせた。

南アフリカの場合と同じように、会社では秘密体制が徹底されていた。ダメットはスペリアー・オイルで高い地位にあったため、ガーニーの機密文書を見る資格があった。ダメットは、ガーニーによる諸発見の価値をはっきりと理解していた。フィプケでさえ——彼は、サンプル採取者としての技能を買われて雇われていた——自分が集めたざくろ石の中で、ダメットが探しているのは、クロムが多く、カルシウムが少ないものであることを教えられていなかった。

いずれにせよ、フィプケはダイヤモンド熱にとりつかれた。彼は、目標の鉱物はダイヤモンドだと知っていた。それゆえ当然ながら、自分が集めている鉱物が、ダイヤモンドの探査とどんな関係があるのだろうと考えていた。探鉱者とは、職業柄ずる賢いものだ。彼らは、間違っていることの多い仮説に取り組むだけではない。彼らが何をしているかを探ろうとする競争相手とも戦うのだ。また、そうした競争相手をまったく同じように監視もする。フィプケは経験豊富な探鉱者であり、ダイヤモンドを追いかける人びとに雇われ、特定の鉱物を探していた。当然の成り行きとして、彼はこう考えるようになった。これと同じ鉱物を探せば、ダイヤモンドを自分で見つけられるのではないか。彼はその考えを実行に移した。

一九七九年、フィプケは、ブリティッシュ・コロンビア州のロッキー山脈にある、ゴールデンという街の近くでサンプルをとっていた。季節は夏で、妻と子供たちが一緒だった。ある晩、子供が寝静まったあと、妻のマーリーンが小川でクロム透輝石を見つけた。緑色に輝く、子供のビー玉くらいの石だった。フィプケはそれがダイヤモンドの指標鉱物であることを知り、ダメットに話した。ダメットは、何かを発見した場合、その権利と引き換えに調査に対して報酬を支払うことを約束した。それからフィプケは、バンクーバーの地質学者スチュアート・ブラッソンに電話した。ブラッソンは古いヒューズのヘリコプターに乗り、轟音をたてながらすぐにゴールデンへやってきた。

ブラッソンは、カナダの地質調査部で二〇年のキャリアを積んでいた。クロム透輝石の供給源探しを手伝うため、ゴールデンへ来たのだ。カナダ西部の広大な地域の地質を調査してきたので、ロッキー山脈の地層を熟知していた。彼が到着した翌日、山々の頂から日光がもれはじめると、フィプケとブラッソンはパイプを探しにゴールデンを出発した。

「マーリーンは、透輝石を小川でひろった」ブラッソンは言った。「そこで、その川の源流まで行ってみたんだ。すぐ上まで氷河がせまっている源流で、われわれは最初のパイプを発見した。氷河のちょうどつま先に当たる部分だった。私は『おいチャック、すぐそこにあるぞ』と言ったよ。それは円形で、とても小さかった。小石を投げれば反対側に届いてしまうほどにね。鮮やかな光沢のある岩が、くっきりと黒っぽい円をつくっていた。氷河が後退したばかりの場所だった」

谷をのぼっていくと、両側は切り立った層状の崖になった。ブラッソンは整った累層を調べ、乱された痕跡がないかを探した。それはすぐに見つかった。水平な地層が、適従貫入によって分断されている場所があったのだ。パイプが通った跡だとわかった。それは崖にあったので、われわれは頂上を見た。実際に、パイプの形状をどうにか見分けられた。パイプの幽霊を見ているようだったな」

キンバーライトが噴出し、岩石を突き抜けて、それから、粉々になった岩が噴火口に崩れ落ちたのだ。崖の整った模様の中にあるこうした岩石の斑点から、貫入があったことがわかった。最初の探査で、彼らは一七のパイプを発見した。ゴールデン周辺の地域を調査し終えるまでに、二六のパイプが見つかった。結局、それらのパイプにダイヤモンドは含まれていなかった。だが、最初に谷をのぼり、オレンジ色の崖の中にパイプが次々と姿を現わしたときの高揚した気分を、二人は忘れられなかった。ブラッソンは政府の仕事をやめ、ダイヤモンドの探査隊に加わった。

一九八二年、フィプケ、ブラッソン、ダメットの三人は、ロッキー山脈北部の人里離れたキャンプで、キンバーライト・パイプを調査していた。ダメットは、商用で帰らなければならなかった。帰途、彼はパイロットに、ほかの探査事業のためにその地域を飛ぶことはあるかと何気なくたずねた。パイロットの答えはイエスだった。モノプロスという会社が彼を雇っていたのだ。ダメットは油断なく身構えた。「私はできるかぎり平静を装って言った。『彼らはどこでやっているんだい？』彼は答えた。『ああ、マッケンジー川の東岸一帯の森の中ですよ』」ダメットはそれ以上一言もしゃべらなかった。マッケンジー川のほとりのノーマン・ウェルズに着陸すると、彼は地図を買い、印をつけ、そこを見にいくようにと指示を書いてフィプケとブラッソンに送った。パイロットが知らなかったことを、ダメットは知っていた。モノプロスは、他社による全額出資の探鉱会社であり、その命令はヨハネスバーグからきていた。モノプロスはデビアスだったのだ。

フィプケとブラッソンは仰天した。デビアスがこの地域に来ているなどという話は、聞いたことがなかった。だがデビアスによる探査は四年目に入っており、会社から派遣された地質学者が、マッケンジー川の東岸を北へ向かって着実に進んでいることがわかった。フィプケとブラッソンは、約三〇人のサンプル採取者と現場スタッフという大きな野営隊が、ブラックウォーター湖のほとりでキャンプしているのを発見した。それだけの人数がいるということは、きわめて魅力的な何かがあるに違いない。フィプケはヘリコプターを呼び、ブラッソンとともにマッケンジー川を越えて東へ飛んだ。遠くには、マッコーネル山脈がそびえていた。川と山脈にはさまれたまばらな木々の中に、ブラックウォーター湖が横たわっていた。デビアスのキャンプに近づくと、森の中にサンプル採取のための通路が切り開かれているのが見えた。湖のほとりの空地に、白いテントが並んでいた。キャンプの真上を飛ぶと、一人の人物がテントから飛び出してきて双眼鏡を向けた。彼らはその場をあとにした。

翌朝の二時。夏だったので、緯度の高いその一帯はまだ明るかった。彼らは再びヘリコプターに乗ってキャンプを出発した。川を越えると、デビアスの野営地の東に見つからないように着陸した。その土地を東から西に向かって数本の小川が流れ、マッコーネル山脈の麓の丘陵地帯からマッケンジー川へ水を運んでいた。探鉱者たちは、キャンプの上流で作業をしていた。彼らは、採鉱地へ流れ込んでくる小川で土を集めていた。デビアスが集めているものが何であれ、二人もそれを集めるつもりだった。

ブラッソンはサンプルを一通り調べ、その地域の岩石よりもはるかに古い鉱物を発見した。この古い鉱物の供給源は、山脈の東側のスレーヴ・クラトンに違いないと彼は考えた。それを含む岩石が、氷河によって谷に運ばれてきたのだろう。ブラッソンは〝上流へ向かって〟、つまり氷河の流れと逆方向に調査したかった。氷河の通り道をさかのぼることによって、そこに含まれる岩石と指標鉱物の供給源が見つかるはずだと思ったのだ。そうこうするうち、彼らは三つの袋に九キロずつ土を集め、フォート・コリンズへ送った。ダメットの研究室でそのサンプルを調べると、G10が見つかった。ガーニーによって、ダイヤモンドと関係の深い組成を持つ典型的な鉱物とされたものだ。また、エクロジャイトを構成するざくろ石も発見された。したがって、その供給源には高品位のエクロジャイトも豊富に含まれるはずだ。ダメットは、その結果をスペリアー・オイルの最高責任者に報告し、活動範囲を広げる許可を求めた。ところが、調査を奨励されるどころか、やめるよう申し渡されたのだ。

それは一九八二年末のことだった。ヨハネスバーグで設立された合弁企業は、八年間事業を運営して数百万ドルを費やしていた。率直に言って、両社の最高責任者はダイヤモンドの探鉱に飽きていた。

彼らは、一年前にハリー・オッペンハイマーとの取引を成立させていた。それゆえ、カナダ北部でダイヤモンドを探しまわっている人びとに金を払うのは、馬鹿げていると感じられた。トロントからダメットのダイヤモンド探査の成り行きを見守っていたクリス・ジェニングズは、卑金属に専念するようぶっきらぼうに命令された。ヒューストンでは、ダメットが似たような指示を受けていた。ダイヤモンドの探査をやめよというのだ。ジェニングズとダメットはやるせない思いだった。二人はダイヤモンドが見つかる可能性は高いと信じていた。その信念は、デビアスが現われたことによって裏づけられていた。デビアスがすでに三〇年にわたってカナダ中を探しまわってきたと知れば、ダメットとジェニングズはさらに夢中になったことだろう。だが、猶予はなかった。北米におけるダイヤモンド探査の責任者として、ダメットは、衝動的に最後の寛大な手を打った。スペリアー・オイルの承諾を得て、すべての現地資料をフィプケに与えたのだ。だが、一つの文書だけはとっておいた。ガーニーの報告書である。そこにはG10とG9——ダイヤモンドの指標となる別種のざくろ石——の秘密が書かれていた。フィプケもブラッソンも、これら二種の重要なざくろ石を知らなかった。ダメットは、サンプルをヒューストンに送ってくれるよう二人に頼んだ。自主的に分析するためである。探鉱者たちは、東に向かって調査を進めた。

山脈の東に移動していくと、二人は水と岩石が一面に広がっている場所に出た。氷河が残した断層粘土によって、岩の全面に縞模様ができていた。雪解け水に運ばれた砂利が高く堆積し、花崗岩《かこうがん》の上をゆったりと蛇行していた。その地域全体が消滅した氷によって書かれた文書であり、二人はそれを解読しなければならなかった。

ローレンタイド氷床は、ハドソン湾の西岸に隣接するキーウェーティンで形成された。気温が下がり、雪が降った。氷冠が地面を覆い、じわじわと西へ広がっていった。ときどき、北や南にわずかにそれたこともあったが、西への基本的な進路は変わらなかった。やがて、高さ一キロ以上のずっしりとした氷冠が、マッケンジー川までを覆いつくした。一〇万年近くの間、氷河はその地域に横たわっていたが、約一万年前、地球の中心核からの熱によって解けはじめた。氷河は後退した。今日カナダの広い地域で目にできるものは、消え去った氷河に磨かれた花崗岩の表面なのだ。その岩石は先カンブリア時代のもので、カナダ楯状地と呼ばれる地域を形成している。それは、トロントの一六〇キロ北で隆起して日の光のもとに現われ、その国の本質を明らかにしている。地勢によってある場所に魂が与えられるとすれば、カナダの広大な岩の平原は次のように描写できる。それは、その国の南部の農場や森林から始まり、北へ向かって広がっている。まず森から落葉樹がなくなり、やがて松もまばらとなり、そのうち木はまったくなくなる。最後は完全な不毛地帯となって、北極海へと消える。その一帯はバレンランズと呼ばれている。

ヨーロッパ人がその近辺にやってきたのは、一六七〇年のことだった。二隻のイギリス船がジグザグに進みながら、ハドソン湾に入ってきた。マストにはハドソン・ベイ・カンパニーの旗がはためいていた。乗組員はネルソン川の河口から上陸し、イギリス国王の紋章を釘で木に打ちつけた。勅許により、その会社はハドソン湾沿岸の全域を売買して支配する権利を得ていた。彼らは砦を築くと、過酷な気候に耐えながら毛皮を集めはじめた。一年のほとんどの間、ハドソン湾は氷に閉ざされていた。外洋の海流によって湾内の水がぬるむことはなく、冬の気温はマイナス二七度まで下がった。到着してから数十年の間、イギリス人は岸辺で縮こまっており、内陸へはほとんど進出しなかった。ヨーロッパの探検隊が、カナダのほかの地域にすでに入りこんでいたにもかかわらず、その最初の探検家がプリンス・オヴ・ウェールズ砦から西へ進みはじめたのは、一七六九年のことだった。その年の十一月六日未明、サミュエル・ハーンは雪の降る中を出発した。ハーン率いる小人数の一行は、〈キャプテン・ショーチナハウ〉として知られるチペワイアン・インディアンに出会った。三週間後、探検隊とインディアンたちは、砦から三二〇キロ北の地点に到着した。すると突然、何の警告もなしに、ショーチナハウと手下たちはすべての食料を奪い、「森に笑い声を響かせながら」キャンプを出ていった。ハーンの一行は鹿皮の上着を食べながら、生きて砦にたどりついた。

ハーンが次に砦を出発したのは、二月だった。探検隊の所持品は、ムースの皮でできたテント、四分儀、何丁かの銃、取引のための装身具だけだった。彼らはベイカー湖を目指して北へ進んだ。寒さは過酷をきわめ、呼吸をすると氷を吸い込んだかのように肺が痛んだ。森の獣でさえ寒さに圧倒されているようだった。ハーンは、テンを襲ってつかまえた。イギリス人たちはその冬を生き延びた。やがて、バレンランズに六月がめぐってきた。

三〇キロの荷物を背負ってよろよろと歩きながら、ハーンは約一二〇万平方キロにおよぶ岩だらけの地域に入っていった。カやブユの大群の猛襲を避けるため、ガチョウ脂を顔に塗りつけた。撃つべき獲物が見つからなかったため、キイチゴを食べて飢えをしのいだ。ハーンはシラミやウシバエまで口にしようとは思わなかったが、原住民は髪や衣服からそれらをつまみとり、喜んで食べていた。探検隊は、いたるところに岩のかけらが隠れている沼地を歩いた。おかげで、服や肌はずたずたになった。彼らの表現を借りれば、かみそりだらけの粥《かゆ》の中を歩いているようなものだった。ハーンは、バレンランズに銅の富鉱があるという噂を耳にしていた。インディアンの中には、銅製の道具を持っている者もいた。だからこそ、嵐に襲われたり案内人に荷物を盗まれたりしながらも、西ヨーロッパ

よりも広い地域へ入りこんでいったのだ。そこでは、カリブーでさえ虫に悩まされていた。

◆

ハーンに続いたヨーロッパ人たちは、その北の大地で銅を、さらに、金、銀、ウランを発見した。ハーンと同じように、彼らもバレンランズの過酷な環境に耐えた。

探鉱者は決してひるまないという伝統が、地質学の世界を貫いている。ブラッソンとフィプケは、そのイメージにぴったりだった。合弁企業からの資金提供が打ち切られると、彼らは自分たちで寄付を募り、頼れるところから金をかき集め、ダイヤモンドを探しに出発した。

ダイヤモンドの指標鉱物は、バレンランズに広く分布していた。氷河によって供給源から鉱物粒が集められ、〝下流〟——氷河が流れる方向――に運ばれたからだ。そうした鉱物粒には、氷自体に押し込まれたものもあれば、氷の下で途方もない圧力を受けた雪解け水に流されたものもあった。これらの力を受けて、指標鉱物はしばしば下流方向に数十キロ移動した。その後、氷河が解けてなくなると、地面に鉱物の列が残された。理屈の上では、鉱物粒の供給源となったキンバーライトを見つけるには、探鉱者は上流にさかのぼりさえすればいい。ところが周知のように、氷河が下ってきた経路を跡づけるのは難しい。氷河はあちこちに滑りおちるため、再現するのはきわめてやっかいなのだ。毎年夏になると、探鉱者は指標鉱物の有望な列を分離し、上流に向かってそれを追跡したが、途中で手がかりはなくなった。フィプケはざくろ石を南のヒューストンへ送り、ダメットがスペリアー・オイルの研究所でそれを分析させた。その支援も一九八五年で終わりとなった。モービル・オイルがスペリアーを買収し、ダイヤモンド研究所を売却したからだ。

バレンランズではその後も毎年調査が続けられたが、キンバーライトは見つからなかった。ブラッソンは、ほかの地域に力を注ぐようになった。フィプケは、ダイヤ・メット・ミネラルズという会社を設立した。バンクーバー証券取引所へ株式を上場すると、一株一七セントで友人に売って歩いた。行きつけの床屋や、故郷の街――ブリティッシュ・コロンビア州ケローナ――のギリシャレストランのオーナーなどが買ってくれた。フィプケは調達した資金をすべてバレンランズにつぎこんだ。彼は異常なほど秘密主義になり、ダイヤ・メットの取締役にさえ探鉱地点を隠していた。

七年間の探鉱のあと、フィプケはスレーヴ・クラトン上の有望な鉱物列がある地域に調査を絞った。スレーヴ・クラトンとは九三万平方キロにおよぶ始生代の岩石盤で、二六億年前のものだ。目標とする地域は、ノースウェスト・テリトリーズの首都イエローナイフの北東四八〇キロに位置していた。

八〇キロにわたって広がるグラス湖という荒涼とした湖の真北である。岸には低い丘が点在し、ツンドラには玉石が散乱していた。水、露岩、ツンドラの草地が数キロ四方に広がっている。フィプケは、グラス湖の北のエクセター湖のほとりにキャンプを設営した。サンプルをとると、彼の興奮はさらに高まった。このときまでに、フィプケは自分自身の研究所をケローナにつくってあった。さらに重要なことに、G10の秘密を理解していた。

いまやグラス湖の北の土地で、フィプケはG10を豊富に発見したのだ。彼は荒地を区画して権利を確保したが、鉱区を別名義で登録することによって所有者がわからないようにした。それにもかかわらず、クリス・ジェニングズはその話を聞きつけた。彼はフィプケの調査範囲が狭まっていることを知り、その探鉱者は発見に近づいていると結論した。このとき、ジェニングズはインターナショナル・コロナという金鉱山会社で働いていた。彼はダイヤモンドの探査をさせてもらえないのが不満で、ファルコンブリッジと次の勤め先をやめていた。コロナの重役も、ダイヤモンドに熱意があるとはとても言えなかった。だが、ジェニングズがささやかな事業を進めるのを許してくれていた。

一九九〇年の夏、フィプケがさらに多くの鉱区を手に入れたと聞いて、ジェニングズは賭けに出た。二五万ドルを、探鉱のための秘密予算に投入したのだ。それから、部下の二十八歳の地質学者レニ・キーオを派遣した。ハドソン湾から氷河の下流へ向かってサンプルをとるためだ。つまり、ノースウェスト・テリトリーズの中央全域を横切り、ハドソン湾からグレート・スレーヴ湖にいたる行程である。キーオはフロート水上機をチャーターし、出発した。彼女はフィッシング・キャンプや地元の村落に泊まったり、ツンドラに野営したりした。初歩的な地質学的検査をし、政府の調査で確認された磁気異常について調べた。主として、彼女はエスカー——解けた氷河に流された小石が堆積してできた堤防状の丘――からサンプルをとった。

「現場用のふるいのセットを持っていて」キーオは言った。「一日の終わりに、ときどきサンプルをふるいにかけて精鉱し、顕微鏡で見たわ。そのうち、指標鉱物が見つかるようになった。顕微鏡なんて必要なかった。美しい紫のざくろ石、クロム透輝石、チタン鉄鉱が目の前にあったのだから。こうした鉱物がすべてわかるようになると、私はフィッシング・ロッジからクリス〔ジェニングズ〕に電話して、指標が見つかったと言ったわ。でも彼は信じなかった。私が未処理のサンプルを見るだけで指標鉱物を確認できるとは思わなかったのね」

九月、初雪が舞う中、キーオはグラス湖付近に到着した。彼女はその地域を、サンプルを集めながらまっすぐに横断しはじめた。急速に日が短くなっており、計画はまもなく終わるはずだった。朝には、霜が地面を覆った。ツンドラの低木が朱色に染まっていた。ある朝、キーオはグラス湖の北の地域を横断しはじめた。そして、サンプル採取によって荒らされた場所を見つけた。「いまとなっては、それがチャック〔フィプケ〕の掘った穴だったかどうかはわからない。でも、まったく同じ場所にあったのは確かよ」

キーオの横断旅行での発見について報告を受けると、ジェニングズはトロントから急いでイエローナイフへやってきた。小石の中で、パイロープが鮮やかな紫色の光を放っていた。クロム透輝石は肉眼でも簡単に見えた。キーオはそれらの鉱物粒を誇らしげに陳列した。「私たちは有頂天だったわ」と彼女は言った。

「私はキーオを信じていなかった」ジェニングズは認めた。「だが現地についたとき、彼女は正しかったとわかった。それらのサンプルは、ざくろ石の赤い輝きを放っていた」サンプルの一つにはマイ

バレンランズの氷上で釣りをするクリス・ジェニングズ。
(ジェニングズの家族提供)

クロダイヤモンドが含まれていた。マイクロダイヤモンドとは、とても小さな宝石で、最大のものでも五ミリしかない。だが小さいとはいえ、とても重要なものである。地質学者が言うように、ダイヤモンドの最高の指標はダイヤモンドだからだ。

いまや、探鉱のペースは急速にアップした。フィプケもマイクロダイヤモンドを見つけていたからだ。エクセター湖のキャンプから、彼は〝ダート・バガー〟――土砂の採集者はそう呼ばれていた――のチームを派遣した。彼らは、飛行機から見つからないように迷彩服を着ていた。採取されたサンプルは、ケローナにあるフィプケの研究所へ送られた。フィプケは走査型電子顕微鏡を使ってG10を分離し、評価した。だが、一つの重要な段階を越えられずにいた。高性能ではあっても、彼の電子顕微鏡では、エクロジャイトに含まれるざくろ石を明確に区別できなかったのだ。

これでは、目標となる鉱床に、純度の高いエクロジャイトがどの程度含まれているかを予測できない。彼はガーニーに助けを求めた。

ケープタウン大学のキンバーライト研究所には、マイクロプローブがあった。それを使えば、フィプケの電子顕微鏡よりもはるかに正確に、鉱物の組成を分析できた。フィプケはエクロジャイトに含まれるオレンジ色のざくろ石を選び出し、ボール紙の板に固定しケープタウンへ送った。ガーニーの同僚のローリー・ムーアが、そのざくろ石を最終的に分析した。ここでも、彼らが測定する元素はクロムだった。クロムの含有量が相対的に高ければ、そのざくろ石はダイヤモンド安定領域の内部から出てきたことになる。そして、その供給源のキンバーライトにあるエクロジャイトの成分を予測できるのだ。

ダイヤ・メットの取締役会は、鉱区をさらに確保するようフィプケをせきたてはじめた。ダイヤモンドを掘り当てれば、より多くの土地の所有権を持つ会社の価値は増大するはずだからだ。カナダでは、鉱業権は連邦政府に属している。免許を持つ採鉱者は、鉱区を仕切ることによって鉱物を発掘する権利を得る——規定の間隔で木の杭を地面に打ち込み、地元の鉱山記録官に登録してもらうのだ。だが、鉱区の情報は公開される。新たに登録された鉱区は、記録官のオフィスに掲示されるのだ。イエローナイフでは、探鉱者が記録官の掲示板を定期的にチェックする。フィプケが広い地域を確保していれば、現場で鉱区の獲得合戦に巻き込まれていたかもしれない。彼がダイヤを発見し、付近の土地を急いで手に入れようとしていると、投機家たちに思われるからだ。そこで、フィプケは一度に確保する鉱区を少なくし、自分は金を探しているという噂をイエローナイフに広めていた。

その土地には指標鉱物が豊富だったにもかかわらず、パイプはなかった。そんなある日、フィプケは鉱区を所有する地域の上空をヘリコプターで飛んでいた。そして、以前は気づかなかったある地形に気づいた。湖が小さな丸い形をしていたのだ。それを見て、フィプケはパイプを思い浮かべずにはいられなかった。突然、彼の頭に次のような考えがひらめいた。それこそパイプなのだ。パイプは湖の底にあったのだ！

こうして突然視界が開けると、隠されたパイプの問題は、順を追って論理的に説明できるようになった。キンバーライトはやわらかかった。対照的に、周囲の花崗岩は地上で最も固い岩石だった。氷河はその上を滑り、パイプの頂上を削りとった。そして大量の指標鉱物を運び去り、下流にばらまいた。数千年後、氷河が解けてなくなると、パイプの頂上のえぐりとられたくぼみに水がたまったのだろう。パイプはそこにあった。まったくの手つかずで、湖の底にあった。さらに、その一帯には小さな湖が点在していた。フィプケ自身の鉱区にも数十あった。ヘリコプターが着陸すると、彼は息子をつれて湖へ急いだ。氷河の下流側の岸——まさにそこで、氷河に押されて湖が形成された場所——で、マーク・フィプケが、親指の先くらいのクロム透輝石を発見した。

フィプケはヒューゴー・ダメットに電話した。ダメットはＢＨＰミネラルズ——オーストラリアの大鉱山会社ブロークン・ヒル・プロプライアタリー・カンパニーの子会社——の北米調査部長となっていた。ダメットはケローナへ飛び、フィプケの集めたデータを検討した。その後ケープタウンから、フィプケが送っておいた指標鉱物の評価が届いた。その報告書では次のように述べられていた。フィプケの指標鉱物からのデータは「ダイヤモンドが存在する可能性を示すものとして、われわれが世界各地で見てきた中で最高のものである。またわれわれは、ダイヤモンドを含むキンバーライトが重鉱物の供給源であることを疑わない」。ジョン・ガーニーとローリー・ムーアは、ダイヤモンドの指標鉱物の研究者として、地質学界で指導的地位を占めていた。その二人が、感情的と言ってもいいほどにまくしたてていた。ダメットの主導で、ＢＨＰは、ダイヤモンド鉱山の開発に五億ドルもつぎこむ契約を結んだ。彼らは小さな湖のまわりに秘密のカーテンを引き、キャンプを拡大しはじめた。

一九九〇年の末までに、証拠となる大量の鉱物の調査によって、スレーヴ・クラトン上のダイヤモンドの埋蔵地帯が明らかになった。一つのエスカーで採取されたサンプルから、六〇〇〇ものざくろ石が発見された。ローリー・ムーアが雇われ、ケープタウンから呼び寄せられた。続いて、上空からの地球物理学的探査が始まった。ダメットは、小さな丸い湖のように見える採鉱目標がいくつあるかを知りたがった。それらの地域の採鉱権も確保しようというのだ。現場の作業を手伝ってもらうため、フィプケはエド・シラーを雇った。シラーは背の低い、活力に満ちあふれた男で、さんざん殴られたボクサーのような顔をしていた。カナダ地質調査部に所属する地質学者であり、現地駐在員としてイエローナイフで暮らしていた。それほど有名な人びとがグラス湖を行ったり来たりしていれば、探鉱者のコミュニティで、何か重要なことが起きているのではないかと疑われはじめるのは避けられなかった。

「ある日の午後、私はフロート水上機の基地に座っていた」イエローナイフに滞在する地球物理学者ダグ・ブライアンは思い出す。「チャールズ・フィプケとエディー・シラーが、ふるいと何かの選鉱道具を飛行機に積み込んでいるのを眺めていた。彼らはダイヤモンドを探しているという噂が広まっていたが、率直に言って、馬鹿げているように思えた」

クリス・ジェニングズにとって、それは馬鹿げていなかった。彼は取締役会に緊急レポートを提出し、フィプケのキャンプの位置を正確に指摘した。そして、その地域で鉱区の奪い合いが始まろうとしており、デビアスもそこに加わるだろうと予測した。

ジェニングズがトロントでやきもきしている間に、ダメットはエド・シラーに、採鉱権を二倍の区域に広げるよう指示した。シラーによる鉱区の登録は注目を集めた。「私は何年も、その区域を注視してきた」ブライアンは言った。「通常、金あるいは卑金属の鉱区を確保する場合、区画の広げ方にはおおまかな筋道がある。層位学にのっとったパターンだ。ところが彼らの広げ方は、方向も頻度も異なっているように思えた。そのことを同僚に言ってみたが、こんな答えが返ってきただけだった。『誰かが金を探しているのさ』チャックがみんなにそう言っていたからだ」

一九九一年九月までに、探査に再び加わっていたスチュアート・ブラッソンは、小さな湖の〝下流〟で大量の指標鉱物を発見していた。シラーは、ひとつかみのクロム透輝石をすくいあげたのを覚えている。ダメットはいまや、あらゆるものを検査する用意を整え、湖を掘り返そうとしていた。水の下に何があるかを確実に知るには、そうするしかない。フィプケは踏ん切りがつかず、延期を主張した。掘削にとりかかる前に、証拠になる鉱物をもっと集めたかった。その湖からダイヤモンドが出なかった場合、BHPがすべての土地を見捨ててしまうことを恐れたのだ。スペリアー・オイルやファルコンブリッジが、八年前に自分を見捨てたように。ダメットは譲らなかった。彼はほかの人びとにこう言った。掘削機に飛び乗り、寒くなってキャンプが閉ざされる前に湖を掘り返そう、と。

ドリルが到着したとき、湖のへりには氷が張りはじめていた。ドリルには四人の男がついてきた。操縦者と交替要員がそれぞれ二人ずつである。一日に二四時間ドリルを操縦するためだ。ヘリコプターが、掘削機を湖の北東のすみにおろした。目標の鉱物が何かを、ドリルの操縦者に教える者はいなかった。その湖につけた名前——ポイント湖——さえ、スパイをだますためのものだった。別のポイント湖がすでにあったからだ。それはこの湖とは違って有名であり、地図にも載っていた。休みをとった操縦者がポイント湖について噂をたてるようなことがあっても、ライバルは違う湖に飛んでいって時間を無駄にするはずだ。

ダメットとシラーはドリルを設置した。エンジンが轟音をたてて始動し、ドリル室の屋根の排気管から黒い煙が吐き出された。フィプケは商用のため、飛行機でキャンプを去った。シラーは単調な仕事にとりかかり、キャンプとドリルの間をヘリコプターで往復した。ドリルは表土から岩盤へと達した。それは不眠不休で稼動した。フィプケは毎日シラーに電話し、暗号で質問をした。「魚は釣れたかい？」と。

「まだ何も釣れません」フィプケが最初に電話したとき、シラーはそう報告した。

翌日、フィプケはまた電話した。「調子はどうだい？」

「当たりもありませんよ、チャック」

九月九日の朝、徹夜でドリルを操縦していた男たちは、突然の変化に気づいた。黒く固い岩石を掘削してきたのだが、不意にドリルが何かやわらかいものに突入したのだ。彼らは中止の指示を受けていなかった。とにかく、何を探しているのかも知らなかった。彼らは掘りつづけた。シラーが食堂用テントで朝食をとっていると、ヘリコプターで夜勤の男たちが帰ってきた。「エド」現場監督が言った。「見たこともない奇妙な岩石が出てきたよ」

シラーは朝食を放り出してテントから走り出ると、ヘリコプターのパイロットを大声で呼んだ。ドリルまでは五分で飛んでいけた。現場に着くと、シラーはドリル小屋に駆け込み、コア・ボックスを開けた。そこに、掘り出された細長いコア（ボーリングによって採取された鉱物の円筒形試料）が貯蔵してあるのだ。「コアは箱の中に並べられていたので、私はその上にかがんだ」シラーは言った。「純粋に黒い岩石だけの丸いコアが、緑がかった灰色の、もろい物質へと変わっていた。私は大急ぎでキャンプへ戻り、チャックに電話した。彼が出ると私は言った。『チャック、見たこともない馬鹿でかい魚が釣れましたよ』と」

彼らは、そのパイプを二九〇メートルの深さまで掘った。フィプケは六〇キロのキンバーライトのサンプルを採取し、ケローナへ飛んだ。研究所でキンバーライトを粉砕し、泥を洗い流し、重い鉱物から軽い鉱物を取り除いた。その作業が終わると、フィプケは重い鉱物をトレーに移した。トレーをひっつかみ、急いで顕微鏡にかけた。黒い石に混ざったダイヤモンドは、見間違えようがなかった。

ＢＨＰは、すぐにはニュースを発表しなかった。その発見を部外者に知らせないでおける期間が長いほど、鉱区を拡張する余裕ができるからだ。ダメットは上空からの地球物理学的探査を強化した。そのデータをプリントアウトすると、湖が次から次へと鮮やかなオレンジ色に表示された――その色が際立つことによって、周囲の先カンブリア時代の岩石とはっきり異なる特徴を持つことが示されるのだ。調査結果を検討すると、こう結論せざるをえなかった。パイプが存在する領域全体を発見したのだ。二カ月後、彼らは事実を簡潔に発表した。ダイヤ・メットという小企業と世界最大の鉱山会社の一つが、ある湖で八一個の小さなダイヤモンドを発見したというニュースが流れた。

5　バレンランズのダイヤモンド・ラッシュ

ポイント湖でダイヤモンドが発見された一九九一年、デビアスによるダイヤモンド原石の総売上げは、三九億ドルに達した。そのほとんどは、南アフリカとボツワナにある自社の鉱山と、ダイヤモンド・コーストの資源豊富な浜辺で産出されたものだった。また、アンゴラの最高品質の原石を数万カラット以上、シベリアの大規模なパイプ群からは数百万カラット、オーストラリアのアーガイル鉱山の巨大な立坑でとれる安価な原石を大量に、契約によって買い取っていた。その他の供給源——卸売業者、商人、アフリカの反乱軍、泥棒、ガリンペイロなど——から、アントワープとテルアビブのダイヤモンド街へ原石が絶え間なく流れ込んだ。そこでもデビアスは、唯一ではなくとも意欲的で重要な買い手だった。

当時のダイヤモンド業界は、完全に統制されていたといってもよかった。原石の約八〇パーセントがデビアスによってかき集められ、ロンドンにある販売事務所を通して流通した。新たに鉱山が発見されたとしても、一種の引力の法則によって、このぽっかりと開いた口に飲み込まれる運命にあると思われたかもしれない。ところが実際は、いくつかの理由から、カナダで発見された鉱山はデビアスの流通機構に取り込まれなかった——あるいは、取り込まれることはありえなかった。それらの理由は、カルテルにとって悪いニュースだった。

第一に、ＢＨＰは巨大で国際的な鉱山会社だった。その重役にとって、鉱物の採掘と販売はお手のものだった。みずから発見した産物にとって——支払われるべき価格を含めて——何が最善かを知っているのは他社だと言われても、彼らが簡単に納得するはずはなかった。ポイント湖での発見が重大なものであれば、デビアスはすぐさま、自社と同じくらい頑健なライバルと向き合うことになる。鉱山業界を論評する人びとがよく言ったように、三五〇キロのゴリラが、もう一頭の大ゴリラと出会ったのだ。

将来、デビアスへの原石販売の障害となる第二の要因は、ＢＨＰが合衆国と深いつながりを持っていることだった。ダイヤモンドの採鉱権を保有するその子会社は、サンフランシスコに本社を置いていた。その資産には、アメリカ南西部の炭田が含まれていた。デビアスと何らかの取引をすれば、それらの権利が危険にさらされると推測されていた。司法省がデビアスを、反トラスト法違反で訴えたという経緯があったからだ。デビアスは、ダイヤモンドの価格を固定しようとたくらんでいると告発されていた。

さらに一九九四年、最近の告訴に対してデビアスは答弁しなかった。そのおかげで、信じられない結末が訪れることになった。告訴がそのままになっているため、デビアスの重役は合衆国へ旅行できないのだ。合衆国に入れば、召喚状をつきつけられるかもしれない。それゆえ、世界のダイヤモンド業界を支配する会社の経営陣が、事実上、自社の最大の市場に足を踏み入れられないのだ。

法律上のこうした異様な泥沼のため、ＢＨＰは自社の利権を守る必要上、デビアスとの取引に慎重な姿勢をとったのかもしれない。

だがその発見に関して、カルテルにとって最も都合の悪い面は、舞台がカナダであるという事実だった。カナダで探鉱の現場を支配するのは、〝ジュニア〟と呼ばれる、手に負えない多くの小さな会社である。ジュニアは、探鉱の費用を証券取引所で調達している。投資家は、それらの会社が発行する株を〝ペニー株〟と呼ぶ。一株数ペニーで売られるからだ。そうした株の買い手が希望するのは、鉱物の発見によって数ペニーが数ドルに化け、棚ぼたの利益が手に入ることだ。ジュニアは最新の好機につねに目を光らせ、新たに発見されたものに大挙して殺到する。そのような、一つのきっかけによって動く闘争的な集団を、もっと大きな何かの目的——たとえば産出物の価格統制——にしたがわせようと考えるのは馬鹿げている。

世間を騒がせる点はともかく、ジュニアの市場の中心には、発見への力強い理想と熟練した探鉱者の部隊がある。ダイヤモンド発見のニュースが流れたとき、こうしたジュニアの集団がたまたまトロントで会合を開いていた。その中に、親友にして事業の提携者である二人組がいた。ロバート・ガニコットとグレンヴィル・トーマスである。二人とも探鉱ゲームのベテランで、この先に起こる事件にたずさわるのにまたとない人物だった。

トーマスは気さくな評判のいい人物で、いつでもどこでもグレンで通っている。穏やかな声で話し、目じりに微笑をたたえている。彼はウェールズの炭田で育ち、十六歳のときに鉱夫として働きはじめた。だが夜間に勉強して鉱山学の学位を得ると、一九六四年にカナダへ移住した。ガニコットはざっくばらんなイギリス人である。経歴は、おおざっぱに言えばトーマスのそれに似ている。サマセット州に生まれ、一九六七年に十代でカナダにやってくると、北部の鉱山で働いた。そこでトーマスと出

ロバート・ガニコット。（アバー・ダイヤモンド・コーポレーション提供）

会い、二人は親友になった。数年後、ガニコットは、オタワ大学で地質学を勉強するために北部を去り、一九七五年に卒業した。二人とも大きな鉱山会社で働いたこともあったが、いまではジュニアを経営していた。

トロントでの会議では、予定されていた議題はさっさと片づけられ、ダイヤモンドの発見に話が移された。「どうすればいいか見当もつかなかった」トーマスはそう思い出す。「全員が、ダイヤモンドのことなど何も知らなかった。われわれはしばらく話し合った。『よし、わかった。この連中が、マイクロダイヤモンドを発見した。それには、いったいどんな意味があるのか？　ダイヤモンドのことがわかる人間を知っているか？』誰かが、クリス・ジェニングズだと言った。ジェニングズならダイヤのことをすべて知っている、と」

彼らは、会議室からジェニングズに電話を

グレン・トーマス。（グレン・トーマス提供）

かけようとしたが、どこにいるのかわからなかった。実際、ジェニングズは再び仕事をやめてしまっており、自分のダイヤモンド探鉱会社を設立するための資金を調達しようとロンドンにいたのだ。彼らはやっとジェニングズを探し出し、ダイヤ発見のニュースについてたずねた。ジェニングズは驚いた。ニュースを聞いていなかったのだ。彼はトロントへ戻る一番早い飛行機に乗り、到着するとすぐに、ほかの人びとに合流した。

「そう、彼は何でも知っていた」ガニコットは思い出す。「彼が部屋に入ってきたので、われわれは会議を開いた。彼はとうとう意見を述べた。すべてを知りつくしていたのだ。そこにダイヤモンドがあるのはなぜか、キンバリー以来最大の発見となるのはなぜか。クリスが言うには、キンバリーよりも〝大きい〟のだ。話が終わるのを待つ間、われわれは居ても立ってもいられなかった」

共同経営者たちは取引をまとめあげた。ジェニングズは、鉱区を確保すべき場所をアドバイスするかわりに、将来の産出物について採掘権を得る。また、区画された土地を所有する会社の株を取得する。そのために、ジュニア・グループは所有する非公開会社を利用することにした。アイスランドで金を探すために設立された会社で、まだ数十万ドルを銀行に保有していた。取引がまとまると、ジェニングズとトーマスは荷造りのためにすぐその場をあとにした。迅速に行動する必要があった。バレンランズに冬が迫っていた。十一月の日照時間は六時間あるが、一日に五分ずつ短くなる。十一月二十日、ジェニングズとトーマスはイエローナイフに飛んだ。ノースウェスト・テリトリーズの州都は、北極の澄明な夜の中で輝いていた――小さな街に十階建てのオフィスビルが建ち並んで光を放ち、郊外には木のまばらな森林が広がっていた。

飛行機をおりると、トーマスとジェニングズは別れた。それぞれが一人で飛行場を出た。二人は鉱山コミュニティでは有名なので、一緒にいるところを見られたくなかったのだ。ダイヤモンドが発見されても、街はまだ平穏を保っていた。ジェニングズとトーマスは、騒乱の原因をつくるようなことは絶対にしないと決めていた。「鉱区の争奪合戦を目前にして、街全体が震えていると思った」トーマスは言った。「ダイヤモンド発見のニュースが流れていた。知り合いのパイロット数人から、デビアスがヘリコプターをチャーターしているのを聞いていた。われわれは、この地域全体に嵐が吹き荒れるだろうと思っていた」

二人が空港を出ると、極寒の夜の街が待っていた。温度計は零下二五度を示していた。路上では、風で雪があちこちに吹き飛ばされていた。二人は別々の車で、一軒の安モーテルに向かった。そこでなら、知り合いに会うことはなさそうだった。二人を待っていたのはダグ・ブライアンだった。彼は、自分が整えた段取りについて報告した。冬のバレンランズで、テントによるキャンプを設営するためのものだ。冬に鉱区を確保するには、ヘリコプターが必要となる。ヘリは翌日飛ぶことになっていた。イエローナイフには、鉱区を仕切る作業班が待機していた。トーマスとジェニングズは計画を検討した。トーマスはイエローナイフに一日残り、支援態勢を整えてからキャンプに加わる。彼らは鉱区を確保したい地域の地図を再吟味するとベッドに入り、途切れがちな眠りについた。

夜明けの二時間前、ブライアンはモーテルに戻ってきた。ジェニングズが所持品をトラックへ運ぶと、二人は闇に沈んだ街を抜け、空港の私有格納庫に入った。双発機がエンジンの回転数を上げており、そばにヘリコプターがとまっていた。すでに、鉱区を仕切る作業員が二人待っていたので、全員で飛行機に荷物を積んだ。角材、テント、食料などが積み込まれた。最後に、彼らは航空ガソリンの入ったドラム缶を転がして傾斜路をのぼると、それをキャビンに入れた。ヘリコプターはたくさんの燃料を消費する。そのすべてを、飛行機で運ばなければならなかった。

三〇分後、出発の準備が整った。ブライアンはヘリコプターのパイロットに、グロワーム湖の位置を教えた。ヘリコプターは離着陸場から上昇し、音を立てて北東へ飛び去った。残った人びとが〈ツイン・オッター〉によじ登ると、その双発機は地上を走り出した。スキーと車輪の両方を装備しているため、イエローナイフの整備された滑走路から離陸することもできたし、三二〇キロ先の凍った湖についたとき、雪の上に着陸することもできた。

彼らが到着したとき、グロワーム湖の全域に殺人的な強風が吹きつけていた。パイロットは、キャンプを設置することになっている湾の上空を旋回し、氷上の雪の吹きだまりの模様を観察した。彼は湾の南のへりに着陸した。飛行機は、粉雪をけたてながら氷上を滑った。ヘリコプターはすでに到着しており、パイロットはエスカーが風よけとなる場所に機体を縛りつけようとしていた。飛行機は轟音を立てて湖から上陸すると、旋回してヘリコプターの近くに止まった。うっすらとした夜明けの光が、大地を照らしはじめた。気温は零下三〇度だった。

まず第一にやるべきことは、シェルターの設営だった。人間の皮膚の細胞は水で満たされている。気温がきわめて低いと、この水が凍って細胞の内部に氷の結晶ができ、細胞を傷つける。この状態は凍傷と呼ばれる。零下三〇度の風に当たれば、露出した皮膚は三〇秒で凍りついてしまうだろう。

彼らは木製の床をどうにか運んで地面に据えると、テントの骨組みを立てた。突風にキャンバスをたたかれながら、その端をかぎに引っかけ、骨組みにかぶせて引っ張った。大ハンマーを使って、凍った地面に留め杭を打ち込んだ。石油ストーブを運び込み、煙突を屋根の柱環に通し、火をおこした。作業は一時間で片づいた――断熱材が取りつけられ、テントの中と外に食料が積み上げられ、仕切り用の杭が雪の中に山積みにされた。発電機が稼動して、ヘリコプターの温度が下がらないようにされていた。〈ツイン・オッター〉は湖におり、機首を風上に向けると、轟音を立てて飛び去った。

テントの中では、石油ストーブがゴーゴー、シューシューと音を立てていた。そのまわりで、オーブンの中のように熱い空気の塊が、小さな気球のようにふくらんでいた。テントの内側でも、それ以外の部分は凍りついていた。作業員は杭を引きずってくると、規定の金属標識を打ちつけはじめた。鉱区は、紛争防止のために定められた厳密な規則にしたがって仕切られる。標識のついた杭が特定の地点に打ち込まれ、できあがった鉱区は、イエローナイフにいる政府の鉱山記録官によって正式に登録されるのだ。作業員が杭に標識を打ちつけている間、ジェニングズは区画地図を広げ、その土地を再吟味した。フィプケとダメットは、ダイヤモンドを発見した場所のまわりに、さらに多くの鉱区を確保していた。防護された土地の広大な区画——発見区画——をつくっていたのだ。この広い区画は、地図の上にくっきりと示されていた。ジェニングズは、その真北の場所を指でトントンと叩いた。レニ・キーオが指標鉱物の最も豊富な列を見つけた地域だ。そこが、彼らの最初の区画目標だった。

夜が明けると、作業員は杭をヘリコプターに積み込み、北へ向かった。冬になると、バレンランズに地表の特徴はなくなる。目印となる目標物が姿を消すのだ。ヘリコプターは、全地球位置把握システム（GPS）によって飛んでいた。人工衛星を利用して、航行位置を算出しているのだ。まもなく、彼らは目標とする区画のへりに近づいた。到着するやいなや、雪の中に新しい杭が打ち込まれているのが見えた。誰かが先に来て、その土地を手に入れていたのだ。ブライアンは、杭はフィプケのものかもしれないと思った。着陸してヘリコプターをおり、新しい杭を調べた。それらはフィプケの杭ではなかった。デビアスの杭だったのだ。

「われわれは、その区画の南の境界を見つけるまで飛びまわった」ブライアンは言った。「彼らが杭を打っていないわずかなすきまが、三万エーカーほど残されていた。われわれは、すぐさまその土地を確保した。だが、ＢＨＰの土地の北側は、それ以外、すべてデビアスによってしっかりと押さえられていた」

彼らがニュースを持ってグロワーム湖に戻ると、ジェニングズは冷静にそれを受けとめた。彼はこう言った。驚くことはない、デビアスが現われるのは予想していた、と。ジェニングズは大きな区画地図を広げると、ダイヤモンドが発見された場所の東の地域をなでた。「われわれは氷河の上流の土地をとる」彼は言った。「全域をだ」

翌朝の九時、ぼんやりとした太陽が地平線の少し上に昇り、バレンランズに薄日が差した。北極海沿岸から暴風域が移動してきており、前触れの突風によってテントがバタバタと音を立てはじめていた。ヘリコプターのエンジンがうなりを発すると、作業員たちは杭を積み込んだ。降りしきる雪の中、ヘリコプターは離陸した。彼らは西へ飛び去り、ソヴァージュ湖の東岸に到着した。ＢＨＰが確保した土地の東の境界である。彼らは最初の鉱区に杭を打ちはじめた。そして、一日で六万エーカーを確保した。その晩、グレン・トーマスが、杭打ちを手伝うためにグロワーム湖にやってきた。それから、悪天候が襲いかかってきた。

嵐がやってきて強風が吹き荒れると、キャンプはしっかりと封鎖された。男たちはテントのすきまに目板を当て、風が静まるのを待った。だが、風は強さを増すばかりだった。日が差す時間は去った。作業員はトランプに興じ、ジェニングズとトーマスは地図を検討した。六時になると、彼らは目板をはずした。作業員の一人がピックを持って表をそろそろ歩き、凍りついた食料の山からステーキを何枚か切りとった。夕食がすむと、彼らは本を読んだり、眠ろうとしたりした。発電機が、嵐に逆らうようにブーンという音を立てていた。

翌日、風が再び強くなった。テントの四方八方が大きな音を立てていた。ジェニングズは寝袋に入り、本を読もうとしていた。九時になると、夜明けの光がうっすらと差しはじめた。パイロットはヘリコプターを点検するため、そろそろと表を歩いていった。湖岸は二〇メートルほど離れており、テントからは見えなかった。ロープで固定されたヘリコプターは揺れ動いていた。荒れ狂う突風の中で、テントの壁がバタバタと音を立てた。

その強風は一時間にわたって吹きつづけた。エスカーを越え、固定ロープを吹き抜けてうなりをあげた。会話するのも難しくなってきた。ストーブの煙突が、屋根の柱環の中でガタガタと音を立てた。

そのとき突然、強力な逆気流が煙突に吹き込んで火を消した。ストーブから噴き出した煤《すす》のため、男たちは目をふさがれ、のどが詰まった。みながゲホゲホとむせび、温度は急激に下がった。ジェニングズはセーターを手で探ったが、見つからなかった。結局、彼らはどうにかストーブに再点火した。温度は少しずつ上昇し、ジェニングズとトーマスは、地図から煤を払いはじめた。

翌日、風はやみ、青空が広がった。太陽が出ると、気温は零下四〇度に下がった。ヘリコプターが飛び立ち、鉱区を確保すべき土地へ向かった。最初の区画のすみに着くと、ヘリコプターは着陸した。一人の作業員が飛びおり、杭を打ち、再び飛び乗った。ヘリコプターはすぐに離陸し、杭を打たねばならない次の地点へ突進した。杭は四五〇メートルおきに雪に打ち込まれ、それぞれ二五〇〇エーカーの区画を囲んでいった。

正午までに、天候は悪化しはじめた。二機目のヘリコプターが、杭打ちを手伝うために到着した。パイロットは、ホワイトアウト――吹きすさぶ雪のために地面の特徴がかき消され、急に方角がわからなくなる状態――を心配していたが、どうにか飛行を続けられる状況にあると判断した。そのとき、GPSがきかなくなりはじめた。突然、スクリーンが暗くなると、ディスプレー上で現在位置を示す緑の光がスクロールする。そこで、彼らは地図を広げ、眼下を流れていく白い世界を見つめた。部分的にぼんやりと見える特徴が、地図上の細かい地形と一致するかどうかを確認しようとしたのだ。

乗組員たちは杭打ちの規則を無視して、手っ取り早い方法をとりはじめた。杭は地面に打ち込まれることになっているが、慣行として次のようなことが行なわれていた。パイロットは、ヘリコプターに蝶番式の小さな窓をつけておく。ヘリコプターが適切な場所に着いたと思ったら、作業員は窓をさっと開け、杭を押し出す。それは〝エアメール式杭打ち〟と呼ばれていた。杭の打ち方が不完全な区画への権利について、あとで誰かに異議を申し立てられたとしても、その所有者はいつでもこう主張できる。クマが杭を倒してしまったに違いない、と。

二度の嵐の間に、区画地図いっぱいに鉱区が書きこまれていった。まもなく、彼らは五〇万エーカーの土地を手にした。一日だけで、一つのヘリコプターチームが、一辺が二九キロの区画を確保した。彼らは、グロワーム湖に接する九万エーカー近くの土地を手に入れた。ＢＨＰが発見した鉱区の南に、五万エーカーの確保されていない土地があるのを誰かが発見した。その全域がグラス湖の底にあったのだが、彼らはとにかくそれを確保した。そこで、資金が底をついた。

その会社の資金は、ヘリコプター、燃料、人件費などの支払いのために消えてなくなっていた。彼らは、鉱区を広げつづける資金を調達する場所が、一つだけあることを知っていた。株式市場である。だが、その冒険的事業を運営しているのは、証券取引所に上場されていない非公開会社だった。必要なのは株式会社なのだ。幸運にも、彼らの一人がそれを所有していた。グレン・トーマスのアバー・リソーシズが、トロント証券取引所に上場されていたのだ。そこで共同経営者たちは、非公開会社が所有していた鉱区をアバー・リソーシズへ移し、代価としてアバーの株を手に入れた。いまやアバーは土地の所有者となった。金融市場に次のような告知が出された。ダイヤモンドが発見された場所の近くに広大な土地を所有する株式会社が、誰でも買える株を発行する、と。だが、それを買う者はいなかった。

「薄気味悪かった」トーマスは言った。「われわれ全員が、何が起こるかと待ち構えていた。だが、何も起こらなかった。われわれは、イエローナイフが狂乱状態になると予想していた。ありとあらゆる場所に、杭が打たれるはずだった。ヘリコプターが、大挙してバレンランズへ押し寄せるだろうと思っていた。だが、そうはならなかった。イエローナイフは平穏そのものだった。ダイヤモンドのことなど、誰も耳にさえしていないかのようだった。それは、にせの戦争のようだった。デビアスもわれわれも、おのおのの土地を確保していた。だが、誰も気にしていなかった。何もかもが静まりかえっていた。すべてはペテンだと思われていたのだ。いったいどういうことだろう。われわれはこの土地をすべて手に入れたが、そこに何かがあるとは誰も思っていない。もしかしたら、彼らが正しいのかもしれないという気がしてくる」

活気のないこの時期に、トーマスの娘で、大学を出たばかりの地質学者であるエイラ・トーマスが、アバーで働くためにやってきた。当時、若い地質学者に現場の仕事はほとんどなかった。それでもエイラ・トーマスは、父親の会社でオフィスワークに喜んで取り組んだ。毎朝、彼女はバンクーバーの海岸にある古いマリーン・ビルディングの九階に出勤した。厚紙の箱から文書があふれていた。バレンランズにアバーが所有する鉱区は、一〇〇万エーカーに増えていた。エイラ・トーマスは、すべての書類を一ページずつ整理していった。エイラは背が高く、やせていて、目は青く、物腰は穏やかだった。彼女は、ほかの人びとが現地調査で集めた無秩序な証拠書類を片づけた。エイラ自身が探鉱者のように見えた。ジーンズにだぶだぶのセーターという服装で、部屋の隅には防水ジャケットが無造作に放り出されていた。書類を整理していると、バレンランズで仕事をしてすごした夏を思い出さずにはいられなかった。自分と似た人びとと、ツンドラを徒歩旅行したのだ。それでも、単調な骨折り仕事からすぐに逃れられるとは思っていなかった。地質学者として、パイプを発見するチャンスはごくわずかしかないことを知っていた。市場も、これと同じ評価をくだしているようだった。

一九九二年一月、共同経営者たちがグロワーム湖へ飛んでから、わずか二カ月後のことだった。彼

エイラ・トーマス。（マシュー・ハート撮影）

らは〝地域戦略〟をとってきた——ダイヤモンドが発見された地域に土地を確保し、市場がそれらの鉱区に価値があると判断することを期待していたのだ。だが、市場はまったく関心を示さなかった。そこで、グレン・トーマスとロバート・ガニコットは共同経営者を探すことにした。大きな鉱山会社と契約し、鉱区の共有権と引きかえに現金投資をしてもらおうというのだ。彼らは、世界最大の鉱山会社であるイギリスのリオ・ティントを選び、協定を結んだ。それは、リオ・ティントにとってきわめて有利な取引となった。契約書のインクが乾く間《ま》もなく、ダイヤモンドへの投機合戦が勃発したのだ。見えないところに集まっていた何かの力が臨界に達し、いまや轟音とともに噴き出したかのようだった。投資家はダイヤモンドの発見に気づいた。チャールズ・フィプケのダイヤ・メット株は、一株一カナダドルへ、さらに六カナダドルへと上がり、その後も上昇を続けた。

バレンランズのへりに設営された、ダイヤモンド探鉱のキャンプ。（マシュー・ハート撮影）

◆

BHPとダイヤ・メットが発見を発表した二カ月後の一九九二年一月末、ダイヤ・メットの株価は八ドルを超えた。新顔のアバー・リソーシズの株価もそれに続き、一株二五セントから一・三五カナダドルへと跳ね上がった。《ノーザン・マイナー》紙は、エクセター湖の周囲に一六〇万エーカーの鉱区が確保されたと報じた。だがこのニュースは、流されるやいなや過去のものとなった。デビアスだけで、一〇〇万エーカーの鉱区を確保していた。発見区域――ダイヤモンドがそもそも発見された鉱区を含む中核地域――自体が、いまや八五万エーカーになっていた。フィプケは、これらの鉱区をコリダー・オブ・ホープと命名すると、こんな噂を広めた。コリダー・オブ・ホープの外側で確保された鉱区に、ダイヤは埋まっていない、と。その予言は、たちまちフィプケの呪いとして知られるようになった。だが何があろうと、ダイヤモンド・ラッシュは止まらなかった。

イエローナイフでは、グレート・スレーヴ・ヘリコプターズが、保有する航空機を一三機から三〇機へと増やした。ダイヤモンド・ラッシュに加わるため、いくつものジュニアが北へ急いでいたからだ。パイロットは、はるか遠くのオーストラリアから雇われた。錫の薄板でできた探鉱標識が、鉱山記録官のオフィスから束になって出ていった。二月だけで、その数は一万一〇〇〇枚に達した。杭打ち作業員を乗せたヘリコプター部隊が、バレンランズ中に展開した。ゲームに加わったジュニアは、グレート・スレーヴ湖から北極海までの鉱区を確保した。冬季用道路――バレンランズにある遠く離れた採鉱現場との交通のため、冬の間だけできる氷の幹線道路――の交通量は増加した。ヘリコプターのパイロットは、五〇キロ離れた輸送車隊を見ることができた。冬の夜の闇を蛇行するヘッドライトの列だ。BHPは、拡大するキャンプへ補給品を急いで送っていた。新しい荷物を積んだトラックが出ていくたびに、いまやそのゲームを突き動かしている投機が増していった。

エド・シラーはチャールズ・フィプケの会社を離れ、ヤンバ湖のほとりに一二万五〇〇〇エーカーの土地のオプションを手に入れた。ヤンバ湖は、ダイヤモンドが発見された土地の北西にあった。クリス・ジェニングズも、独立して活動を始めていた。七〇万エーカーの鉱区を集めると、トロント証券取引所に上場されているサザンエラ・リソーシズという休眠会社を買い取った。彼は、その株を一株一セントで売った。数カ月後、サザンエラの株は一株一・九〇カナダドルで取引されていた。投下資本に対して一万八九〇〇パーセントの収益である。アバーの株価は、二・三四カナダドルに上がっていた。

こうしたことのすべてが、風が吹き抜けるようにバレンランズで進行した。たくさんのヘリコプターと人びとが、その風に乗って飛んだ。雪の上には、雨あられと杭が打ち込まれた。春分が過ぎ去り、北半球が太陽のほうに傾いた。北極地方の夏が駆け足でやってきた。日照時間は一〇日ごとに一時間のびた。湖の浜辺のそばに、テントが突然現われた。エイラ・トーマスも、最後の書類の束をファイリング・キャビネットに詰め込むと、バレンランズへ向かった。好調な市場から調達した資金をたっぷりと持って、アバー・リソーシズは、自社の鉱区を探査する準備を進めていたのだ。

五月、アバーはグロワーム湖のキャンプを、ソヴァージュ湖へ移した。広い砂浜のある大きな湾に面した場所なので、フロート水上機が陸に上がれるからだ。五月の末になっても、湖面は解けかかった氷で覆われていた。そこで彼らは、キャンプの裏手にあるエスカーの上に仮設滑走路を切り開いた。探鉱チームがイエローナイフに到着した。指揮をとるのは、アバー役員のリー・バーカーだった。ほかのメンバーは、エイラ・トーマス、レニ・キーオ、アメリカ人の地質学者でダイヤモンドが専門のマイク・ウォールドマン、デンマーク人で地質学を専攻する学生のビアーケ・シェーンヴァント――彼の父はロバート・ガニコットの友人だった――という面々だった。エイラ・トーマスの手荷物の一つがソアだった。オオカミの血が入った、二七キロのそり犬である。毛は白で、一方の目は青くもう一方は茶色だった。ソアは飛行機が好きで、チャーターしたオッターに地質学者たちが道具を積んでいると、よじ登って荷物の間に座り込んだ。一時間半後、飛行機はエスカーの上に舞いおり、ガタガタと揺れながら止まった。機材をキャンプまで運ぶために、ヘリコプターが待機していた。ソアはヘリコプターから飛び出すと、走りまわり、ツンドラへ突進した。

キャンプは九張りのテントからなっていた――オフィス用、調理場用、倉庫用、実験用、洗濯とシャワー兼用、そして寝室用が四張りである。テントは白いキャンバスの標準的な〝探鉱者用テント〟だった。それぞれが小屋くらいの大きさで、骨組みは木製だった。断熱性が高く、床が張られ、きちんとしたドアと石油ストーブがついていた。寝袋用に高くなった台もしつらえてあった。テントからは、ツンドラの平坦な基盤岩が湖岸へと続いていた。湖岸は、四〇〇メートルにおよぶ無垢な砂浜になっていた。

砂浜の一方の端から、細長いエスカーが湖の中をまっすぐにのびていた。冷たい水には、たくさんのマスが棲んでいた。何人かの探鉱者が砂浜で釣りをした。台所の横の小さな燻製室で、調理係が緑のホッキョクヤナギで火をおこし、釣れた魚を中の棚に置いた。到着した最初の晩、地質学者たちは調理用テントに集まり、マスの燻製を食べた。

エイラ・トーマスが初めて仕事に出た日、ヘリコプターはソヴァージュ湖の北の端に彼女をおろした。三〇キロほど離れた場所で、一機のオッターが太陽を背にきらめいた。それは、ＢＨＰのキャンプに近づいていった。トーマスはくるりと向きを変え、東へ歩いた。丘を越えると、岩石が川のようにつながっている場所を見つけた。彼女はリュックサックをおろし、掘りはじめた。バレンランズの夏は短い。誰もが、広い地域から急いでサンプルをとる必要性を理解していた。毎日、長い時間へとへとになるまで働くことになった。

バレンランズは興奮のるつぼと化していた。ＢＨＰは、ダイヤモンドを含むパイプをさらに二本発見した。株式市場アナリストとプロモーターが、バレンランズを南アフリカになぞらえはじめたのも当然だった。ざくろ石が発見されるたびに、プレスリリースを出す必要があるように思えた。地質学者たちは、長い日中の時間を徹して働くと、湖畔に寝そべって残照が消えるのを見守った。彼らは真夜中にテントに戻り、すぐに眠りに落ちた。

　ある夜、トーマスとキーオはテントの中で、ソアのクンクンという大きな鳴き声で目を覚ました。キーオがテントから首を出すと、ハイイログマがキャンプの中をうろついていた。「ソアは半狂乱だった」トーマスは言った。「ソアは私の寝袋にもぐりこもうとしたわ。外に出るように命令したけど、出ようとしなかった。結局、レニと私は、ソアをどうにか外へ押し出してドアをぴったりと閉めたの」ソアはクマを追いかけるどころか、恐怖で泣き叫び、シェーンヴァントの小さな一人用テントに突進した。「ソアはテントを壊さんばかりにして中に入ったわ」とトーマスは言った。クマはその騒ぎにうろたえ、キャンプから走り去った。ハイイログマに出くわしたとき、いつもそんなにうまく撃退できるとはかぎらない。クマは鋭い嗅覚によって、遠く離れた獲物でも探し出せる。彼らは突然姿を現わし、丘を越えて大またで走ってくるかもしれない。小型自動車くらいある動物が、馬に近いスピードで迫ってくるのだ。バレンランズでは、つねに湖がそばにある。無防備な人間は、クマの攻撃から逃れようと、あわてふためいて水に飛び込むかもしれない。北極地方の伝承には、ハイイログマが岸を行ったり来たりしている間に、湖に飛び込んだ人が体温低下で死んでしまったという話がたくさんある。

◆

　バレンランズが探鉱者であふれかえると、地質学者への圧力は大きくなった。自分たちの鉱区をライバルのそれと区別するためのニュースを流さねばならないからだ。だが、彼らの多くにとって、ダイヤモンドの地質学はなじみのないものだった。BHPは、ジョン・ガーニーやローリー・ムーアといったスター学者を抱えていた。また、既知のパイプを所有していたので、何を探すべきかを知っていた。デビアスを除き、バレンランズのどの探鉱者も、こうした専門知識を持ち合わせていなかった。アバーはBHPの怒りを買う覚悟で、この知識の差を埋めようとしていた。

アバーの地質学者たちは、上空からの調査結果をプリントアウトしたとき、バレンランズのダイヤモンド・パイプがどう見えるのかをはっきりとは知らなかった。色を強調したその図面は、キラキラ輝く星雲の地図のように見えた。赤、緑、青の膨大な斑点が、いたるところで渦や波をつくっていた。だが、どれがパイプなのだろうか？　手がかりとなる既知のパイプが必要だった。既知のパイプがある場所は、バレンランズに一つしかなかった――ダイヤモンドが最初に発見された鉱区である。彼らはポイント湖のパイプの上空を飛び、その特徴を収集することに決めた。

機材を積んだポッドがつなぎ鎖にしっかりと留められ、ヘリコプターはソヴァージュ湖から離陸した。グラス湖の東端をかすめて降下し、内陸へ急旋回すると、ポイント湖の上空を音を立てて横切った。トレーラーハウスから男たちが飛び出し、侵入者に双眼鏡を向けた。パイロットはいったん通りすぎると引き返し、再びパイプの上空を横切った。眼下の男たちが動揺しているのは明らかだった。作業は数分で終わった。機材を積んだポッドは、その小さなパイプの地球物理学的特徴を記録し、ヘリコプターに引かれてキャンプへ戻った。BHPからの怒りの手紙が、バンクーバーのグレンヴィル・トーマスのデスクに届いた。だが結局、一国の地球物理学的特徴は、誰のものでもなかった。その事件は、現場ではよくある激しいやりとりの中で目立たなくなっていった。あらゆる鉱山事業が、そうしたやりとりによって活気を帯びるのだ。

一年目の夏、アバーの任務は、有望な採掘目標を突きとめることだった。あらゆる鉱区で、指標鉱物を探して広範なサンプル採取が続けられた。その一方、上空からの重要な作業によって、数千万年にわたってクラトン中に形成された変化が解明された。上空からの地球物理学的調査によって、岩石のさまざまな特性が測定される。そこには磁気も含まれる。あらゆる岩石はある程度磁気を帯びているが、この磁気を上空から磁気計によって測ることができるのだ。スレーヴ・クラトンの花崗岩からは、単調な磁気信号が返ってくる。冷蔵庫の磁石の約一〇〇〇分の一の強さだ。キンバーライトのような、クラトンへのもっと新しい貫入岩は、わずかに高い度数を示す。だが、これらの磁気の違いは非常に小さいので、探知できないこともある。そこで、単純な磁気のほかに、上空からの地球物理学的調査によって電磁気を測定するのだ。

電磁探査（ＥＭ）によって、岩石の抵抗率――電流の流れにくさの度合い――を正確に測定できる。ポッドの中の送量装置から、異なる周波数で地中に電流が送られる。信号が返ってきたとき、ＥＭ装置は減衰、すなわち信号が弱くなった程度を記録する。変則的なデータは目立つため、親岩石に侵入した新しい岩石の存在が明らかとなるのだ。

新しい岩石が古い岩石を貫いていることのもう一つの手がかりは、磁気の方向である。真北――それが北極にあるのは言うまでもない――とは違い、磁北は時間とともに移動する。磁北と真北は決して同じものではない。磁北は、地球の中心核で絶えず変化している電流に反応して位置を変える。この変化は、地表の磁場の強さと方向に影響を与える。新たに貫入する溶岩が地殻を貫くとき、新しい岩石は、そのときの磁極の位置にしたがって磁気を帯びる。その中の鉱物粒のうち磁化率の大きいものは、磁極に向かって直線的に並ぶだろう。この岩石が冷えて固まるとき、それらの鉱物粒はそのまま固定される――文字通り、時間の中に閉じ込められるのだ。それらの鉱物粒は、向いている方向によって周囲の岩石から永遠に区別される。地質学者は、これを顕微鏡で発見できる。

地質学者たちは毎日、鉱区に関する知識を増やしていった。地上では、広い範囲からサンプルを集めた。そんなある日、驚くべきものが発見された――他人の杭が打ってあったのだ。標識を調べると、フィプケのものだとわかった。フィプケはアバーの土地の、ある区画全体に、アバーより前に杭を打っていたのだ。ところが、理由はわからないが、彼はその鉱区を鉱山記録官に登録してもらっていなかった。「雪が解けるまで、彼がその土地に杭を打っていたことをまったく知らなかった。だから、その夏の計画を進め、作業にとりかかり、その杭を発見したのだ」グレン・トーマスは言った。「彼がなぜ登録しなかったのかわからない。もしかしたら、資金が尽きたのかもしれないし、あるいは十分な土地を確保したと思ったのかもしれない。彼は、われわれが杭を打つことに異議を唱えなかった。これについて、争いはまったくなかった。われわれがその鉱区を確保することを、彼が望んでいたとは思わないが」

驚くべきことに、鉱区の争奪合戦においていざこざはほとんどなかった。張り合っている地質学者たちが、ときどきイエローナイフで会合し、目標とする鉱区を知らせ合っていたのだ。おたがいの土地に杭を打たないようにするためである。それでも、ちょっとしたペテンの伝統はカナダの採鉱の特徴であり、ヒーローの多くが愉快で怪しげな評判をとっていた。酒場には、もっともらしい鉱区地図がわざと残されていると言われている。探鉱者たちは、わくわくする与太話を敵に〝盗み聞き〟させる。夜になると、ライバルのドリル小屋からコアを盗んだり、土をかすめとったりする。おたがいの様子を、上空からつぶさに観察する。これが、鉱物をめぐる戦いの実態である。一九九二年の夏のある日にグラス湖で始まった事件には、こうした背景があった。その日、アバーの地質学者の二人組があるエスカーにのぼり、目標に狙いを定め、銃を撃ちはじめた。

「ソアは湖に沿って走っていった」エイラ・トーマスは思い出す。「銃声におびえてしまったのよ。それから、三日間戻ってこなかった。もうだめだ、オオカミにやられてしまったのだと思ったのは確かね。もしかしたら、メスにくっついて、群れに連れていかれてしまったのかもしれない。それで一巻の終わり。ソアは以前、オオカミと仲よくしていたことがあったわ。でも、オオカミのことだから、どうなるかはわからないもの」

四日目、エクセター湖のフィプケのキャンプから、無線で連絡が入った。犬を探している者はいないかという。いると答えると、その犬はオオカミに似ているかとたずねられた。そう、その犬だ、と返事をした。

発砲におびえ、ソアはソヴァージュ湖の東岸を走っていった。走りつづけた。走って走って、湖の北端にまで達した。そこをまわると、今度は対岸に沿って南下しはじめた。フィプケのキャンプに到着したときには、約一〇〇キロを移動していた。湖岸沿いを、長い足で大またに走ってくるソアを見て、キャンプの人びとは最初オオカミだと思った。だが、オオカミは人間を恐れる。テントにつくまでに、それが犬であることは彼らにもわかった。へとへとになって腹をすかせたソアは、まっすぐに調理用テントへ向かった。青と茶の目を持つ愛想のいい犬のことで、キャンプは大騒ぎとなった。ソアはすっかり落ちついた。当然の成り行きとして、その犬はどこから来たのだろうという話になった。ソアは、ウェスト・バンクーバー市の鑑札をつけていた。キャンプの人びとは、その市の許認可部に電話し、ソアの鑑札番号をつけた犬がいなくなったという報告があるかをたずねた。市当局は記録を調べるとエイラ・トーマスの母親に電話し、犬がいなくなったかどうかをたずねた。彼女は、ソアはノースウェスト・テリトリーズに、娘のエイラと一緒にいると答えた。市はこの情報をフィプケのキャンプに伝えた。キャンプの人びとは、それを聞いてがっかりした。ソアは食料のかなりの部分を食べてしまっていたし、彼らになついていた。仕方なく、彼らはアバーのキャンプに電話した。

トーマスは、すぐにヘリコプターに乗って犬を迎えにいくと申し出た。フィプケのキャンプはそれを断わった。すべてはアバーが仕組んだことで、ライバルのキャンプをもっと近くで見ようという魂胆ではないかと疑っているらしかった。そのかわり、彼らは犬を飼っておこうと申し出た。トーマスが返してほしいと言い張ると、彼らはソアを飛行機に乗せ、イエローナイフへ送った。ヘリコプターに乗れば、アバーのキャンプからフィプケのキャンプまでは五分の距離だった。だが、ソアは六四〇キロの往復旅行をして戻ってきた。この事件は、全国放送のラジオを通じて愉快げに報道された。ソアは、北極のスパイ犬として少しの間有名になった。

一九九二年の夏が幕を閉じた。ダイヤモンドゲームのプレーヤーたちは、有頂天になっていた。BHPはプレスリリースを出し、新しいパイプを九本発見したと発表した。そのニュースは、熱気あふれる市場に迎えられた。ヨーロッパの銀行と関連を持つあるグループは、顧客への報告書の中で、カナダのダイヤモンド鉱山はボツワナのそれに匹敵するかもしれないと推測した。ダイヤ・メットの株価は、二〇カナダドルに上昇した。一カ月後、アバーは目標としていた八カ所の区画を採掘し、七本のパイプを発見した。市場は狂乱状態に陥った。ゲームに資金が流れ込んだ。ロンドンのある証券会社の報告書では、ダイヤモンドが発見された鉱区だけで、二〇億カナダドルの価値があるとされていた。この情報に舞い上がった市場アナリストたちは、次のように断言した。グラス湖の地下に眠るダイヤモンドには、九〇億カナダドルの価値があり、カナダは世界の宝石用ダイヤモンドの産出量の三分の一を毎年生産しつづけるだろう、と。この主張によって、誇大広告は最高潮に達した。

年が明けて一九九三年、目標の鉱区を調査する必要性が増し、歓喜は少しずつ静まっていった。鉱区の争奪合戦をしていた頃の浮かれ気分は去った。数カ月が経過し、いまや投資家は次のことを思い出していた。採算のとれるだけのダイヤモンドが、パイプに含まれる可能性は低いのだ。そのうえBHPは、ライバルとは比較にならないほど次から次へとパイプを発見し、キャンプを建設していた。そのキャンプは大きく、人びとが忙しそうに動きまわっていた。BHPは、骨の折れる重要な作業を始めていた。大量のキンバーライトを抜き取り、ダイヤモンドを数え上げ、鉱山が立ち行くかどうかを評価するのだ。この巨大プロジェクトとくらべると、ジュニアの奮闘も見劣りがした。グレン・トーマスは、自分の会社の地位を強化するにはどうすればいいかを考えた。

彼は、DHKという頭文字で知られるジュニアのグループと、合併を試みることにした。アバーは多くのパイプを持っていたのに対し、DHKの目標地点は一つだけだった。ただし、重要な違いがあった。DHKの土地からは、すでに最も有望な指標鉱物が発見されていたのだ——ダイヤモンドである。リオ・ティントはDHKの代表出資者であり、いまやそのジュニアの目標地点に夢中になっていた。アバーは、やや目立たない存在になっているように思えた。状況をさらに悪くしたのは、アバーの上級地質学者が辞職し、クリス・ジェニングズの下で働きはじめたことだ。ジェニングズは、リオ・ティントおよびDHKグループとつながりがあった。アバーの勢いがこうして落ち込んでいるとき、エイラ・トーマスが立ち上がった。二十四歳のエイラが、主任地質学者に任命されたのだ。

◆

一九九四年三月、エイラ・トーマスは、バンクーバーに短期間滞在したあと、グラス湖に戻る途中だった。アバー・リソーシズは、冬季用道路に面した場所にキャンプを移していた。飛行機の窓から見下ろすと、輸送車隊のヘッドライトが、湖から湖へうねうねと進んでいくのが見えた。その年、道路の交通量は多かった。BHPが、イエローナイフから建設資材を運んでいたからだ。北を向くと、無秩序に広がるBHPのキャンプの光が、夜の広大な闇の中で輝いていた。やがて、飛行機が傾いて方向転換した。パイロットは着陸パターンの照明に機体をまっすぐに向けると、湖におりた。プロペラの後流によって、一面の雪が激しく舞い上がった。ブレーキをかけるため、機長がプロペラの角度を逆転させたからだ。飛行機は氷上からスロープへと乗り上げ、テントと鉄製のキャンプ用トレーラーハウスの横に停止した。

その暗い冬の朝、一つの目標地点がトーマスの心を占領していた。A‐21と呼ばれる、地球物理学上の特異点である。それはグラス湖の底にあった。冬季用道路から西に二四キロの場所だ。近くの島にある指標鉱物の列から、その起源が湖の中にあることがわかった。目標地点はそこに眠っているのだ。だが、その場所を掘る前に、トーマスはある脅威に立ち向かわねばならなかった。それは彼女が新たに手にした独立、そして——彼女が見るところ——アバーにも迫っていた。DHKとの合併である。

リオ・ティントはDHKグループの目標地点にますます入れこむようになっていた。それは、二本のパイプがつながった土地だった。地元のトグリブ語でトリ・クウィ・チョ、つまり〝犬の金玉〟

冬季用道路。（マシュー・ハート撮影）

と呼ばれる湖の底にあるのだ。そのパイプに、マイクロダイヤモンドが含まれていた。最初のサンプルに大感激したリオ・ティントは、五〇〇〇トンという大量のキンバーライト・サンプルを、ただちに採取することに決めた。通常であれば、もっと慎重に、少量のサンプルから大量のそれへと段階的に増やしていくところだ。リオ・ティントは何とかBHPに追いつきたがっている、というのが一般的な見方だった。BHPはすでに大きな選鉱工場を建設し、キンバーライトを粉砕してダイヤモンドを取り出そうとしていた。ライバルとの差を埋めようと、リオ・ティントは向こう見ずに突進した。DHKは選鉱設備の部品を飛行機でイエローナイフに送り、そこで組み立てなおした。トリ・クウィ・チョからキンバーライトを集めるため、鉱石運搬車に冬季用道路を北へ急がせた。株式市場では、リオ・ティントは、自社がしていることを理解しているとみなされた。投資家は、DH

磁気計を使って、目標とするパイプの位置を正確に示す。グラス湖にて。
（アバー・ダイヤモンド・コーポレーション提供）

Kを構成するジュニアの株価をせりあげた。

対照的に、アバーの株価は停滞した。グレン・トーマスがDHKとの合併を申し出たときの状況は、こんな具合だった。

その申し出について話し合うため、DHKの二人の大株主が、冬季用道路に面したキャンプにやってきた。エイラ・トーマスは、A-21の将来性を、精一杯印象づけようとした。彼女は、その島で採集したG10のサンプルを持っていた。だが、ライバルの探鉱者たちはトーマスの話にほとんど耳を貸さず、そのサンプルに見向きもしなかった。彼らは、その目標地点が巨大な湖の底にあることを指摘した。小さな湖とは違って、採鉱のために水を抜くことはできないのだ。彼らは、合併の申し出を受け入れずに帰っていった。

いまや、エイラ・トーマスにとってレースの形がはっきりした。父の会社を存続させるために、競争しなければならない。グラス湖では、リオ・ティントとつながりがある人びとの間に、アバーと他社との合併に好意的な空気が流れていた。またトーマスは、父親が合併交渉を続けることを知っていた。さらに、アバーに不利な条件でのみ、合併が進められることもわかっていた。DHKは、ダイヤモンドの発見と市場投機によって非常に勢いづいていたし、リオ・ティントの期待に支えられていたからだ。一方アバーが持っていたのは、深い湖の底の目標地点と、一握りのざくろ石を手にした二十四歳の女性の信念だけだった。

グラス湖でのエイラ・トーマスの戦友は、ロビン・ホプキンズだった。トーマスと同じく、世界で最も熱気あふれる鉱山ゲームの真っ只中に放り込まれた若い地質学者だ。二人は計画を立てた。一日二四時間、一二時間交替でA‐21を掘るのだ。ヘリコプターが往復して、交替要員を運ぶことになる。トーマスは島へ飛ぶと、ドリル孔の位置を決めた。ヘリコプターが、ドリルの部品を氷上におろした。ドリル小屋が建設された。四月二十七日の未明、彼らはグラス湖の極寒の深みにドリルを送り込んだ。

最初、湖底で固まった泥の厚い層がドリルを詰まらせた。ドリルの刃が泥を突き抜けるまで、数時間かかった。泥の下には、巨礫が散在する砂利が横たわっていた。トーマスとホプキンズはキャンプに戻った。一二時間後、ヘリコプターが交替要員を運んでくると、二人はドリルに戻った。その間に、ドリル工は表土の砂利に穴を開け、目標地点にドリルを貫通させていた。いまやドリルを逆回転させ、砂利、泥、グラス湖の水を通り抜けてコアを引き上げはじめた。泥だらけでずぶぬれのコアが小屋の中に上がってくると、トーマスとホプキンズはドリル工からそれをひったくり、表に走り出た。コアを吟味したとき、二人は胸がわくわくした――黒く、もろく、美しく、雑然として、水浸しの、細長いキンバーライトだ。

だが、それにダイヤモンドは含まれていたのだろうか？　ドリルは、キンバーライトの最上部の数メートルを辛うじてかきとったにすぎない。より質の高いサンプルを待たなければならないだろう。彼らは、交替する作業員とともにキャンプに戻った。コンピュータ・テントで数時間をすごし、残りの目標地点について検討した。もはや待ちきれなくなると、スノーモービルに飛び乗り、丘をくだってグラス湖へと疾走した。轟音を立てて氷上を突っ走った。

ドリル小屋までは二〇分の道のりだった。到着すると、二人はコアを〝引き抜く〟ように命じた。ドリルはさらに深く、さらに固いキンバーライトに入りこんでいた。トーマスとホプキンズは一本の細長いコアを表に持ち出し、岩石用ハンマーで砕いた。金鉱夫が使う選鉱鍋に水を入れ、粉砕したキンバーライトに水をかけて洗った。軽い鉱物が浮き上がると捨て、重い鉱物が底に残るまで続けた。鉱物粒を指で広げると、パイロープの深い紫色が見えた。そのサンプルには、指標鉱物が豊富に含まれていた。

その後、ドリル工が三度交替する間に、約一八〇メートルのコアがたまった。コアが引き上げられるたび、長く蓋のない木製のコア・ボックスに注意深く収められた。地質学者たちは、コアをひもできちんと固定し、表に引きずり出し、スノーモービルにつながれた木製のそりに箱を縛りつけた。彼らはすべてのサンプルを、一箱ずつキャンプに引っぱっていった。安全な場所にそれらを置くと、トーマスとホプキンズはコア・テントへのドアを閉め、記録をとりはじめた。それぞれのコアの外観を記していった。彼らはコアを縦半分に割った。飛行機で輸送するサンプルを選ぶための標準的な方法だ。同時に、荷物の重量を半分にできる。コアを割るたびに、さらに多くの指標鉱物が見つかった。彼らは夜を徹して働いた。一本のコアを片づけ、次にとりかかるたびに、二人の興奮は高まっていった。マイクロダイヤモンドを見つけようとしたが、それはあきらめた。「仮にダイヤを見ても、おそらく識別できないだろうと判断したんだ」ホプキンズは言った。「ダイヤではないかと思って選び出したもののほとんどは、透明な白雲母だとわかったから」

結局、二人は割ったコアを二〇キロ選ぶと、バケツに入れ、次の飛行機でイエローナイフに送った。そこから、コアはオンタリオ州の研究所へ急送され、巨大なやかんの中で酸性薬剤で煮立てられることになる。焼灼《しょうしゃく》融解と呼ばれるその工程によって、柔らかい岩は破壊され、重い鉱物が残るのだ。飛行機がキンバーライトを積んで飛び立つと、トーマスは父に電話した。

「お父さん、合併の話はどこまで進んでいるの？」

「どうしてだい？」グレン・トーマスはたずねた。

「だって、私はこのパイプを気に入っているんだもの。私たちは、ここにすばらしいパイプを持っているのよ」

オンタリオ州からの調査結果を待つ間、エイラ・トーマスとホプキンズは、昼間の気温が急速に上昇しているのに気づいて愕然とした。ときには、温度計が摂氏零度を記録することもあった。湖岸に沿って氷が解けはじめ、垂直に細長い破片に割れるようになった。北国の人びとは、それを〝ろうそく〟と呼ぶ。太陽の下で湖が次々に目を覚ましはじめると、ろうそくとなった氷のたてるチリンチリンという聞きなれた音が、バレンランドの大地に響いた。トーマスは、ろうそくのチャイムは、氷を足場として使える時期が終わりつつあることを知らせていた。トーマスは、できるうちにもう一つの目標地点を掘ることにした。ドリル工は道具を分解し、北へ運び去った。

二日後、オンタリオ州から待ちに待った電話が入った。技術者たちは、送ったサンプルから二〇個のマイクロダイヤモンドを取り出していた。毎週つけている記録の無味乾燥な散文で、トーマスは次のように書いた。「Ａ‐21は、〔夏に採取した〕漂礫土《ひょうれきど》のサンプルから抽出されたキンバーライト指標鉱物の供給源である可能性が大きいと思われる。化学的分析によって、そこにダイヤモンドが含まれることが示されるはずだ」化学的分析は実際にそのことを示した。市場はそのニュースに飛びつき、アバーの株価は、一日で四カナダドルから六カナダドルへと跳ね上がった。

いまや、アバーの主任地質学者の前に難題が立ちはだかっていた。ＤＨＫとの合併の可能性は、まだ消えたわけではなかった。Ａ‐21のサンプルの分析結果がよかったからといって、アバーに対する市場の興味が長つづきすることはないだろう。そのパイプの価値を揺るぎないものとするには、キンバーライトのサンプルをもっと大量に採取するしかない。だが、日を経るごとに、気温は危険なほど上がってきていた。丘の頂上や南向きの斜面では、雪が解けはじめていた。グラス湖の表面は、スポンジのように柔らかくなっていた。トーマスとホプキンズはそうした状況を目にし、二つの危険な決定をした。より大量のサンプルを抜き取るため、従来のものより重く、直径の長いドリルをＡ‐21の上に大急ぎで設置する。同時に、湖中央の目標地点に移してあった軽いほうのドリルを引き抜き、岸の近くに運ぶ。双子パイプのように見える目標地点の上である。

ドリル工は尻込みした。氷の上にはすでに水がたまっていた。重いドリルを使うのはもちろん、採掘自体をやりたくなかったのだ。トーマスは断固として譲らなかった。おそらく、ドリル工のように荒っぽく向こう見ずな男たちが、女につきつけられた挑戦を断わるのは難しいことを理解していたのだろう。現場監督はトーマスの要求を受け入れた。ヘリコプターがやってきて、重いドリルをＡ‐21の上におろした。ドリルを設置しおえたときも、氷の状態はさらに悪くなっていた。水がドリル小屋にぶつかるピチャピチャという音を聞きながら、彼らは氷と水を通して大きなドリルをパイプに差し込むと、キンバーライトを採取しはじめた。

A‐21にドリルをおろすやいなや、ヘリコプターは軽いほうのドリルの部品を新しい目標地点に運んだ。A‐154である。リオ・ティントはこの目標地点が気に入らず、そこを掘ることに賛成しなかった。だがトーマスは、アバーの事業の指揮権を握っていた。上空からの地球物理学的調査によれば、そこには対になったパイプがあるのだ。氷の上の水が深さを増し、冬の採掘シーズンもまもなく幕を閉じようとしていた。トーマスとホプキンズは、二つの特異点の真中に穴を掘ってみることにした。何とかして、ここでもダイヤモンドを発見したかった。アバーの採掘予算が、もはや限界に近づいていたからだ。A‐21で得られた成果を補強してくれるものがあるとしたら、二本のパイプがそれだろう。

彼らは的をはずした。ドリルは二本のパイプの間にまっすぐおろされたが、二日間の採掘のあと花崗岩にぶつかった。トーマスは二つめの穴を掘るかどうかの決断を迫られた。このときまでに、ドリル小屋は水びたしになっていた。小屋のまわりにたまった水が、はけることはない。ドリルの周囲では、水の深さはひざまであり、氷は危険なほど柔らかかった。現場監督は、この状況は好ましくないので、ドリルを引き抜いて岸に上がるべきだとトーマスに言った。さらに、リオ・ティントのことも考慮しなければならなかった。リオ・ティントは、代表出資者として探鉱コストのほとんどを負担していた。探鉱を制限するいくつかの協定があり、その一つが次の規定だった。一度目の採掘で成果があがらなかった目標地点に、第二の穴を掘ることを禁じる。採鉱すべき目標地点は数十もあったし、バレンランズでは一つの穴を掘るのに二万カナダドルかかることもあった。だが、トーマスは南に第二の穴の位置を決めた。ドリル工は、しぶしぶそれを了解した。彼らは水の中をバチャバチャ歩いていくと、肝をつぶしながらも、再びドリルを設置した。

ドリルは表土の砂利をすぐに突破し、巨礫層に入った。ドリルが停止し、囲いの鋼管がたわんだ。ドリル工はそれを引き上げ、鋼管を取り換えると再びおろした。強引に掘り進もうとすると、ドリルから黒い煙がボッボッと立ちのぼった。最初の交替時間が過ぎた。五月末の太陽が、彼らの頭上で輝いていた。ロビン・ホプキンズは、ドリルの上空を飛行したとき、その重さで氷が沈み込んでいたのを覚えている。まるで湖の表面全体が、ゆっくりとだが否応なく、重い機械のためにできたヌルヌルのくぼみに引きずり込まれているかのようだった。いまや、氷のない水面が湖岸沿いに広がっていた。そこで発生した土手状の霧が流れ、ドリルを覆い隠していた。再び交替時間となったとき、霧があまりに深くなっていたため、ヘリコプターはA-154に着陸できなかった。ドリル工は、ますます増えてくる水の上で二四時間ぶっつづけで働いた。やがて霧が晴れ、ヘリコプターが救援におりてきた。

ホプキンズは、交替要員とともにやってきた。彼は、水の中を歩いてコア・ボックスを点検しにいった。それらは角材の上に高く積み上げられ、池と化した水につからないようにされていた。最初の箱に目を凝らすと、キンバーライトがつまっていた。それから、キンバーライトに指標鉱物が点在しているのが見えた。次の箱のコアには、もっと多くの指標鉱物が含まれていた。そして、その次の箱にはさらに多くの。「私はサンプルをとりながら、ポケットをいっぱいにしていった」とホプキンズは言った。キャンプに戻ると、彼はまっすぐに台所へ向かった。そこで、トーマスがお茶をすすっていた。彼女はむっつりしていた。その日、ドリルを氷から引き抜かなければならないことを知っており、仕事を切り上げる腹を固めていたのだ。ホプキンズは、彼女が座っている場所へ歩いていった。

「私は作業着の下からコアを一つ一つ取り出しはじめた。一つ出すたびに、エイラの顔は輝きを増し

エイラ・トーマス。1999年、グラス湖の底に通じる立坑の前で。それは、彼女が発見したパイプ―― A-154 ――からサンプルをとるために掘られた。（マシュー・ハート撮影）

ていった。やがて、彼女は跳ねまわらんばかりに大喜びした」

ドリル工が掘削装置を大急ぎで解体し、氷から引き抜くと、トーマスは父に電話した。A‐154での発見のニュースを聞きつけ、アバー副会長のボブ・ヒンドソンと、カナダにいるリオ・ティント上級役員のジョン・スティーヴンソンが、コアを検査しにキャンプへやってきた。ホプキンズ、トーマス、それにリオ・ティントの二人の地質学者とともに、彼らはテントに閉じこもり、コアをつついて穴をあけはじめた。全員が高揚した気分で、見つかるに違いないダイヤモンドの大きさについてジョークを飛ばし合った。そのとき、一片のコアの折れた端を調べていたホプキンズが、とりわけはっきりとした三角形のくぼみを発見した。彼はすぐに、片割れのコアを探した。探し出してみると、二つのコアの割れ目がぴったりとかみ合った。二つめのコアには、くぼみをつくった結晶が出っぱっていた。それは、以前に発見した白雲母に見えた。ホプキンズは、親指の爪でその結晶にひっかき傷をつけようとしたが、できなかった。見上げると、トーマスが食い入るように見つめていた。「まさか」ホプキンズはささやくように言った。彼は結晶がはまりこんだコアを、リオ・ティントのバディー・ドイルに手渡した。ドイルはそれを見つめた。「信じられない」と言うと、彼はそれをトーマスにまわした。彼女はコアを手にとると、じっと見つめた。二カラットのダイヤモンドの結晶面が、光を反射していた。

テントは大騒ぎとなった。「このことを誰にも言ってはならない！」キャンバスのテントの中で、スティーヴンソンは大声を上げた。彼の歓呼の声がキャンプ中に響き渡った。探鉱者たちは意気揚々としていた。コアの中に、目に見えるダイヤモンドが発見されるのはきわめてまれである。テントの中の誰もが、立坑から直接引き抜かれた岩石に、目に見えるダイヤモンドが入っていたなどという話は聞いたことがなかった。二カラットのダイヤモンドとなればなおさらのことだ。スティーヴンソンは、キャンプを封鎖するよう主張した。許可なくキャンプに出入りできなくなるのだ。ボブ・ヒンドソンは、コアが置いてあるテントとコンピュータ室の鍵を換えるよう命じた。最後の措置として、彼らは電話による通信を停止した。トーマスはまず父に電話したかったが、スティーヴンソンは耳を貸さなかった。盗聴されるかもしれないからだ。トーマスは、コアを父に見せるため、現物をバンクーバーへ持っていくことにした。スティーヴンソンはそれにも反対した。しかしトーマスは唇を真一文字に結び、持っていきますと言った。

その夜、彼女は枕の下にコアを敷いて寝た。朝になると、ボブ・ヒンドソンとともにイエローナイフに飛んだ。そこからカルガリー行きの飛行機に乗り、さらにバンクーバー行きに乗り継いだ。バンクーバーへ向かう途中、父に電話して空港まで会いに来てくれるよう頼んだ。グレン・トーマスは、風邪を引いているからあとで会いに行くと言った。エイラ・トーマスは頑として譲らず、とうとうグレンは、ヒンドソンの家で二人と会うことを承知した。グレンが到着すると、娘は腕をとって中へ入れた。ソファに座らせると、ブランデーのグラスを持ってきた。そして、バックパックから一本のコアを取り出し、父のひざに置いた。彼女はグレンにレンズを手渡し、ダイヤモンドを指差した。彼はその石に指で触り、レンズを通して見た。それから、娘を見上げた。彼女は満面の笑みを浮かべていた。彼はもう一度コアに目を落とした。

「嘘だろう」とグレンは言った。

エイラ・トーマスは言った。「本当よ」

◆

エイラ・トーマスは、世界で最も良質なダイヤモンド・パイプ群を発見した。近くにあるトリ・クウィ・チョのパイプからは、所有者が期待していた成果は得られず、DHKは多かれ少なかれ落ち目となった。一方、トーマスがグラス湖の底に発見したパイプは、約一億三八〇〇万カラットのダイヤモンドを含んでいる。その鉱床は二〇年にわたって鉱山を支え、市場に年間四億ドル相当の原石を供給するはずだ。

6　古いカルテルの終焉

グラス湖の底に横たわるパイプの資源が豊富だったため、デビアスのダイヤモンド・カルテルに対する脅威は増した。カルテルが支配力を持たない国に、大きなダイヤモンド鉱山が現われたからだ。いくつかのパイプを深く掘ってみると、巨大な供給源の輪郭が浮かび上がってきた。数年のうちに、バレンランズで産出される宝石用ダイヤモンドの額は、世界の年間供給額の約一五パーセントを占めることになるだろう。それだけの量がカルテルと無関係に市場に出れば、デビアスの権力の土台は崩壊する。ダイヤモンドの価格を操作する力が、失われてしまうからだ。さらに事態が進展する可能性も、しきりに議論されていた――リオ・ティントとBHPが独自のカルテルを形成し、世界最大の市場である合衆国へ高級品を直接おろすことになるかもしれない、と。

そうした憶測は、ダイヤモンド業界の日々の糧である。人びとは最も奇怪な噂に飛びつき、それについて詮索する。ダイヤモンド・カルテルは商業機構であるばかりでなく、商品について考える際の枠組みでもある。その原理を受け入れる人びとにとって、カルテルは専制的な支配者である。その支配力がなければ帝国の国境は消滅し、タタール族が突撃してくるだろう。彼らは統制下にない原石が入った危険な袋を振りまわし、特売価格でそれを路上にばらまくのだ。「率直に言って」かつて、アントワープのあるディヤマンテールは原石の包みを脇へ置き、紙パッドをピンセットでトントンたたいて自分の言葉に注意を向けさせた。「私はデビアスが嫌いだ。知りたいなら教えるが、私はデビアスが嫌いだ。だが、彼らが事業をやめてしまったら、突然デビアスがなくなってしまったら、このオフィス全体を、ここにあるすべてのものを私はあなたに譲るだろう」彼は立ち上がって手を振りまわした。怒りのために、表情は険悪になっていた。人びとは仕事の手を止めて彼を見た。「彼らがいなくなってしまえば、こんなものには何の価値もないからだ！　オフィスも、商品も――何もかも！金庫を開け、全部持っていくがいい！」

その男の憤りの一部は、無力感の産物だったのだろう。デビアスのほかの顧客と同じように、彼はその会社による冷酷な支配に耐えていた。原石の主要な供給者として、デビアスが顧客を支配するのは避けられなかった。この農奴制によって呼び起こされる感情のおかげで、カルテルは、実際の力はもちろん想像上の力も手にしていた。カルテルの実際の力は十分に大きい。その顧客のほとんどは、デビアスがダイヤモンドの供給を止めれば消えてしまうだろう。こうした力があまねく浸透していたため、業界の人びとの頭の中で、その会社は実物よりも大きな存在となっている。その結果、デビアス抜きのダイヤモンド業界を想像することは、知られている地の果ての先の航海を考えるのに等しい。かのディヤマンテールのように、多くの人びとはオッペンハイマーとその廷臣をこうみなしている。彼らは絶対君主である一方、国境の安全を守ってくれているのだ、と。

南アフリカでも、デビアスとダイヤモンド・カルテルへの見方に影響されて、人びとは似たような想像をしていた。サー・アーネスト・オッペンハイマーによってつくられた構造――アングロアメリ

トーキョー・セイファラ。（トランス・ヘックス・グループ提供）

カン、デビアス、オッペンハイマー家の三者が株式を保有し合って密接な関係をつくり、外部からの侵入を不可能にする——が国家経済の中心に陣取り、それを支配していた。一九九四年にアパルトヘイト体制が崩壊し、アフリカ民族会議（ＡＮＣ）が政権を握ったとき、次のような疑問がわいたのも当然だった。主要な経済活動を牛耳る、この巨大な資本の塊に何が起こるのだろう。黒人に経済的権利を与えるというＡＮＣの計画によって、ダイヤモンドの完全支配は崩れるのだろうか？　こうした憶測がなされる中、有能でカリスマ的な一人の黒人がダイヤモンド業界に飛び込んだ。

トーキョー・セイファラは、黒人解放戦争の古参兵だった。一九七五年、二十二歳のセイファラは、ゲリラとしての訓練を受けるためソ連へ向かった。翌年、南アフリカに戻るとすぐに警察に捕まってしまった。セイファラは、ロッベン島――ケープタウンのテーブル湾に浮かぶ島で、悪名高い政治犯収容所がある――で一三年間の獄中生活を送った。彼の独房は、狭い廊下をはさんでネルソン・マンデラのそれと向かい合っていた。白人政権崩壊後の一九九四年の選挙で、セイファラはANCを選挙で大勝させた。彼はハウテング州――南アフリカの政治・経済の中心地で、ヨハネスバーグやプレトリアがある――の知事になった。セイファラは、恐れ知らずで派手な行動に出るタイプだ。かつて一人の白人警官を救うため、怒った黒人の群衆の中に割り込んでいったことがあった。

一九九八年、セイファラは政治にうんざりしていた。黒人の地位向上のための困難な戦いは、いまや別の場所にあると判断した――ビジネスの世界である。ヨハネスバーグ証券取引所に上場されている株式のうち、黒人が保有する株は六・五パーセントにすぎなかった。セイファラは、その数字でさえ大きすぎると思った。株の一部は白人と共同で保有されていたからだ。適正な数字を割り出せば、二パーセントがせいぜいのところだろう。「その二パーセントを」彼は強い口調で言った。「人口の九〇パーセントで保有しているのだ！」セイファラは知事をやめ、ビジネスの世界に入った。

彼がその決意を発表すると、白人の企業から多くの申し入れがあった。なかには、取締役として名を連ねるだけで高収入を手にできるという話もあった。彼はそれらをすべて断わった。ヨハネスバーグ郊外のホートンにある自宅に閉じこもると、黒人が力を得ている業界に見られるパターンを研究した。黒人は、マスコミと情報技術産業に急速に流入していた。また鉱山業界にも入りこみ、有利な信用取り決めを利用して、大企業でかなりの株を保有できる地位を手にしていた。その取り決めは、非公式ながら明確に同意された権限付与協定によって規定されていた。セイファラは、こうした動きに一つの大きな隙間があることに気づいた。ダイヤモンドである。

セイファラの見るところ、南アフリカの商業ばかりかその国の精神においても、ダイヤモンドは特別な地位を占めていた。それは神秘的崇拝の対象だった。南アフリカでは、その神秘性は権力の観念としっかり結びついていた。ダイヤモンド業界の頂点に座っているのは、オッペンハイマー家だった。南アフリカで最も富裕な一族である。ダイヤモンドの王として、彼らはダイヤモンド王国を支配していた。そこは権力の宿る場所であり、セイファラは権力が欲しかった。

彼はすばやく動いた。政界から引退して一年足らずのうちに、オレンジ川の中流に沿った、一群の沖積層に狙いを定めていた。もう一人の黒人実業家ワイズマン・ンクフルとともに、セイファラはそれらを所有する企業と交渉を始めた。バーニー・バーナートによって設立された鉱山会社の後身である。その会社がダイヤモンドを産出する土地の保有権を売却し、金に集中したがっていることを、セイファラは知っていた。セイファラとンクフルは資金を調達し、ダイヤモンドを含む土地の支配権を握った。セイファラは会長に就任した。そのとき彼が手に入れた土地は最高級のダイヤを豊富に含んでいたが、面積は狭かった。次の目標は規模の拡大だった。

セイファラは、ヨハネスバーグ郊外のローズバンクに桃色の邸宅を購入し、ムヴェラファンダ・ダイヤモンドのオフィスを開設した。家の周囲は庭園になっている。きれいな砂利が敷かれた小さな駐車場で、紫色のダイムラーが鮮やかに光っている。芝生はゴルフ場のグリーンのようになめらかだ。家の中の部屋は並はずれて広い。床に敷かれた幅の広いマホガニーの板は、ピカピカに磨かれている。セイファラの広大なオフィスは、その大邸宅の最上階の半分を占めていた。

一九九八年末、彼はケープタウンの投資銀行と契約し、ダイヤモンドの採鉱地を拡大するための戦略を策定した。彼は、パートナーとなる可能性のある企業を四つ選んだ。ナミビアン・ダイヤモンド

・コーポレーション（Ｎａｍｃｏ）、オーシャン・ダイヤモンド・マイニング（ＯＤＭ）、ベンゲラ・コンセッションズ（Ｂｅｎｃｏ）、トランス・ヘックス・グループである。四社を合わせると、それらの企業が持つ採鉱免許は、ナミビアと南アフリカの広大な沿岸地域をカバーしていた。ＯＤＭとＮａｍｃｏは海底から着々と利益をあげており、トランス・ヘックスは、オレンジ川の沖積鉱床から高価な原石を手に入れていた。四つの採鉱会社の中で、最も資力があるのはトランス・ヘックスだった。デビアスとくらべれば小さいとはいえ、トランス・ヘックスは南アフリカで二番目に大きなダイヤモンド生産者だった。その会社が扱う原石は品質が高いため、ケープタウンで定期的に開かれる販売会には、世界各地から熱心な買い手が集まっていた。トランス・ヘックスについて考える際、その会社を支配しているのは誰かということも重要だった——シュテレンボッシュのルーパート家である。

南アフリカで、ルーパート家は、オッペンハイマー家に次いで富裕な一族だった。デビアス現会長のニッキー・オッペンハイマーと同じく、ヨハン・ルーパートも億万長者だった。ルーパート家は、銀行、保険、タバコ、高級品などの事業に出資していた。それらの企業は、きらびやかなブランドを所有していた。カルティエ、ダンヒル、モンブラン、ラガーフェルトなどだ。ルーパート家は、傘下のレンブラント・グループを通じて、トランス・ヘックスの株式を五一パーセント保有していた。残りの株は、大部分が長期的な投資戦略を持つ機関の手にあった。こうした大株主に大量に保有されていたため、その会社の株は活発に取引されてはいなかった。セイファラはこう思っていた。市場はトランス・ヘックスを過小評価しており、その株には現に取引されている価格よりも高い価値がある、と。

セイファラの顧問はトランス・ヘックスについて調査した。ヨハネスバーグのマーチャントバンクの助けを借りて、彼らは取引案をまとめた。オレンジ川の採鉱地とトランス・ヘックスの株を交換するというものだ。トランス・ヘックスの最も資源豊富な採鉱地もオレンジ川にあった。また、ケープタウンにあるその会社は、沖積鉱床でとれる価値の高い宝石の採鉱と販売の両方に、専門的な知識を持っていた。一九九九年の初め、すべての準備が整うと、セイファラはケープタウンへ飛んだ。一台の自動車が空港に迎えに来た。彼は、ヨハン・ルーパートに会うためシュテレンボッシュへ向かった。

その会合の皮肉は、出席者全員にとって明らかだったに違いない。セイファラは、黒人の地位向上という新しい力を体現していた。ところが〝地位向上〟という言葉は、一九五〇年代と六〇年代に、イギリス系の人びとに支配されていた実業界へ、アフリカーナー（南アフリカのヨーロッパ系白人。特にアフリカーンス語を母語とするオランダ系の人びとを指す）が進出したのを指すのに使われたこともあった。アフリカーナーの地位向上を進めたのは、白人の国家主義者による政府だった。つまり、アパルトヘイトを導入したのと同じ政府である。「この人たちの弁護士がアパルトヘイト関連法を書いた」セイファラの主任顧問は、シュテレンボッシュの実業家たちについてそう言った。「彼らはその法律を破壊した人物と会っていた。トーキョーは彼らが好きだったし、彼らもトーキョーが好きだった」

二〇〇〇年五月十五日、セイファラはトランス・ヘックスの株を八パーセント取得し、副会長に就任した。トランス・ヘックスに近い消息筋によると、セイファラの持ち株はやがて二五パーセントに増えるはずだという。一つの取引によって、セイファラはダイヤモンド業界で重要な地位を占めることになった。トランス・ヘックスは、オレンジ川中流域のダイヤモンドを手に入れた。ヨハン・ルーパートは、少しばかりの株と引き換えに名声を得た。著名な黒人が、閉鎖的なダイヤモンド業界に進出するのを助けたというものだ。体面の競い合いで、ルーパート家はオッペンハイマー家を一歩リードした。

セイファラのダイヤモンド業界への参入は、比較的地味だったにもかかわらず、暗示的な力を持つ出来事だった。古い世界に襲いかかる新しい南アフリカを象徴していたのだ。それは時代の精神にふさわしいように思えた。つまり、古いカルテルへの敵意である。トーキョー・セイファラが新しい地位につくまでに、中王国の国境はすでになくなっていた。国境を突破した軍隊の一つが、カナダからやってきていた。

◆

バレンランズでのダイヤモンド・ラッシュの際に解き放たれた重要な力は、投機的資本だった。多くのジュニア探鉱会社が急速に資金をため、それによって新しい共同基金をつくったのだ。過熱した市場からあふれるほどの資金を調達し、ジュニアは世界各地へダイヤモンドの探査に乗り出した。探鉱はブラジルやウルグアイでも激しくなった。探鉱者はロシア、ウクライナ、フィンランドの目標地点を調査した。ロバート・ガニコットは、グリーンランドでキンバーライトの巨礫を発見した。コロラド州でダイヤモンドが発見された。カナダでは、アルバータ州、サスカチェワン州、オンタリオ州で探査が繰り広げられた。ジュニアが発見すると、大企業が遅れてやってきた。実際、カナダでデビアスが初めてダイヤモンドで〝成功〟を収めたのは、ウィンスピア・ダイヤモンドというジュニアを買い取ることによってだった。短いが猛烈な舌戦と株式市場での付け値を通して、スナップ湖のダイヤモンド岩脈をカルテルのものにできたからだ。ダイヤモンドが発見された結果、探鉱者が世界中へ猛進することになった。それは見る者をわくわくさせる一方、デビアスにとっては不安を呼び起こす事態だった。だが、クリス・ジェニングズほど図々しい探鉱者はまずいなかった。彼は、ダイヤモンドの探鉱が始まった場所へ戻ったのだ。南アフリカである。ジェニングズはこう考えた。探鉱技術が進歩したおかげで、過去、特にデビアスによって見逃された鉱床の位置が突きとめられるかもしれない、と。こうして、彼はダイヤモンド業界の巨人の前庭で、仕事にとりかかった。

一九九四年、ジェニングズは、デビアスを退職した地質学者のヘニー・ファン・デア・ヴェスツイツェンと会った。ファン・デア・ヴェスツイツェンは、スプリングボック・フラッツという平原の北にある丘陵地帯で、キンバーライトの亀裂を発見していた。亀裂鉱床はパイプよりもずっと小さいので、デビアスはそれを相手にしなかった。だが、ファン・デア・ヴェスツイツェンは、その鉱床にはもっと詳しく調査する価値があると思っていた。その話を聞いたとき、ジェニングズも同感だった。彼は採鉱権を確保し、探鉱チームが調査壕を掘りに入った。彼らは、亀裂がいくつもの丘を貫いて数キロ続いているのを発見した。さらに、それと平行に走る亀裂と〝吹き出し〟を見つけた。そこで亀裂が広がり、一種の小型パイプになっている場所だ。

一九九六年までに、ジェニングズのサザンエラ・リソーシズは一〇万エーカーの土地の採掘権を獲得していた。鉱夫が立坑にもぐり、ダイヤモンドを取り出すための骨の折れる作業を始めていた。地質学者たちは中心となる亀裂を追跡し、でこぼこの丘陵地帯を貫いて四〇キロにおよぶ連なりの地図をつくった。

探鉱キャンプは、意気揚々としたムードに包まれていた。ジェニングズは、丘陵地帯の南にある小さな森の中に、大きな古い農家を借りていた。家の横には、紫と深紅のブーゲンビリアが咲いていた。

あたりには、フランジパーニの芳香が漂っていた。毎晩、若い地質学者が農家に集まり、驚くべき亀裂について話し合った。夜には、芝生の上で〝ブルウォース〟――南アフリカのソーセージ――を焼きながら、翌日の仕事の計画を立てた。翌朝六時に、彼らはピックアップ・トラックに乗り込むと、ガタガタと揺られながら石だらけの丘陵地帯に戻っていった。そしてある日、マーズフォンテインという農場でパイプが見つかった。

マーズフォンテインで、小さいながらも資源豊富なダイヤモンド・パイプを発見したおかげで、サザンエラの株価は上昇した。彼らはほかにも成功を収めた。アンゴラで、カマフカのキンバーライト・パイプの探鉱権を手に入れたのだ。世界最大のダイヤモンド・パイプの一つである。契約にもとづいて、サザンエラは探鉱の代価を支払い、アンゴラ政府と利益を分け合うことになる。この取引はサザンエラにとって大成功だった。ある有力なダイヤモンド解説者はそれを、デビアスへの大打撃と述べた。カマフカでの契約が成立し、マーズフォンテインからのニュースによって勢いがつくと、サザンエラの株価は二〇カナダドルという記録的な高さに達した。ダイヤモンド・ストリートで、デビアスは恐竜と呼ばれるようになっていた。足取りの重いそのカルテルは、機敏なジュニアがマーズフォンテインのダイヤモンド・パイプを、すぐ目の前からくすねるのを止められなかったからだ。デビアスの本社からそのパイプまでは、三二〇キロの距離だった。フランジパーニの木々に囲まれた農家は、おとぎ話のようなすばらしい雰囲気に包まれていた。しかしそれから、すべては崩壊した。

一九九七年末、マーズフォンテイン農場の前所有者の相続人が現われ、その場所の鉱物に対するサザンエラの権利に異議を唱えた。サザンエラは法廷で反論した。その争いは数カ月にわたって続けられ、サザンエラの株価は下落しはじめた。ヨハネスバーグのある有力なアナリストは、サザンエラの株を〝買い〟から〝持ち〟へと格下げした。株価は一二カナダドルに落ちた。だが最悪の事態はこれからだった。

四月十四日、サザンエラの弁護士たちは、予定されていた聴聞会に出るためプレトリアの最高裁判所に到着した。そこで、相続人が権利をデビアスに売ったことを知った。いきなり、敵の本拠地で、サザンエラは大勢の弁護士をあごで使う恐竜に立ち向かう羽目になったのだ。投資家たちはその状況を一目見るなり、サザンエラの株を投げ売りしはじめた。無残な一週間のうちに、株価の三分の一が市場から消えてなくなった。

法律論争が進展するにつれ、六十四歳のジェニングズは疲弊し、顔色は悪くなっていった。デビアスとの戦いに苦しみながら、ジェニングズと妻のジーンは四六時中一緒に法律書類を熟読し、試練を分かち合った。可能なときにはヨハネスバーグを去り、丘陵地帯のふもとの農場に避難した。だが、もはや楽天的な気分にはなれなかった。夜には、一階の部屋からジェニングズ夫妻の声が聞こえた。そこで二人は、法律書類の山に囲まれ、遅くまで仕事をしていたのだ。

結局ジェニングズは、避けられない運命に屈服した。デビアスは、マーズフォンテイン鉱床の六〇パーセントを手に入れた。デビアスに流れ込む数千万カラットのダイヤモンドに、さらに年五〇万カラットが加わることになった。恐竜は足を踏み鳴らした。だがそれは、古いカルテルの最後の奮起だった。マーズフォンテインの事件のあと、デビアスは、さまざまな問題に頭を悩ませるようになった。その結果、散在する原石にいちいち飛びつくことは、もはや最優先事項ではなくなった。かわりにその会社は、すでに支配していたダイヤモンドの大きな流れから、より強力な道具をつくりあげようとしていた。

◆

ダイヤモンド業界の本当の首都は、ロンドンの金融地区の北西のへりにある。チャーターハウス・ストリートの二番地と一七番地だ。それらのビルにこれといった特徴はない。二番地のビルは飾り気のない灰色の建物で、窓際にダイヤ選別人が使う電気スタンドが見える。一七番地のビルはもっと新しいが、やや不恰好である。通行人には、中を知るためのわずかな手がかりさえない。一七番地のビルの色つき窓は、ほどよく曇っている。ピンストライプのスーツを着て出入りする男たちを見れば、ほかの会社と同じようなものだろうと思われるかもしれない。だがそれは、業務ばかりか製品についても少数の人間しか知らない会社なのだ。

チャーターハウス・ストリートへ奔流のように流れ込むダイヤモンドは、週に数十万カラット、年に数千万カラットにおよぶ。世界で産出される原石の六〇パーセント（以前は八〇パーセントだった）が、装甲したトラックに積まれ、昼も夜もなくダイヤモンド・トレーディング・カンパニー（DTC）に運ばれてくる。DTCはデビアスが所有する会社で、デビアスが生産した原石と、ほかの供給源――ロシアやカナダなど――から買い入れる原石を販売している。DTCは〝サイト（商品展示会）〟と呼ばれる販売会を年に一〇回開き、そこで原石を売りさばく。買い手はサイトにやってきて、ダイヤモンドを買いたいと希望するだけではいけない。〝サイトホルダー〟になる必要があるのだ。すなわち、ダイヤモンド商人または製造業者のうち、業界内で信望があり、財務状態が良好で、さらに最も重要なのは、サイトホルダーになるための招待状をデビアスから受け取っている人びとである。

この選ばれた業者だけが、チャーターハウス・ストリートへの出入りを許される。それ以外の人びとは、アントワープ、テルアビブ、ボンベイをくまなく探し、デビアス・カルテルの外で自由に売られている原石か、ＤＴＣから買った人びとによって再販売される原石を買うことになる。サイトは世界で最も重要なダイヤモンド販売会である。それを通して、デビアスは数億ドル相当の原石を五週間ごとに研磨センターへ送り込む。こうしてダイヤモンド業界は、サイトからサイトへと五週間のサイクルでまわっている。顧客が去り、買ったばかりの商品を研磨している間、ＤＴＣは次の販売の準備をするのだ。

ＤＴＣはデビアスと有機的なつながりを持つ組織で、前身はダイヤモンド・コーポレーションである。サー・アーネスト・オッペンハイマーが、ロンドンの販売シンジケートの代わりとするために設立した会社だ。サー・アーネストのダイヤモンド・コーポレーションはＤＴＣへと発展した。それを所有するのはデビアスと、アングロアメリカンの投資会社であるアナミントだった。オッペンハイマー家は、デビアスとアングロアメリカンの株を所有するおかげで多くのものを手にしていたが、ＤＴＣにも直接の利害関係を持っていた。本書を執筆している時点で、新しい協定が企てられていた。それによると、オッペンハイマー家、アングロアメリカン、より小規模な共同出資企業の三者が、デビアスの株をすべて買い取る。それによって、監視されることのない私会社をつくり、デビアスとその混乱について知られていたことを視界から一掃するのだ。とはいえ、そのような秘密主義の企業であっても、自社のダイヤモンドを売る何者かが必要だろう。それがＤＴＣとなるはずだ。

すべては名称の浮かれ騒ぎである。アントワープの商人の中には、ロンドンの組織をいまだに〝シンジケート〟と呼ぶ者がいる。サー・アーネスト以前、シンジケートが支配していた古き良き時代を

思い出しているのだ。株主には、もっとあとのCSO――セントラル・セリング・オーガニゼーションの略――という名称を使う者もいる。それは、デビアスがロンドンの会社を指すのに三〇年間使っていた言葉だ。ところが突然、デビアスはCSOという言い方をやめ、DTCという名称を使いはじめた。私はサー・アーネストの孫息子のニッキー・オッペンハイマーに、CSOの位置づけについてたずねた。この頭文字を使っている社員からもらった名刺をまだ持っていたし、その名称が広く使われているのは明らかだったからだ。「CSOだって?」そんな言葉を聞くのさえ驚きだというように、彼は言った。「それは実際には存在しない。実体のない言葉だ。ロンドンの会社の上層部の者が、みずからをCSOの重役と言っているが、実際には何の意味もない」

ロンドンのダイヤモンド・トレーディング・カンパニーで作業をする選別人。（デビアス提供）

これでやっとはっきりした。

五週間のサイクルは、原石の入った錫製の箱が、チャーターハウス・ストリートの検収室に到着することから始まる。箱の鍵が開けられ、中身の重さがはかられる。次に、作業員がダイヤモンド選別機のホッパーに、大きめの原石をあける。選別機はそれぞれ、ジュースの自動販売機くらいの大きさがある。それらは、SADE――スケール・オートマチック・ダイヤモンド・エレクトロニックの略――という頭文字で知られている。SADEの列はガタガタ音を立てながら、チャーターハウス・ストリート二番地の四階で、原石の袋の中身を次々と飲み込んでいく。原石はシュートを転がり落ち、底にあるプラスチック製の収集箱に収まる。落下するダイヤモンドのカチカチという絶え間ない音が、部屋の中に心地よく響く。SADEシステムは、二分の一カラットから一〇カラットまでのあらゆる原石を、計量し、数え、重さによって選別する。また、コンピュータのリンクによって、一包みの価格を計算する。〝スペシャル〟と呼ばれる大きな原石は、手作業で選別される。小さな原石はふるい――穴の開いた金属の円盤――にかけられる。最も小さなふるいによって取り出されるダイヤモンドはとても小さく、九〇個でやっと一カラットになる。

デビアスは原石を、結晶の形、大きさ、色、透明度などのきわめて微妙な違いによって、一万四〇〇〇以上に分類する。これらの分類の多くはデビアス独自のものであり、そのあまりの多さは人の憤激を買うことがある。アントワープのディヤマンテールにして、南アフリカ政府のダイヤモンド査定官（GDV）を務めるクロード・ノーベルズは、怒りで煮えくり返りながらこう言った。デビアスのダイヤモンドを査定するためにキンバリーを訪れると、一万四〇〇〇種類のダイヤモンドがいくつものテーブルに広げられていた、と。「すべての品物を陳列するには、ハリー・オッペンハイマー商会の三階分の場所が必要なのだ！」ノーベルズはいきりたって言った。ノーベルズにとって問題はこうだった。彼がある原石の分類に異論を唱えれば、デビアスはそれを一段格上げするかもしれない。だが、そんな格上げ――一万四〇〇〇段のはしごのうちの一段――をしたところで、全体の価値としては、きわめてわずかな上方修正を施したにすぎない。こうした仕組みとは対照的に、カナダのGDVは原石をわずか数百種類に分け、生産量全体に対する市場価値を推定するのだ。

デビアスの分類方式についての不安は、カルテルのメンバーにとってさえ悩みの種だった。デビアスとダイヤモンド鉱山業者の論争で最も有名なのは、『燃えるような輝き』に書かれているものだろう。『燃えるような輝き』は、エドワード・ウォートン‐タイガーという鉱山会社重役が著した自伝である。一九五〇年代、ウォートン‐タイガーは、セレクション・トラストというイギリスの鉱山グループの一員として、西アフリカでダイヤモンド事業を営んでいた。サー・アーネスト・オッペンハイマーはセレクション・トラストを買い取り、カルテルに囲い込んだ。こうして、西アフリカで産出されたダイヤモンドは、ロンドンのダイヤモンド・コーポレーションに運ばれると、そこで分類、査定され、CSO（当時はまだそう呼ばれていた）を通して販売されることになった。ウォートン‐タイガーには、カルテルの機構が公正だとは思えなかった。なにしろ、商品の買い手が査定人でもあるのだから。自伝で述べているように、彼は厳選したシエラレオーネ産ダイヤ――世界でも最高級の原石――を一〇〇〇カラット、アクラの市場へ送ってみた。すると即座に、オッペンハイマーのダイヤモンド・コーポレーションが同等の取引でつける価格の二倍の値がついた。一九五六年六月、ウォートン‐タイガーは、デビアスに説明を求める手紙を書いた。

ウォートン‐タイガーの記述によれば、その効果は覿面《てきめん》だった。サー・アーネストの甥のフィリップ・オッペンハイマーは激怒し、わかりもしないことに干渉するなと言ってその重役を非難した。この猛攻撃がなされるやいなや、ウォートン‐タイガー自身の会社の取締役の一人が、彼を批判した。その人物は、デビアス社の取締役会でもたまたま同等のポストを占めていた。彼はウォートン‐タイガーにこう言った。オッペンハイマー家とうまくやっていく術を身につけなければ、辞職せざるをえなくなるだろう、と。ウォートン‐タイガーはこれを一笑に付し、意見を変えようとはしなかった。するとデビアスは、鉄拳をビロードの手袋に隠し、ウォートン‐タイガーをロンドンに招待した。重役用食堂で、彼が〝スモークサーモン・ランチ〟と呼んだ数回にわたる昼食会でもてなしたのだ。ウォートン‐タイガーは意見を変えなかった。当時、活発な密輸によって、シエラレオーネの最高級の原石がアントワープへ流れ込んでいた。デビアスは、シエラレオーネで産出される原石をすべて失いたくはなかった。こうして、妥協が成立した。

それにもかかわらず、ウォートン‐タイガーの疑念は消えなかった。その著書によれば、一カ月後、彼はセレクション・トラストの商品のマスターサンプルを、デビアスから強引に取り戻した。マスターサンプルとは、ダイヤモンド・コーポレーションの選別人が、それを基準にダイヤモンドを評価することになっている指標である。彼はそのサンプルを独自に評価できるようになった。すると、その価格が昔のままであり、上げる必要があるとわかった。デビアスは引き上げに同意した。だがウォートン‐タイガーは　実際には価格が改定されないことをすぐに悟った。彼はロンドンへの出荷を止めるよう命じた。

デビアスは、その鼻持ちならないダイヤモンド鉱山業者にできるかぎりの圧力をかけた。植民省の役人からの戒告もその一つだった。ウォートン‐タイガーは動じなかった。結局、一九五八年の夏、サー・アーネストの息子のハリー・オッペンハイマーは、ウォートン‐タイガーをヨハネスバーグに招待した。ブレンサースト——塀をめぐらした、オッペンハイマー家の屋敷——で、オッペンハイマー一家とともにすごそうというのだ。ハリー・オッペンハイマーは、頑固で気難しい交渉相手だった。ウォートン‐タイガーの記述によれば、二人は数日間死闘を演じた。結局、彼らは西アフリカの原石にもっと高い価格をつけることで合意し、シエラレオーネのダイヤモンドは再びＣＳＯに出荷されるようになった。

ところが、これで一件落着とはいかなかった。ウォートン‐タイガーはこう回想している。ダイヤモンドの価格が上がっていたにもかかわらず、突然、セレクション・トラストの積荷に、工業用に向く低価格ダイヤが以前より多く含まれるようになったのだ。産出量全体において、価格の高い〝カット可能な石〟の割合が、価格の上昇を完全に相殺する比率で低下していたのだ。以前なら、ロンドンの選別人は商品の二〇・四パーセントをカット可能な石とみなしていたが、いまでは一七・八パーセントにすぎなかった。ウォートン‐タイガーはテストしてみることにした。次にロンドンへ送る三つの積荷のそれぞれから、最高級の宝石を一〇〇〇カラットずつ抜き取るように命じたのだ。それでも、カット可能な石の割合はほとんど変わらなかった。

回想録によれば、ウォートン‐タイガーは、次の積荷から最高品質と判断できる宝石をすべて取り除いた。それから、ロンドンにあるデビアスの子会社——ダイヤを選別している会社——の会長を訪ね、一番最近の積荷の査定に特に注意するよう頼んだ。デビアスに所属するその人物は、カット可能な石が一八・五パーセント含まれていたと滞りなく報告した。そこで、ウォートン‐タイガーはダイヤモンドの入ったビンをブリーフケースから取り出し、彼の机に置くと、どう思うかとたずねた。男は紙パッドの上にいくつかの石を転がし、一つずつ触ってから言った。「御社のガーナ産原石に含まれるカット可能な石の中で、最高品質のものです」ウォートン‐タイガーは、まさにその通りだと言うと、してやったりとばかりにこうつけくわえた。実はそのダイヤモンドは、それが含まれていたと選別人から報告があったまさにその積荷から抜き取ったものだ、と。

この話を聞いたとき、ハリー・オッペンハイマーは仰天したふりをした。デビアスは、その前の二年間に受け取ったセレクション・トラストの積荷を、すべて査定しなおすことに同意した。ウォートン‐タイガーによれば、清算のために二五万ポンドの小切手を受け取ったという。

チャーターハウス・ストリート二番地のビルには、北向きの窓がある。その下の長い作業台に、選別人が背をまるめて座っている。彼らの前には真っ白な紙が敷かれ、その上にダイヤモンドの山が並んでいる。原石はすでにきれいになっている。鉱山で一度、チャーターハウス・ストリートでもう一度、酸性薬剤によって洗浄され、計り知れない歳月の間にこびりついた汚れが取り除かれるのだ。選別人は、原石を小さな山にしてきちんと並べる。豊富な自然光と電気スタンドからの光がそれらの山を照らし、選別人はピンセットとルーペをせわしなく閃かせながら原石をひろいあげていく。チャーターハウス・ストリートでは、約二五〇人のダイヤモンド選別人が働いている。彼らは長い列をつくり、実にさまざまな原石の山を相手に作業をしている。それを見れば、地上最大のダイヤモンド会社が選別基準とする色、大きさ、透明度、形が、目のまわるほど広範にわたっていることがわかる。

茶色がかった原石の小さな山がいくつかある。ある山はほんのわずかに白が強い。またある山は白い光を放っている。内部に強い光源が埋め込まれたかき氷のようだ。大きい原石もあれば小さい原石もある。染みのある原石もあれば透明で、美しく、レモン色の南アフリカ産原石もある。いくつかの山が一列に並べられていることもある。それぞれ、隣の山よりやや黄色が薄い。それほど大量のダイヤモンドが分類され、作業台に沿って陳列されていると、きわめて微妙な色の違いがはっきりとわかる。ときどき、選別人がピンセットで石をつまみあげ、〝カラン〟という音をたてて秤《はかり》に載せ、またつまみあげて一つの山に落とす。選別用の作業台に一度に積まれている原石の山は、一〇〇のグループに分かれているかもしれない。そして、それらはピンセットでつまみあげられていく。これらのダイヤモンドがすべて、それほど大量に陳列されていれば、どうやって盗むかという問題に心が向くのは避けられない。人間とはそういうものだからだ。

鉱山から顧客にいたるまでのあらゆる段階で、誰かがダイヤモンドを盗もうとしている。アフリカの選別室では、選別人のシャツのポケットは取りはずされ、ズボンのポケットは縫って閉じられている。ロンドンでは、そうしたことは行なわれない。だが、盗むべき品物はもっと多い。盗みのよくある手口は〝すりかえ〟である。選別人が安価な石を仕事場に持ってきて、高価な石と取りかえるのだ。すりかえはこの業界に特有のものである。そこでの一般的な慣行を利用しているのだ。つまり、重量による在庫管理である。

たとえば、アントワープのディヤマンテールのオフィスでは、ダイヤモンドが入った包みが点検のために顧客に提供される。最初にその重さがはかられ、包みに鉛筆で書いてある数字と照合され、引き渡される。チャーターハウス・ストリートと同じように、天井にはカメラが設置されている。だが、カメラは腕利きのすりかえ犯をしばしば撮りそこねる。すりかえ犯はつねにレンズに背を向け、巧妙に作業をするからだ。彼はダイヤモンドをサッと袖口に入れ、同じ重さの安物と交換する。最高の色の〇・五カラットのダイヤを抜き取り、色の悪い〇・五カラットのダイヤを入れるのだ。包みは返され、重さがはかられる。重さは一致するので、金庫に戻される。アントワープの商人には、小さなゴムチューブを袖に仕込んでいる者がいるという話もある。チューブはわきの下のゴム球につながっている。まず、わきの下でゴム球を押しつぶしてチューブから空気を排出する。それから、欲しい石の近くに袖口を持っていき、わきを開く。シューッという音がして、空気と一緒にダイヤモンドが吸い込まれるのだ。

DTCでは、ほかのどんな場所でも見られない量の原石が、一つの部門から次の部門へと運ばれている。選別人あるいはダイヤモンド取扱係が小さな石を持って職場に来れば、彼は着々と〝増産〟するだろう。すりかえる石を徐々に大きくしていくのだ。すりかえるたびに、運ばれるダイヤモンドからごくわずかな重量が減る。だがその減少は探知できない。ＤＴＣが誤差と仮定する範囲内の重さだからだ。結果として、四分の一カラットのダイヤを持ってきた従業員が、五カラットのダイヤを持って帰ることもある。だがこれは、ＤＴＣから盗みを働くありふれた方法ではない。普通は、ダイヤモンドを取るだけである。すりかえなど知ったことではないのだ。

単純な盗みの場合、従業員が横領を隠すために頼りとするのは、ＤＴＣが扱うダイヤモンドの量が莫大な点である。一九九〇年代の初め、当時のＤＴＣ警備部長（現在はＷＷＷインターナショナル・ダイヤモンド・コンサルタント社長）のチャールズ・ウィンダムは、自分が推測する状況について何ができるかを確かめることにした。彼は、チャーターハウス・ストリートでダイヤモンドが盗まれていると確信していたわけではない。だが、そうではないかと疑っていたのだ。「ほかのあらゆる場所でダイヤモンドが盗まれているとしても、ロンドンでは盗まれていないと受けとめられていた」ウィンダムは言った。「だがロンドンで、従業員はなぜダイヤモンドを盗もうとしないのだろうか？　盗むべきダイヤモンドは、ほかの場所よりたくさんあるというのに」

ウィンダムはロンドンでもダイヤモンドが盗まれていると想定し、こう考えた。問題の根は大量のダイヤモンドにあり、事業運営上のある慣行が盗みに好都合な事態を生んでいる。すなわち、重量を示す数値を切り捨てる慣行である。ＤＴＣは、小数点以下数桁までの精度でダイヤモンドの重さをはかっていた。実務上の理由から、たとえば原石については、包みの重さの小数点以下第三位以降を切り捨てた。一カラットはわずか〇・二グラムにすぎないから、小数点以下第二位までの重さを記録すれば相当に正確である。小数点以下第三位以降を切り捨てるという決定は、第三位までの正確性を求めるのは行きすぎだという判断による。とはいえ、小数点以下第三位の数字を表現しようとしまいと、それは現に存在する。たとえば、〇・二八二カラットのダイヤモンドを、切り捨てによって〇・二八カラットと記録したとする。そのとき、〇・〇〇二カラットが消えてなくなったのだ。どんなに少なかろうと、これは仮想ではなく現実の重量である。事実上、その重さが包みから削り取られてきたのだ。

実際問題として、〇・〇〇二カラットのダイヤモンドは小さすぎるので、盗むことはできない。だが、〇・〇〇二カラットが切り捨てられていることを知っていれば、あちこちで原石を安心して抜き取れるかもしれない。DTCの内部を動く莫大な量の原石を考えれば、失われるわずかな端数が積もり積もって、結局は自分が盗んだものと同じ重さになるからだ。ウィンダムにこれがわかったのは、ちょっとした盗みでも、時間とともにかなりの損失になることがあると知ったときだった。

彼は、ダイヤモンドの流れを徹底的に監視しはじめた。部下とともに、原石の総量を示す長いリストを綿密に調査し、きわめて小さな食い違いを探した。「これによって、不合理な事例が明らかになった」ウィンダムは言う。「こうした不合理自体は驚くべきものではなかった。途方もない量の原石が、あまりにも複雑な選別システムの中にあったからだ。なにしろ、〔当時〕一万七〇〇〇もの統一小売価格が設定されていたのだ。重要なのは、これらの事例のパターンだった」あるパターンが発見されると、監査に当たるスタッフ全員（および、〝特別監査〟と呼ばれるカメラ）が、不合理なパターンが発見された部門に振り向けられる。それからウィンダムは、その部門の従業員を会社の電話帳から無作為に一人選ぶ。警備スタッフ全員が、その従業員を徹底的に検査することになる。

「防犯カメラのビデオテープは、十分に検討する必要がある」ウィンダムは言った。「カメラを監視する者は、ボディランゲージの特別講習を受けた。何を探すべきかを知らねばならないからだ。何と言っても、従業員はカメラがそこにあるのを知っているのだ」ダイヤモンドを手に取り、分類する場合、ある一定の動作を何度も繰り返すことになる。そこでウィンダムと部下は、監視下にある従業員の行動のわずかな変化をとりわけ警戒した。通常の動作と少しでも違えば、監視者は敏感に注意を向けた。辛抱強く、全スタッフが一度に一人の従業員を監視しつづけたことが功を奏し、ウィンダムは泥棒を捕まえた。だが、彼がのちに言ったように、「いまでも盗みが続いていることは間違いない」のだ。

◆

五週間のサイクルの最初の一週間は、ダイヤモンドの選別に費やされる。二週目、選別された原石はダイヤモンド・コントロールに移される。この時点で、デビアスはダイヤモンドを再び選別し、販売用混合品をつくりはじめる。サイトホルダーが違えば、必要とされる品物も違う。それぞれが品物をおろす先が違うからだ。ところが、デビアスは顧客が欲しがるものだけでなく、すべてのダイヤモンドを売らなければならない。ダイヤモンド・コントロールで、商品は入念に混ぜ合わせられる。それは販売用混合品と呼ばれ、顧客が好む商品と、欲しくないかもしれないものが両方含まれているのだ。次のサイト向けの混合品の構成が決まると、ＤＴＣはそのリストをファックスで顧客に送る。顧客は欲しいものを選び、認可を受けた仲買業者にリストを送り返す。彼らだけが、ＤＴＣと交渉することを許されているのだ。

サイクルの三週目、デビアスは顧客用ボックスを用意する。昔から、ダイヤモンドは靴箱くらいある灰色のボール箱に入れられていたが、いまでもそのやり方で出荷されているのだ。だが、〝ボックス〟という言葉は、顧客の注文をも意味する。デビアスがボックスの中身を最終的に決めるとき、顧客と契約している仲買業者は、ボックスから欲しくない品物を取り除き、望みの品だけが入るように最善をつくす。ＤＴＣの顧客はすべて、ＤＴＣに認可された仲買業者の一つと契約しなければならない。それはたった六社しかない。仲買業者とＤＴＣは距離を置いていることになっているが、実際には強い結びつきがある。デビアスに受け入れてもらえなければ、それらは立ち行かないのだ。仲買業者の一つであるＩ・ヘニング・アンド・サンは、デビアスのビルの中にオフィスを構えている。それを実際に所有しているのはデビアスだと言わんばかりだ。この件について、私はニッキー・オッペンハイマーに質問してみた。「いいや」彼は言った。「それは違う」

「オッペンハイマー家がその会社を所有しているのでしょう？」私はたずねた。

「そうかもしれない」

オッペンハイマーはあごひげを生やした愛想のいい人物で、申し分なく礼儀正しい。彼が熱中しているのは個人で所有するクリケットチームと、みずから操縦するヘリコプターである。インタビューを終え、アングロアメリカン・ビルの古いオフィスの外の玄関で、私は別れを告げようとしていた。そのビルはヨハネスバーグの商業地区にある。ダイヤモンドの仲買業者のことでうるさく質問すると、彼は穏やかな目で私を見た。

「実際のところ」私は言った。「それを所有しているのはあなたかもしれません」

「そうだね」オッペンハイマーはため息をつきながら認めた。「そうかもしれない」彼は私と握手すると、立ち去った。

デビアスが顧客に選ばせるために提供するダイヤモンドの取り合わせは、複雑である。DTCはそれを、売りたい品物に応じて絶えず変化させる。数年にわたって主要な売り物だったボックスの一例は、MLG二・五－四である。その頭文字はMixed Large Gem（大きな宝石の取り合せ）を表わしている。その数字とは違って、MLG二・五－四に含まれるダイヤモンドの重さは、実際には二・四九カラットから三・八九カラットである。その箱にはストーン、シェイプ、クリーヴィジが含まれている。DTCの用語で、〝ストーン〟は望ましい形の結晶――ことによると良好な八面体――を意味する。研磨したとき、無駄になる重量が最も少なくてすむ形だ。次の等級の〝シェイプ〟は、もう少し形の悪い石を指している。研磨師が削り取る重量は多くなる。〝クリーヴィジ〟は砕けたかけらのことである。それは通常、すぐに砥石車にかけられ、平均以下の成果しか得られない。ボックスには最上級から染みつきまで、つまり透明のものから内包物があるものまでが入っている（内包物とは不純物のことである）。色は無色から茶色まで、つまり第一色から第五色までがある。それによって原石が等級づけられる（アメリカ宝石学協会で使われている分類法では、研磨済みダイヤモンドは文字によって等級づけられている。最上級の無色はDで表わされる）。

仲買業者がボックスの購入に同意すると――結局、そうせざるをえないのだが――デビアスの取扱係はダイヤモンドをビニール袋に入れ、黄色の縁取りのついた濃いブルーのアタッシェケースにしまう。それらのケースは鍵のかかった部屋に運ばれる。四週目、DTCはすべてを点検する。仲買業者がボックスに関する変更を土壇場でどうにか取り決めれば、その変更が加えられる。アタッシェケースを顧客に発送する準備が整えられる。

五週目にはサイトが開かれる。ダイヤモンドカレンダーで最も重要な週だ。ニューヨーク、テルアビブ、ボンベイからジェット旅客機のファーストクラスで、またアントワープからロンドン・シティ空港への定期往復便で、世界最大のダイヤモンド業者たちがやってくる。その中には、パークレーンにあるホテルの一泊七〇〇ドルもする部屋へ入る者もいる。絹のカバーのついたソファにもたれ、仲買業者から何を買い何を買わなかったかの報告を受けるのだ。彼らは、ほかのディヤマンテールに何度か電話するかもしれない。あるいは、ディナーへ出かけることもある。だが、たいていの場合できるだけ休みをとる。

指定された日、サイトホルダーはチャーターハウス・ストリートでタクシーをおり、一七番地のビルへ足早に入っていく。そこで、厚いガラス越しに守衛が彼らを検査する。うしろで外側のドアが閉まり鍵がかけられると、内側のドアが音を立てて開く。二階に上がると、木製のカウンターの向こうに暗色のジャケットを着たポーターが立っており、名簿で顧客の名前をチェックする。カウンターの右に質素なソファがあり、そこで仲買業者が待っている。顧客が到着すると、仲買業者は待合室の端にある格子窓口に報告し、〝ボックス〟——通常は、いくつかのアタッシェケース——を受け取る。

ケースが荷車に積まれると、ポーターがそのサイトホルダーに割り当てられた部屋へ押していく。顧客はケースの中に何があるか知っているが、確信はない。こんな取引は、間違いなく世界でただ一つしかないだろう。なにしろ、何が手に入るか知らずに、二億ドルを支払うことになるかもしれないからだ。

ポーター、仲買業者、顧客が一列になり、灰色のビニール壁に青のカーペットという飾り気のない部屋に入る。部屋の真中には丸いテーブルがある。広い窓の下には、パッド入りのひじかけがついた、選別人用の作業台がある。作業台の表面には数枚の白い紙が敷かれている。その上には電気スタンドがセットされている。ポーターが出ていくと、仲買業者とサイトホルダーはサムソナイトのケースを作業台へ運び、開け、原石の入った袋を取り出す。それを紙の上にあけると、ルーペを手に取り、顧客の運命を見きわめる作業を始める。

「われわれはそれを、〝アヒルに餌をやる〟と言っていたものだ」元DTC取締役のリチャード・ウェイク‐ウォーカーは言った。「アヒルが泳いでくると、パンを投げてやる。投げてやればアヒルは何でも食べるからね」ウェイク‐ウォーカーはかつて、ボックスに入れる販売用混合品をつくる責任を負っていた。ダイヤモンドの割り当て方針の策定にもたずさわっていた。過去にデビアスを去った従業員のうち、最も高い地位にあった人物の一人だ。彼は、その事業について率直に語ってくれる。デビアスにとって、彼の職場放棄は頭の痛い問題だった。ウェイク‐ウォーカーは、社を去ったあと、ある上級取締役とディナーをともにしたときのことを覚えている。「その人物は私と妻を招待していた。彼は、実入りのいい相談役の仕事を提供しようと切り出した。私は、そういうつもりはないのでお断わりしたいと言った。するとその人物は、妻がいるところで、デビアスが手を打てば、私を窮地に追い込めると言ったのだ。それも大変な窮地に。はらわたが煮えくり返る思いだったよ」

ウェイク‐ウォーカーの気持ちは変わらなかった。彼はチャールズ・ウィンダムと手を組み、WWWインターナショナル・ダイヤモンド・コンサルタントを設立した。その顧客にはカナダとロシアの政府をはじめ、たくさんの製造業者やダイヤモンド鉱山会社がある。ロンドン郊外のウィンブルドンにある自宅の正面側が、彼の小さく明るいオフィスである。ウェイク‐ウォーカーは、そこからコンサルタント業務の指揮をとっている。玄関ホールには、海軍の英雄だった高祖父の絵が掛けられている。海軍に所属していたもう一人の先祖が、祖父のフレデリック・ウェイク‐ウォーカー提督である。彼は軍艦と漁船による小艦隊を指揮してイギリス海峡を横断し、フランス沿岸のダンケルクからイギリス軍を救出した。第二次世界大戦の末には、ドイツの戦艦ビスマルクを追撃し、徹底的に破壊するのに貢献した。

リチャード・ウェイク‐ウォーカーがダイヤモンド業界に入ったのは、冒険が約束されていたからだった。一九七五年、二十四歳のとき彼はDTCに入社した。原石の選別と評価方法を集中的に学んだあと、シエラレオーネに向かい、西アフリカ・ダイヤモンド・コーポレーション――その国におけるデビアスの子会社――の常駐副社長に就任した。一年後、ザイール（現在のコンゴ民主共和国）のキンシャサで、デビアスの子会社のトップとなり、七五〇人の部下を抱えることになった。

ハリー・オッペンハイマーの部下として、ヨハネスバーグで一定の期間働いたあと、ウェイク‐ウォーカーはロンドンのDTCへ戻った。彼はすぐさま上層部へ異動し、経営執行委員会の幹事となった。ウェイク‐ウォーカーは、デビアスの顧客が何を我慢しなければならないかを知っている。みずからが、我慢をしいる側にいたからだ。「顧客は小さな部屋で椅子にかけ、ダイヤモンドの箱を開けて中を見る。それでおしまい。そのことで誰かと話したければ、販売部門の社員を待って何時間も座っていなければならないこともある。彼らは待たされる運命にあった。ときには飛行機に乗り遅れることもあった」

ウェイク‐ウォーカーは、カルテルの最高評議会のことまで知っていた。彼は、ロシアで最初のデビアス事務所を運営した。ロンドンでは、西アフリカ部門を取りしきった。また、顧客の選定や、より冷え冷えとした〝非選定〟のような重要な仕事をこなした。その地位のために顧客にすっかりだまされていたと、ウェイク‐ウォーカーは言う。「〔デビアスを去ることは〕まったく突然のことだった。すぐに気づいたことの一つは、人びとが私にいかに違う話をするかだった。八年間、多くのほらにだまされていたのだとわかった。ＤＴＣにいたとき、サイトホルダーは一人として大きな利益を得ていることを認めようとしなかった。そんなことをすれば、次回から私がボックスを値上げするはずだからだ」

デビアスは、サイトホルダーが商品の代価としていくら手にしているかに、細心の注意を払っている。彼らは業界への窓口をいくつか持っている。たとえば、サイトホルダーのうちの五社は、事実上デビアスに所有されている。アントワープのダイヤムデルＮＶ、ボンベイのヒンドスタン・ダイヤモンド・カンパニー、さらに、テルアビブ、ヨハネスバーグ、ロンドンの似たようなダイヤモンド原石の商社である。これらの会社のおかげで、デビアスはみずからが自社の最大の顧客の一つとなっているのだ。同じように、デビアスはロンドンに研磨部門を持っている。その部門は売られているのと同じボックスを入手し、原石を研磨する。そしてすぐさま、その種の宝石の品質についての検査結果――つまり価格――を原石の売り手に提供する。顧客は、その価格で商品を販売できるわけだ。独立したサイトホルダーでさえ、業界情報の供給源として役に立つことがある。デビアスにへつらっていると言われながら、競争相手の活動を報告しているサイトホルダーもあるからだ。デビアスに気に入られているサイトホルダーは、ボーナスを手にできる。「現金が詰まった封筒を配ったわけではない」ウェイク‐ウォーカーは言った。「そのかわり、クリスマスの特別配給品を、大切な顧客に提供した。たとえば二〇万ドルの価値がある石の代価として、二万ドルを請求するといった具合だった」

◆

デビアスは、次のようなやり方でカルテルを運営していた。原石の価格が低いときは、市場に出す原石の量を抑える。そして、市場の在庫がはけて商品がどうしても必要になると、再び原石を放出する。カルテルの支配下にある鉱山は、生産割当を課せられていた。ダイヤモンドの出まわる量が多くなりすぎ、価格がぐらつきはじめると、カルテルは産出量を削減し、アントワープの市場でだぶついている商品をかき集める。そして、それらの原石をロンドンに備蓄する。一九九〇年代半ばまで、デビアスは、ロンドンに備蓄してあるダイヤモンドの価値を四〇億ドルと見積っていた。だが、この評価額には疑問がある。それを決めたのはデビアス自身だし、備蓄を急いで現金化しようとすれば、ダイヤモンドの価格は下がってしまうからだ。

デビアスを注視していた財務アナリストたちは、その会社を査定するとき、備蓄されたダイヤモンドの価値を割り引いて評価した。ある書き手が述べたように、そのダイヤモンドは「利益ではなく、積もり積もったほこり」だったからだ。そのうえデビアスは、収入のほとんどをアングロアメリカンの株から得ており、ダイヤモンドの売上げによるものはかなり少なかった。デビアスは街角の店さえ経営できないと言えるかもしれないし、事実そう思われていた。

一九九八年、デビアスは経営を見直すため、ボストンのコンサルタント会社と契約した。経営について外部からチェックを受けるのは、デビアスが設立されて以来初めてのことだった。コンサルタントは、〝市場の管理人〟の役割を放棄し、ダイヤモンドの価格をなるがままにしておくべきだとアドバイスした。コンサルタントによれば、商品を退蔵し自社鉱山の生産を削減することによって、デビアスはライバルを援助していることになるという。たとえばカナダの新しい鉱山のようなライバルは、デビアスがカルテルの自己規制的手段によってつくりだした安定価格の恩恵に、労せずして浴せるからだ。

備蓄のような非現実的な市場維持策をやめるようアドバイスされたとき、最大のダイヤモンド市場である合衆国は、無類の活況を呈していた。大量の需要に応え、デビアスは、チャーターハウス・ストリートの備蓄を放出した。まるで、道路の雪を片づけているかのように。二〇〇〇年の前半、デビアスの利益は前年同期とくらべて二二六パーセント増え、八億七七〇〇万ドルとなった。ダイヤモンド業界紙の記者は、〝ポスト・カルテル〟時代の到来を予告した。それはデビアスによって奨励された呼称だが、あまり意味はない。デビアスは、いまだに世界の原石のほぼ三分の二を支配しているからだ。

デビアスが、原石の絶対的支配という一世紀におよぶ原則から戦略を転換すれば、ダイヤモンドの小売市場――宝石店――は、変化の波をかぶるだろう。二〇〇一年の初め、デビアスは、高級品を扱うフランスの小売グループLVMHとの合弁事業を鳴り物入りで発表した。LVMHは、モエ・エ・シャンドンのシャンパン、ルイ・ヴィトンのバッグ、タグ・ホイヤーの時計といった高価なブランド品を手にしている。両社は向こう五年間に四億ドルを投資し、高級品を扱う小売店の新しいチェーンを展開する。それらの小売店は、デビアスブランドのダイヤモンドジュエリーの販売に専心することになる。鉱山から産出するダイヤ原石の売上げは、年に約六〇億ドルに達するが、同じ期間で、小売業者は約五六〇億ドルの売上げをレジに打ち込むのだ。この数字は、今後一〇年にわたって、年に二

・五パーセント成長すると予想されている。デビアスは、もうけの多い小売業の分け前にあずかりたいと長い間切望してきた。原石市場における以前の支配が侵食されても、新しい店舗から収入が流れ込んでくるだろう――最も楽観的な予想では、その額は年に五億ドルと見積られている。

このダイヤモンドの新世界において、デビアスは、ダイヤモンドジュエリーのほかの売り手にはない既成の強みを持つだろう。デビアスの広告はすでに有名だからだ。デビアスのジュエリーを扱う新しい小売店は、ダイヤモンドの歴史上最も有名な名前の輝きを楽々と手に入れる。それは巧妙なトリックである。デビアスの店が営業を始めれば、ライバルの小売業者は、顧客に向けてみずからを広告せざるをえなくなるはずだ。こうして流通段階において、小売業者の中でデビアスだけが手がけている製品への購買意欲がかきたてられる。つまり、数百万カラットという原石を売ることができるのである。

7 欲望の製造

一九九七年、ダイヤモンド業界の関係者を集めたある会議で、アントワープの有名なディヤマンテールがマイクの前に進み出ると、鉱山業者、探鉱者、金融業者にこう語った。ダイヤモンド業界の全体は二本の支柱の上に載っている――虚栄心と貪欲さである。幸いなことに、人類からこの二つが失われることは永久にない、と彼は言った。この晴れやかな断言は、ダイヤモンド業界にとっては好ましいものである。だが実際のところ、具体的な問題については、ほとんど述べられていない。デビアスは、五週間おきに五億ドル分のダイヤモンドを同じ人びとに売る。今度は、その人びとがそれを売る。さらにそのあと、またほかの人びとがそれを……。宝石店につくまでに、ダイヤモンドの価格はデビアスが売ったときの一〇倍になる。虚栄心と貪欲さだけを頼りに販売を促進しようとするのは、そうした悪徳が、人間という存在のすべてであると信じることだろう。だが、デビアスはそう信じてはいない。デビアスが信じているのは広告なのだ。

ダイヤモンドは、驚くほど役に立たない。食べられもしなければ、それに乗って帰宅することもできない。ありきたりの大きさでは、投資対象としても信頼できない。伝統的に、ダイヤモンドには価値があるとされているのは確かである。だが、数億ドル分のダイヤモンドの粒が毎年地中から出てくることを考えると、伝統だけでは十分とは言えない。ダイヤモンドを買う理由は、ほかに存在しなければならないし、実際に存在する。その理由は、デビアスによってつくりだされてきたのだ。デビアスは、年に二億ドルを費やしてダイヤモンドを広告する。その効果は高く、専門家によれば、デビアスの広告は歴史上最も成功を収めたものの一つだという。

たとえば、デビアスのミレニアム・キャンペーンは、ダイヤモンドへの需要をつくりだすのに貢献した。二〇〇〇年の前半、原石の売上げは、前年同期のそれより四四パーセント増えた。その期間の売上げは二四億ドルから三五億ドルに伸びた。こうした成果を達成するのに役立ったキャッチフレーズは、ダイヤモンドのコマーシャルとして典型的なものだった。「次の一〇〇〇年も彼女を愛することを伝えましょう」これが、ミレニアム・キャンペーンによる助言だった。そこには、ダイヤモンドのマーケティングを推進する二つの前提が、きわめて簡潔に示されていた。ダイヤモンドを買うのは男であることと、彼らがそれを買うのは女のためであることだ。

これは、統計によっても裏づけられている。アメリカの女性の八五パーセントが、ダイヤモンドジュエリーを少なくとも一つ持っている。既婚女性の場合、ダイヤモンドを所有する人の八〇パーセントが、贈り物としてもらっていた。贈り主は普通、男性だ。独身女性については、六四パーセントがダイヤモンドを贈り物としてもらっていた。こちらも、贈り主は男性であることが多い。数十年にわたる広告キャンペーンのおかげで、その数字はマーケティングの前提と合致するようになったのだ。そのため、いまでは男が女にダイヤモンドを贈るのは、避けられない規範的習慣のように思われている。だが、昔からそうだったわけではない。ルイ十四世は、王妃や妾のためだけにダイヤモンドを買ったのではない。彼は、そのほとんどを自分で身につけたのだ。征服者のナディール・シャーには恋人がいたが、彼女はコイヌール以外の宝石を身につけねばならなかった。コイヌールはシャーの物だったからだ。だが今日では、君主の数は限られる一方、ダイヤモンドの供給量は増えている。一年間毎日、三二万八〇〇〇カラットが地面から新たに産出される。誰かがそれを買わねばならない。ここで、デビアスのマーケターの創意工夫が発揮された。人びとにとって必要ではないもの——ダイヤモンド——と、本当に必要なもの——愛——を、うまく結びつけてしまったのだ。

一九三〇年代の末、合衆国では、ダイヤモンドの婚約指輪への需要が低迷していた。その当時でさえ、合衆国はダイヤモンドジュエリーにとって世界最大の市場だった。サー・アーネスト・オッペンハイマーは、ニューヨークの広告代理店N・W・エア・アンド・サンと契約し、婚約指輪への購買意欲をかきたてようとした。その代理店はこう考えた。金を稼ぐのは男だから、男がダイヤモンドの贈り手とならねばならない。N・W・エアは、ダイヤモンドにとって有益となるはずの、ある想像の領域——永遠性——に訴えるキャンペーンを展開した。

〔一九三九年〕男が生涯で最も大事な買い物をするとき、考えるべきことは数多い。そうした買い物の一つが、ダイヤモンドの婚約指輪だ……このシンボルによって開かれる新しい王朝には、世代を越えてみずからの名前が冠せられることになるのだから。

〔一九四〇年〕これから先どんな宝物を手にしようと、彼女にとって何より大切なのは婚約指輪。だからこそ、歳月の重みや威厳に負けないものを選ぶべきなのだ。

〔一九四一年〕男は誰もが胸の奥でこう確信している。彼女と同じ年に生まれた巻き毛の女の子の中で、この人こそ自分と結ばれる運命にあったのだ、と。いつか胸に抱きたいと願っている丸丸と太った息子やのどを鳴らす小さな娘も、同じく運命の賜物なのだ。だからこそ、男はダイヤモンドの婚約指輪を贈る。時間が誕生して間もないある日に、そのダイヤモンドもまた、彼に幸せをもたらすために生まれたのだから。

毎年、コピーライターが新しいキャッチフレーズをひねりだした。一九四六年、彼らは星を引き合いに出した。「〔その星は〕一〇〇万年前に死んだ。そして彼女のために新たに輝く。彼女が愛の夢を見るからだ」その後、一九四八年のある晩のこと、働きすぎてへとへとになったコピーライターが、一つのキャッチフレーズを思いついた。それは、ほかのすべてのコピーをかすませるものだった。N・W・エアのフランシス・ゲレティーは、デビアスの広告のために遅くまで働いていた。翌日、クライアントにプレゼンテーションをすることになっていたからだ。やっと仕事を終え、後片づけをしているとき、テーマとなるキャッチフレーズを忘れていたことに気づいた。「もうくたくただった。私は机に頭を載せてこう言ったわ。『神様、キャッチフレーズをください』って」ゲレティーはそう回想した。それから、彼女は起きなおって書きつけた。「ダイヤモンドは永遠の輝き」ゲレティーが深夜にインスピレーションを得てから三年もしないうちに、アメリカの結婚の八〇パーセントが、ダイヤモンドの指輪から始まるようになった。《アドバタイジング・エイジ》という業界誌は、ゲレティーの短いキャッチフレーズを二十世紀最高の広告コピーと評した。「ダイヤモンドは永遠の輝き」という文句は、慣用句になっていった。まるでそれが、コピーライターのペンではなく、世論から自然に生まれてきたかのように。そのコピーが世界全体のものではなく、それに報酬を払った会社のものであることを忘れられないように、デビアスは、レターヘッドの社名や広告にそのコピーをつけた。そこで、その会社が売る二つのものがはっきりと結びついていた――鉱物とアイデアである。

一九九六年以降、そのアイデアの輝きを保つ役目を任されているのは、にぎやかなアイルランド人女性のメアリー・ウォルシュである。イヴ・サンローランで、またそれ以前はヴァンドーム・グループで、豊富な経験を積んできた人物だ。ヴァンドーム・グループは、ダンヒルやモンブランといった高級ブランドを擁している。ウォルシュとロンドンの部下たちは、サフラン・ヒルのオフィスを拠点に仕事をしている。チャーターハウス・ストリート一七番地のビルとつながっているにもかかわらず、サフラン・ヒルには独自の所番地がある。まるで、ダイヤモンドのマーケティングには、すぐそばで行なわれている原石の販売より、風通しのいい環境が必要だと表明しているかのようだ。ウォルシュは背が低く、早口で、自信にあふれている。

「ミレニアム・キャンペーンを例にとると」そのキャンペーンが実施されている最中の一九九九年の末に、彼女は言った。「女性が〝ダイヤモンド〟と〝ミレニアム〟を結びつけて考えるようになってほしいの。男性には、そのあとでもわかってもらえるから……。〔イベントについて〕はるかに早くから考えているのは女性なのよ。だから早い時期に、女性に狙いをつけた広告を雑誌に出すの」

最初の広告を、ウォルシュは女性への〝巧妙な〟活字広告と呼んだ。それには、ダイヤモンドを身につけた女性の写真が添えられていた。「それは私の手にやさしく触れる」コピーにはそう書かれていた。「次のミレニアムに入るとき、私は一人ではないと思い出させるかのように」あるいは、次のようなものもあった。「二〇〇〇年の間持てるものがほかにある？　愛と同じだけ続くものがほかにある？」

「ダイヤモンドを見て」とウォルシュは芝居がかった声で言葉を発し、広告の目的を表わすように指をいっぱいに広げた。「デザインを見て。とても少女的だし、とても女性的でしょう。彼女たちの願望を刺激するのよ。女性に話しかけなければ、何かを売ることなど決してできない。ここで、ちょっとしたダンスパーティが催されるの。〝彼女〟のほうから〝彼〟にアプローチしなければならないからよ。これはミレニアムに限ったことではないわ。毎年のクリスマスでも同じこと。イベント――ミレニアム、クリスマス、バレンタインデー――が間近に迫ってくると、女の子を相手にするのは終わり。彼女はここまで。もう十分。いまや、〝彼〟に近づかなければならないわ」彼女は頭を振った。

「とても簡単なことよ」

「あなたはどのミレニアムをお待ちですか？」一九九九年の最後の数カ月、デビアスから男性に郵送されたスペシャルカードの一枚は、そう問いかけていた。男性へのメッセージはより直接的で、冗談まじりの調子だった。「二〇〇〇年おきくらいに、彼女に本当に特別なクリスマスプレゼントを買ってあげるのはすてきなことですね」マーケターは、いくら払うべきかさえ教えた。北アメリカで出されたある広告では、こう要求されていた。「彼女には、給料二カ月分の価値があるのではないですか？」男性がいくら払うかについて、世界各地で市場調査がなされ、その結果に応じてこの数字は調整された。ヨーロッパの男性は一カ月分の給料ですんだが、日本の男性は三カ月分を請求された。

デビアスは販売促進のために、ほかのどの会社よりも多くのダイヤモンドを使っている。だが、その宝石のイメージを最高に引き上げてくれるものには、お金はまったくかかっていない。ハリウッドはダイヤモンドが大好きだ。ときには、恐ろしい場面で使われることもある。『シンドラーのリスト』で、主役のリーアム・ニーソンは、一列車分のユダヤ人の命と引き換えに、ナチス親衛隊の将校の机にダイヤモンドを積んだ。あるいは『マラソンマン』で、ダスティン・ホフマンは、ダイヤモンドをひとつかみずつ鉄格子の上に投げ捨てる。ダイヤが浄水槽へ落ちていくと、ナチスの極悪人を演じるローレンス・オリヴィエが、狂ったようにそれを拾おうとする。これらの映画の中で、ダイヤモンドは貪欲の象徴であり、宝石が持つ圧倒的な力を表わしている。

さらに多いのは、ダイヤモンドが欲望のもう一つの側面——肉欲——の記号となる場合だ。『泥棒成金』の中で、女相続人を演じるグレース・ケリーがダイヤモンドを身につけているシーンは、一つしかない。ある男を誘惑しようとするシーンだ。彼女はその男を、フランスのリヴィエラで、女性たちの間を荒らしまわっている宝石泥棒ではないかと疑っている。ケリーは泥棒の被害にあいたくないのと同時に、彼をたぶらかしたいのだ。監督のアルフレッド・ヒッチコックによってもくろまれた張りつめた場面で、ケリーの顔に影が落ち、その個性が消える。結果として、観客の注意はダイヤモンドと女体にすっかり引きつけられ、それらが欲望の唯一の対象となるのだ。『紳士は金髪がお好き』では、さらに露骨に、これとは異なる性的な主題が提起されている。マリリン・モンローの歌〈ダイヤモンドは女のベストフレンド〉を聞くと、単純な観念が次々と連想される。男はセックスがしたい。女にとって、性的魅力は一時的な資産でしかない。女はそれを、もっと換金性の高いものと交換したほうがいい。

『紳士は金髪がお好き』で使われた宝石類は、鉛ガラスだった。だが、カルティエ、ティファニー、ヴァン・クリーフ&アーペルといった宝石店は、喜んで映画に宝石を提供してきた。真珠やエメラルドのようなほかの宝石を押しのけ、ダイヤモンドが世界で最も人気のある宝石となったのは、偶然ではない。多くの宝石商は、そのきわめて贅沢な商品にとって、ハリウッドが理想的なショーケースであることを知っていたのだ。それは、いまでも変わらない。一九九八年のアカデミー賞の授賞式で司会を務めたウーピー・ゴールドバーグは、ハリー・ウィンストンから借りた、四一〇〇万ドル相当のダイヤモンドを身にまとい、光り輝いていた。そこには、一〇七・一八カラットの指輪（一五〇〇万ドル相当）も含まれていた。プレショーの司会のジーナ・デイヴィスは、ハリー・ウィンストンの二六〇万ドル相当の指輪と四万五〇〇〇ドルで売れたイヤリングを、これみよがしに身につけていた。「われわれはジーナに、バゲット・カットとラウンド・カットのダイヤを使って、ボビーピンをつくった」ウィンストンのあるスポークスマンは言った。「ところが、授賞式の前日になって、彼女はボビーピンをつけないと決めた。ぶら下がるイヤリングがいいというのだ。そこで、われわれはボビーピンを二つに割り、ポストをつけた」

『恋に落ちたシェイクスピア』で、その年の主演女優賞を獲得したグウィネス・パルトロウは、一六万ドルのダイヤのネックレスをつけていた。これもまた、ウィンストンからの借り物だった。アカデミー賞を受けた夜のグウィネス・パルトロウの喉元。これ以上の広告の場を想像するのは難しいだろう。授賞式のあと、ハリー・ウィンストンの店には電話が殺到した。グウィネス・パルトロウの父親は、娘にオリジナルのネックレスを買ってやった。だがウィンストンは、そのコピーに一七万五〇〇〇ドル払おうという買い手から、二五の確定申し込みを受けたのだ。

◆

ダイヤモンドは、大昔から神秘性をまとった存在だった。アレクサンドロス大王は、インドへの進軍の途中、ダイヤモンドでいっぱいの洞窟の話を耳にしたという。その洞窟はヘビに守られていた。それににらまれると、人は死んでしまうのだ。どうしてもダイヤモンドが欲しかったアレクサンドロスは、兵士に鏡を持たせるよう命じた。洞窟に近づくと、兵士たちは鏡を突きつけ、ヘビの視線をはねかえした。ヘビは、みずからの視線を浴びて死んだ。それからアレクサンドロスは、羊を殺し、その胴体を洞窟に投げこむよう命じた。すると、ダイヤモンドは脂肪にくっついた。そこへハゲワシが舞いおり、ダイヤモンドがちりばめられた獣肉を貪り食った。飛び去ったハゲワシは、アレクサンドロスの兵士たちの手にダイヤモンドの雨を降らせた。

ダイヤモンドは、インドの将軍チャンドラグプタも細心の注意を払うほど重要なものだった。チャンドラグプタは、紀元前三二二年にインドからギリシャ人を追い出し、最初のインド帝国を建設した人物だ。彼の治世に整えられた国政術に関するある論文に、「宝庫に収容すべき貴重品の審査」という章があった。そこには、ダイヤモンドの最も重要な性質が列挙されていた。結晶構造、光沢、大きさである。このときまでに、インドは五〇〇年にわたってダイヤモンドを産出していた。

最も有名なダイヤモンド鉱山は、ゴルコンダという昔の王国のコルールという場所にあった。現在のハイデラバードの街から、西にわずか数キロ行ったところだ。そこはクリストナ川によって岩石が削られ、深い小峡谷となっている。多くの伝説的な石がその場所で採掘された。それらの石の評判は世界中に広まった。フランス人宝石商のジャン‐バティスト・タヴェルニエが十七世紀にその地を訪れたとき、六万人の老若男女が働いていたという。世界で最も有名な伝説を持つダイヤモンドのうちの二つ——ホープとコイヌール——も、コルール小峡谷で採掘された。今日、コイヌールはロンドン塔で見ることができる。一九三七年にエリザベス皇后（のちの皇太后）のためにつくられた冠の前面の、マルタ十字の中心に埋め込まれている。その輝きはこんな格言を生み出した。コイヌールを持つ者は、世界の支配者となる。

コイヌールのことが初めて記載された文献は、『バーブルナーマ』だった。インドを征服してムガール帝国を創建したバーブルの回想録である。一五二六年、バーブルはデリーのスルタンと戦うべく進軍し、パーニーパットで敵軍と対面した。バーブルのわずか一万二〇〇〇人の軍隊に対し、スルタン側は一〇万人の兵と一〇〇頭の戦争用ゾウを擁していた。行く手にはもうもうと砂塵が舞い上がり、スルタンの軍勢が近づいてくるのがわかった。チンギス・ハーンの子孫であるバーブルは、大砲を撃って戦闘の火蓋を切った。つづいて、すばやく動きまわる騎兵隊を展開し、時代遅れの戦闘隊形をとるスルタンの軍勢を粉砕した。バーブルは数で勝る相手を打ち負かし、戦いの最中にスルタンを殺した。

スルタンとともに死んだ諸侯の中に、グワリオールのラージャ（昔のインドの王侯）がいた。彼は宝石を含む財宝を持っていたが、戦いに出る前、家族とともにアグラの砦へ移動させてあった。バーブルは財宝の存在を知ると、息子をアグラへ急行させて砦を強奪した。ラージャの家族は逃げようとしたが、失敗に終わった。バーブルが到着して息子から砦を引き渡されると、ラージャの家族は彼に免役地代、つまりご機嫌をとるための贈り物を献上した。その財宝の中にコイヌールが含まれていた。「それには大変な価値があった」と『バーブルナーマ』には書かれていた。「ダイヤモンドの鑑定人はそれを、全世界で一日に使われるお金の半分の値打ちがあると評価した」

著述家たちはコイヌールについて、全世界の収入とくらべると、という言い方をしばしば使った。それが二つとないものだったからだ。コイヌールは征服者の手を転々と渡ったあと、一八一三年、〝パンジャブのライオン〟の異名をとるランジート・シングのものとなった。ランジート・シングは初代のシーク王であり、真の権力を握っていた唯一の王でもあった。彼のあとを継いだ三人の王は無力だった。一八四三年、ランジートの末の息子で、まだ未成年のダリプ・シングが王位についた。六年後、イギリス人もその有名な宝石に目をつけた。イギリスがラホールで兵をあげ、パンジャブを併合した。それ以前の征服者と同じように、イギリス人もその有名な宝石に目をつけた。ラホール条約の第三項にはこう規定されていた。「マハラジャのランジート・シング大王がシャー・シュジャー＝ウルムルクから奪った、コイヌールと呼ばれる宝石は、ラホールのマハラジャによって、イギリスの女王に譲り渡される」

コイヌールがロンドンに送られるまで、それを監視する責任を負ったのが、インド総督を務めるダルハウジー卿だった。その任務は、彼にとって大きな重圧となっていた。一八五〇年五月十六日にインドから友人に出した手紙の中で、彼はその気持ちを吐露している。

四月六日、コイヌールを載せた軍艦メディア号がボンベイを出港しました。秘密厳守なのでお知らせできませんでしたが、私はそれをラホールから自分で運んだのです。任務を引き受けたときは、大変なことになったと思ったものです。ボンベイの金庫にその宝石を運び込んだとき、これまでの生涯で一度も味わったことのない安堵感をおぼえました。私はコイヌールをベルトに二重に縫い込み、腰にしっかりと巻きつけました。ベルトの一方の端を、首に巻いた鎖にしっかりと結びつけました。昼も夜も、そのベルトをはずしませんでした。ガゼー・カーンに着くと、ラムジー船長（彼はいま監視の任務に当たっています）に宝石を託しました。宝物箱に鍵をかけると、私が戻るまで箱の上に座っているよう厳重に指示しました。何とも驚きました！　それを手放すと、身も心も軽くなったのです。船が来なかったため、宝石は二カ月間ボンベイに留め置かれました。私は、神よ、七月に無事到着しますように、と願いました。ところで、あなたはこのことについて、周囲には何も言わないほうがいいでしょう。ほかの人から発表があるまで待つべきです。私は宮廷と女王陛下に、この郵便で正式にご報告しておきました。

ロンドンでは、コイヌールに大きな期待が寄せられていた。それは不幸をもたらすとつぶやく者もいた。コイヌールがバッキンガム宮殿に到着してまもなく、女王直属の軽騎兵隊の退役将校が、錯乱した様子でヴィクトリア女王に殴りかかった。そのダイヤモンドはますます有名になった。ハイドパークで開かれた大博覧会で、女王はコイヌールを展示した。それが収められている建物には群衆が殺到し、まるで暴動のような有様となった。だが、その宝石に失望する者もいた。《タイム》は、そのダイヤモンドには評判ほどの輝きは見られないと書いた。《イラストレイテッド・ロンドン・ニューズ》も同じ意見だった。そして、そのダイヤモンドは「純粋さと光沢を引き出すのに最もふさわしい形にカットされていない」ので、再カットするべきだと主張した。これは、驚くべきことではなかった。古代インドのカット師は、ダイヤモンドが最も輝くようにではなく、大きさを損なわないように研磨したからだ。

ヴィクトリア女王の夫君のアルバート公が、コイヌールを研磨すべきだという主張を支持した。彼は、専門家にその石を吟味させる手はずを整えた。結局アムステルダムの会社が、それをカットするために選ばれた。王室御用達の宝石商ガラードの作業場で、小さな蒸気エンジンが組み立てられ、カット師がオランダからやってきた。一八五二年夏のある金曜日の午後、コイヌールを熱烈に称賛するウェリントン公が、軍馬でガラードの作業場に乗りつけた。コイヌールは鉛にくるまれ、最初に削りとられる部分だけが露出していた。蒸気エンジンが始動し、砥石車が回転した。《タイム》によれば、「閣下の手によって、宝石がスケーフ――超高速で回転する水平円盤――にセットされた。こうして、最初の角が摩擦によって削り取られ、新しいカットの最初のファセットがつけられた」

コイヌールには内包物が含まれていた。専門家が慎重に検討したとはいえ、砥石車の摩擦によって、そのダイヤモンドが粉々になってしまうのではないかと恐れる者もいた。ガラード兄弟の一人は、そうなったらどうするつもりかと問われ、こう答えた。「ドアから表札をはずし、逃げ出します」コイヌールの研磨には三八日を要した。カット師の手によって、その重さは一八六カラットから一〇八・九三カラットに減らされた。

アルバート公は、重量が減ったことにうろたえた。コイヌールにつきまとう伝説的な不運が、それをカットした人びとにふりかかったという噂が広まった。次のようなささやきも聞かれた。その石は年端もいかぬダリプ・シングからだましとられたのだ、それは彼の個人的財産であり、国の資産ではなかったのだ、と。その事件が起きたとき、ダリプ・シングはロンドンにいた。バッキンガム宮殿でポーズをとり、肖像画を描いてもらっていたのだ。ヴィクトリア女王はマハラジャに使いを出し、新しくカットされた石を見たいかとたずねた。使いから話を聞くと、ダリプ・シングは言った。「私はその石を自分のものとし、みずからの手で女王陛下にお渡ししたい。いまや私は一人前の男だからだ。

条約によって陛下にそれをお譲りしたとき、私はほんの子供だった。だが、いまでは事を理解できる歳になっている」

翌日、女王は若きマハラジャが高座でポーズをとっている部屋を訪れ、彼にコイヌールを手渡した。ダリプ・シングはそれを厳粛な表情で点検すると、女王に返した。このやり取りについて報告を受け、ダルハウジー卿は激怒した。彼は、その石は贈り物ではなく、法的権利によって女王のものなのだと主張していた。ダルハウジー卿が所有権についてそう主張したのは、驚くべきことではない。ある友人にあてた手紙の中で、彼はこんな話を繰り返し述べていた。

ランジート・シングがシャー・シュジャーから〔コイヌールを〕奪ったとき、彼はその真の価値を確かめたいと切望した。彼はウムリッサーの商人に使いをやった。だが商人たちは、その価値はお金に置き換えられないと答えた。彼はシュジャーの妻のベイガム・シャーに使いを出した。彼女はこう答えた。「一人の怪力男が五つの石を手にし、東西南北へ向かって一つずつ、そして最後の一つをまっすぐ頭上へ投げたとします。それぞれの石の間の空間が、金と宝石でいっぱいになったとしても、コイヌールの価値にはおよばないでしょう」

あらゆる宝石商が、物語による付加価値を知っている。由来のあるダイヤモンドは、実質的な価値より高値で取引されるのだ。一九七四年、ハリー・ウィンストンは、デビアスから最高級の原石を二四五〇万ドルで買う取引をした。彼は直接ハリー・オッペンハイマーと交渉した。話し合いには、わずか数分しかかからなかった。交渉が終わると、ウィンストンは言った。「この取引に少し色をつけてもらえませんか?」オッペンハイマーは無言でポケットに手を入れると、一八一カラットの原石を取り出し、テーブルに転がした。ウィンストンはにっこりしてそれをつまみあげ、「ありがとう」と言った。ニューヨークに戻るやいなや、ウィンストンはその原石を砥石車にかけた。すると、五つの研磨済みダイヤモンドができあがった。最大のものは四五・三一カラットあり、Dカラー、フローレス（無傷）、エメラルド・カットという仕上がりだった。即座に、ウィンストンはそれを〈ディール・スウィートナー（取引につけられた色）〉と命名した。その宝石を買う者は、ダイヤモンドはもちろんその物語にもお金を払うのだ。

名前によってプレミアムがつくことがわかっているため、名前をつけようとする所有者もいる。三一カラットのサファイアブルーのダイヤモンドに、実際に名前がついてしまったことがある。ハート型にカットされたそのダイヤは、一九一〇年、カルティエによってアルゼンチンのある一家に売られた。それは、フランスのウジェニー皇后の持ち物だったという噂が流れた。この噂が本当のはずはなかった。そのブルーダイヤモンドがカットされたのは、皇后がイギリスに追放されてから四〇年近くたった頃だ。彼女はすっかり落ちぶれており、とっくの昔に宝石を持てる身分ではなくなっていたのだ。それにもかかわらず、噂はなかなか消えなかった。ハリー・ウィンストンがそのブルーダイヤモンドを買い、シリアル会社の女相続人マージョリー・メリウェザー・ポーストに売ったときには、ウジェニー・ブルーという名前がつけられていた。ポースト夫人は、それをワシントンのスミソニアン協会に寄贈した。そのダイヤモンドには、いまだに偽りの名前がつけられたままである。

大きなダイヤモンドの所有者がすべて、このゲームで成功を収めるわけではない。ニューヨークのサザビーズでジュエリー部門の重役を務めるゲーリー・シューラーは、中西部からやってきたある一家のことを思い出した。彼らは〝名前のついた〟石を持ってきた。シューラーは参考文献を調べたが、その石は見つからなかった。彼はその石を、推定される名前で競売に出すのを断わった。「彼らはあらゆる種類の証拠資料、書類の山をたずさえていた。おわかりだろうが、地方紙の取材を受け、自分たちの言うことを書いてもらっていたのだ。その一家は、そうしたものを何から何まで揃えていた――誰がそれを所有していたか、誰がそれを売ったか、なぜその名前がつけられたのか」シューラーは、そのダイヤモンドの名前を明かそうとしなかった。首を振ると、苦笑してこう言った。「オハイオの偉大な星とでも言っておくよ」

◆

ダイヤモンドがオークションに出されるとき、お金以上のものが賭けられることがある。競売場が、敵意の渦巻く闘争の場となるのだ。一九九七年五月六日の晩、マンハッタンのパーク・アヴェニューにあった当時のクリスティーズで、ロット番号一七一番の商品が競りにかけられる順番がきた。品物はヴァン・クリーフ&アーペルのブローチで、アルゼンチンの国旗を模したものだった。上下に配されたサファイアの帯が、真中のダイヤモンドの帯を引き立たせている。中央の〈五月の太陽〉は、ファンシー・インテンスイエローのダイヤモンドだった。その旗は、きらびやかに波打っているように見えた。さらに、そのブローチには輝かしい由来があった――かつて、エバ・ペロンの持ち物だったのだ。

最初に八万ドルという低い落札予想価格がつけられ、競りが活発に始まった。競り合いが過熱してくると、部屋中の目が一人の入札者――背が高く、すらりとして、沈着冷静に見えるブロンドの女性――に注がれた。アルゼンチンの女優スサーナ・ヒメネスである。通常なら、品物が出てきて競り落とされるまで一分程度である。だが、一七一番の品物の競り合いはすぐにこの時間を超え、競売人が大好きな領域に入った。戦争である。単なる欲張りは脱落し、戦場には二人の戦闘員が残された。ヒメネスと匿名の電話入札者である。その人物はカリフォルニアの個人コレクターだった。その品物への情熱は、オークション会場にいるまったく謎の人物――電話係の若い女性――のうしろに隠されていた。彼女が入札額を聞いて、会場に伝えた。クリスティーズでは、その輝く小さな旗に一二万ドルという高い評価額がついたが、その額も一気に超え、付け値はますます上がっていった。

ヒメネスが値をつけるたびに、競売場に賛同を示すざわめきが広がった。それから、全員の目が電話台に向けられた。そこには、若い女性がしゃちほこばって座っていた。何かを用心するかのように目を伏せ、受話器を耳に当てている。一瞬の間を置いて、彼女は目を上げて競売人にうなずく。ぶつぶついう声がさざ波のように広がる。やじを飛ばす者もいる。

入札額が七〇万ドルを超えると、戦いは激闘の様相を呈しはじめた。価格は二万ドルずつ上がっていった。七八万ドルに達したとき、ヒメネスは一瞬間《ま》を入れ、力をためているかのように見えた。それから、彼女はあごを傾け、付け値を八〇万ドルに上げた。会場にいる人びとは大声を上げ、固めた拳を突き上げた。それから、彼らは電話台のほうを向いた。若い女性はほんの一瞬目を伏せると、顔を上げて競売人にうなずいた。落胆のため息が部屋中に広がった。価格が容赦なく上昇しても、ヒメネスは勇敢に踏みとどまった。彼女の最後の付け値は八八万ドルだった。即座に九〇万ドルという応答があると、彼女は首を振り、ブローチは落札された。人びとは肩を落とし、女優が部屋を出ていくのを無言で見つめた。

立派な由来は宝石の付加価値となるが、買い手と売り手は匿名を要求するのが普通である。クリスティーズは、誰がアルゼンチン国旗のブローチに、ヒメネスよりも高い値をつけたのかを明かさない。また、ニューヨークのクリスティーズ・ジュエリー部門トップのサイモン・ティークルに、こうたずねても答えてくれない。彼がイギリスで手に入れた、目を見張るような宝物の背後には誰の名前があるのか、と。

一九八九年春のある日、ティークルの冒険が始まった。その日、ロンドンのクリスティーズ・ジュエリー部門で電話のベルが鳴った。電話の主を知っている者はいなかったが、下っ端だったティークルは、それに出ることを承知した。ティークルはきわめて温厚で、頬はあざやかに赤く、髪は薄茶色である。自分の仕事と、それについて話すことにははっきりと喜びを感じている。

「電話の主は女性だった」彼は言った。「ダイヤモンドとサファイアをあしらった、一組のカフスボタンを売ろうとしていた。そして、オークションがどんな段取りで進むかを知りたがっていた。私は基本的なこと――一〇週間前に出品することや、一〇パーセントの手数料がかかることなど――を教えた。ロンドンに行く予定はないと言うので、書留郵便で出品すること〔この業界では珍しくない狂気の行為〕を勧めた。彼女は品物の紛失を心配した。そこで、どこに住んでいるのかたずねてみた。運よく、ちょうどその週末、私はそこから一五キロばかり離れた場所に、友人と滞在することになっていた」

日曜日、朝食をすませると、ティークルは淡黄色のBMWに乗り込んで出発した。車を飛ばし、ケント州の道路を抜けた。やがて十八世紀に建てられた質素な家に到着した。彼は日当たりのいい部屋

アーマダバードの忠実な模型を前にするサイモン・ティークル。アーマダバードは、78.86カラットのトップ・カラーのダイヤモンド。ティークルが手に入れ、ジュネーヴのオークションで4,324,554ドルで競り落とされた。（クリスティーズ提供）

で、大きなチンツ張りのソファに腰をおろした。そして、依頼主の女性とその夫がポット一杯分の紅茶を飲み終わるまでつきあった。一時間後、彼はカフスボタンを持ってその家をあとにした。それは三五〇〇ポンドで売れた。それから六カ月の間、何の音沙汰もなかった。

「それから、私はまた電話を受けた。『今度はブルーダイヤモンドを売りたいと思いますの』二人がどういうつもりでカフスボタンを売ったのか、すぐにピンときた——オークションの段取りをテストしていたのだ。ブルーダイヤモンドは、いまではとても珍しい品だ。彼女が郵送したくないのはわかっていたので、私はすぐに車で出かけた。彼女の家につくと、過去に見た中で最も美しいブルーダイヤモンドの一つが、ペンダントにはめこまれていた。私はまだ経験が浅かった。それにはどれくらいの価値があるかとたずねられると、深呼吸をし、予想される最高の数字を思い浮かべた。私は五〇万ポンドと言った」

そのペンダントは、ロット番号五五一番〈ある貴婦人の財産〉として秋の競売カタログに載った。クリスティーズは「ブルー、オレンジ・イエロー、無色のダイヤモンドがはめこまれた、ベル・エポックの格調高いペンダント」と評した。それらの石は、ファンシー・ダークブルー、ファンシー・インテンスオレンジ・イエロー、Eカラーの無色、クラリティーはVS2（ごく微小な内包物）と、等級づけられた。ブローチは一五〇万ポンドで売れた。「二人は金遣いの荒い夫婦ではなかった」ティークルは言う。「だが、彼女はキャビアが大好物だった。ブローチが売れた翌日、オフィスに戻ってみると、机の上にバケツ一杯分のキャビアが置かれていた」

一年後、再び電話があった。「あなたと巡り合えて本当によかったわ、サイモン」彼女は言った。「クリスティーズでお世話になれたこともね。夫と私は何とかやっています。ところで、売ろうと思っているものがいくつかあるの」

「わかりました。大急ぎでうかがいます」ティークルは言った。「二人には相続人がおらず、慈善団体に寄付するしかなかった。だから、現金を残したかったのだ」到着すると、彼はウォーターフォールを見つけた。Dカラー、フローレスの無色のダイヤモンドのネックレスだ。それだけでも一五〇万ポンドはくだらない。コレクションを全部あわせると、一〇〇〇万ポンド以上で売れた。ティークルは、その持ち主の身元を明かそうとしない。十九世紀末の著名なダイヤモンド一家の、非嫡出の娘だと言うだけである。

その年、幸運が再びティークルにほほえんだ。スコットランドに住むある一家が、有名なダイヤモンドを所有していた。クリスティーズは数年間、あの手この手でその宝石の販売を委託してもらおうとしていた。その一家から電話を受けると、ティークルはエジンバラへ急行し、八〇キロほど離れた地元の銀行へ車で向かった。金庫が取り出され、開かれると、中には一三・五カラットのローズピンクのダイヤモンドが入っていた。それは、バーブルのターバンにはめこまれていたものだった。そのピンクの宝石は、アグラ・ダイヤモンドとしてあらゆる場所で知られていた。かつてはコイヌールを含む財宝の一部で、バーブルが、征服した敵の未亡人から奪ったものだ。アグラ・ダイヤは、バーブルの跡を継いだムガール人の手に渡り、やがて姿を消した。一八四四年、それは再び表舞台に現われた。パリで、ブラウンシュヴァイク公に買われたのだ。一八九一年には、ロンドンの商人、エドウィン・ストリーターがアグラ・ダイヤを買った。そのときには、現在の大きさにカットされていた。ストリーターの会社の後継者がピンクダイヤを商人に売ると、その商人はルイス・ウィナンズに転売した。ウィナンズは、ロシアに最初の商業鉄道を敷いたアメリカの実業家の息子である。ウィナンズの相続人はそれを六〇年間保有したあと、オークションに出すことにした。「台のついていないクッションの・シェイプで、ファンシー・ライトピンクの壮麗なダイヤモンド」これが、クリスティーズがカタログに載せたうたい文句だった。大勢の映画スター、政財界の大物、王族などがその石を見にやってきた。クリスティーズはロンドンのキング・ストリートで宝飾品の競売を催し、最初の晩にそのピンクダイヤを売った。落札価格は、四五〇万ポンドだった。

◆

有名な宝石がオークションにかけられると、その価値に関する人びとの評価は高くなる。金持ちが大金を出すなら、その宝石にはそれだけの値打ちがあるに違いないからだ。だが、ダイヤモンドのカリスマ性を最も高めるのは、それを盗む人びとである。泥棒はダイヤモンドの強力な後援者である。拳銃をつきつけて宝石店からすべてを盗もうと、伯爵夫人の首からネックレスを奪おうと、何らかの歴史的瞬間をとらえようと、同じことだ。

一七九一年六月二十日の夜、フランス国王ルイ十六世はマリー・アントワネットを伴ない、夜を徹して逃走していた。死に物狂いで革命から逃れようとしていたのだ。王の馬車はヴァレンヌで軍隊に捕まった。王と王妃は護衛されてパリに連れ戻され、チュイルリー宮に閉じ込められた。国内の秩序は急速に失われていた。政府は王自身に対してと同じく、その服装にも注意を払うことにした。そして、王の装身具をヴェルサイユからパリへ運ぶよう命じた。林立するマスケット銃に囲まれた大宮殿から、財宝が荷馬車に揺られながら首都のある北東へ向かった。その日、世界で最も有名なダイヤモンドのいくつかが、道を運ばれていった。だが、中でも最も高名だったのは、暗青灰色で六七・一三カラットあるハート・シェイプのダイヤモンド、フレンチ・ブルーである。

そのダイヤモンドは、一〇〇年以上前からフランスにあった。一六六八年に、タヴェルニエがルイ十四世に売ったのだ。当時、その重さは一一〇カラットあった。タヴェルニエは、その石を〝美しいすみれ色〟と評した。きわめて濃い青という意味だった。太陽王はダイヤモンドに身を包んでいた。廷臣の前に姿を現わすとき、彼はまさに太陽の王様のように光り輝いていた。頭のてっぺんからつま先まで、ダイヤモンドが縫いつけられた衣装で身を固めていたのだ。靴の留金さえダイヤモンドで輝いていた。半ズボンにもダイヤモンドが光っていた。一着のコートにダイヤモンドで小枝模様が刺繍され、一一二三個のダイヤモンドのボタンがつけられていた。ボタン穴にもダイヤモンドが縫いつけられていた。コートの下のベストには宝石がちりばめられ、きらきらと輝いていた。ビロードの帽子には七個のダイヤモンドがついていた。それほどまでに輝きを愛したルイ十四世が、インド式にカットされた大きなブルーダイヤモンドを改良しようと決めたのは当然だった。

一六七二年、ルイ十四世は、そのダイヤモンドをお抱え宝石商のピトーに送った。ピトーは約五〇カラットを削り取り、廷臣たちも感嘆する美しいハート・シェイプのダイヤモンドに磨き上げた。大きな行事のとき、王はそのダイヤを喉元につけた。それは、国王のブルーダイヤモンドと名づけられた。ダイヤの名声がヨーロッパ中に広まると、鑑定家たちは単にフレンチ・ブルーと呼んだ。太陽王の後継者もそのダイヤモンドを大事にした。ルイ十五世は黄金の羊毛勲章にはめこんだ。マリー・レクザンスカと結婚したとき、彼はそのダイヤをはずして王妃に与えた。レクザンスカはそれを帽子につけた。こうしたエピソードによって名声を獲得したあと、フレンチ・ブルーはわだちの多い道を揺られながら、ヴェルサイユからパリへ運ばれていった。

国王の財宝の保安は、ティエリー・ドゥ・ヴィル゠ダヴレーという、宮廷づきの将校の手に委ねられていた。彼は宝石の安全のことで苦慮していた。治安が悪化していたからだ。政府からは、財宝をギャルド・ムーブルに運び込むよう命じられていた。王宮から運ばれた芸術品や家具でいっぱいの、国家の倉庫である。だがギャルド・ムーブルは、毎週月曜日に一般に公開されていた。その老いた廷臣にとって、それが心配の種だった。泥棒はその建物のレイアウトをゆっくりと研究し、宝石を眺め、それがしまわれる小箱を点検することさえできるのだ。まさにそれをやった一人の泥棒がいた。三十五歳の重罪犯人で、以前パリから追放されたポール・ミエットは、社会情勢の混迷に乗じて街に舞い戻っていた。記録から、一般公開日に彼がギャルド・ムーブルを訪れていたことがわかっている。一七九二年三月、ミエットはパリで盗みを働いて逮捕され、収監された。

ギャルド・ムーブルの安全性は、急速に低下していた。歩哨が交替で見張りをしたが、ローテーションは不明瞭だった。六月二十日、心配に耐えられなくなったドゥ・ヴィル - ダヴレーは、台のついていない宝石をすべて箱に詰め、自分の部屋に運んでしまった。彼はそれをアルコーヴに押し込み、たくさんの小荷物のうしろに隠した。革命の指導者たちはそれに気づくと、宝石を戻すよう命じた。八月十日、暴徒がチュイルリー宮を襲撃し、略奪を働いたとき、宝石は元の場所に戻されていた。

すべてが急速に崩壊した。九月二日、民衆は再び暴動を起こした。彼らは刑務所に乱入し、収容されていた貴族と僧侶を虐殺した。また、ポール・ミエットを含む一般の囚人を解放した。上流階級の虐殺は続き、ドゥ・ヴィル - ダヴレーも死んだ。彼の後継者は、ギャルド・ムーブルがみじめな状態にあるのを知った。一階の窓には鉄格子さえなかった。彼は、しばしば見張りが一人もいなくなることを上司に報告した。ヨーロッパで最高の財宝が、奪ってくださいと言わぬばかりに横たわっていた。

九月十一日の夜、フランス国王の財宝の略奪が始まった。二つの盗賊団が十一時に落ち合った。一方を率いるのはミエット、もう一方を率いるのはカデ・ギヨーという名の、ルーアンからやってきたならず者だった。現在のコンコルド広場で、何人かの盗賊が歩哨に変装して見張りをしている間に、機敏な者たちが、ギャルド・ムーブルの隅石によじ登り、二階のバルコニーにたどりついた。彼らは、鎧戸にかんぬきがかかっていないのに気づいた。それを突き破ると、ガラス切り用ダイヤで窓ガラスを切り抜いた。一人が内側に手を伸ばし、窓の掛け金を開けた。盗賊たちはギャルド・ムーブルに侵入した。

その夜、彼らは太陽王の剣、時計、宝石で飾られた靴の留金を盗んだ。金庫を壊して開けると、それぞれ色つきと無色の二つのパリュール——セットになっている宝飾品——があった。ミエットは無色のほうをとった。それには、大きなテーブル・カット・ダイヤモンドの〈セカンド・マザラン〉が含まれていた。ギヨーがつかんだ色つきのパリュールでは、宮廷で最も大切にされていた二つの宝石——竜の形にカットされた〈コート・ドゥ・ブルターニュ〉と〈フレンチ・ブルー〉——が輝いていた。

次の日の夜、盗賊は夕飯を持っていった。袋に財宝を詰め終わると、彼らはパンとソーセージとワインの食事を始めた。向こう見ずな空気が、一味の間に広がっていた。九月十六日までに、盗賊団は五〇人以上に増えた。そのうちの何人かは国家警備兵の制服を着て、略奪者を守るために広場に陣取っていた。前と同じように、盗賊は二階のバルコニーから侵入した。真夜中までに仕事を終えると、隅石を伝って通りにおりた。一味のうちの数人が、略奪品をすぐに分配するよう要求したことから言い争いとなった。それはやがて大騒ぎとなったため、サントノレ通りをパトロールしていた歩哨がそれを聞きつけ、調べにやってきた。仲間が危険を知らせると、盗賊は逃げ出した。

警官隊はあっという間に盗賊を取り押さえ、多くのダイヤモンドを奪回し、数名の犯人をギロチンにかけた。だが、フレンチ・ブルーは姿を消した。学者たちは二〇〇年かけて、その行方を調べ上げた。捜査の過程には、偽の手がかりや間違った推測がごろごろしていた。一七九八年にゴヤによって描かれたスペイン王家の肖像画で、マリア・ルイサが大きなダークブルーの宝石を身につけていた。それがフレンチ・ブルーかもしれないとされた。出所をごまかすため、盗賊団によって再カットされたというのだ。だがこの説は、あまり信用されてこなかった。フレンチ・ブルーはカデ・ギヨーが持っていったらしい。彼はパリからナントへ、そこからルアーヴルへ、最後はロンドンへと逃げていった。
十八世紀の末、ロンドンのダイヤモンド商人は、宝石の供給源を三つ持っていた――インド、ブラジル、そしてフランス革命である。とはいえ、フレンチ・ブルーを売りさばくのは難しかったはずだ。当時、それはヨーロッパで最も有名な宝石だった。買い手は、いつかフランス政府から返せと言われるのではないかと、びくびくしなければならない。したがって、ギヨーがその宝石を売ったとき、運命は決定された。それを砥石車にかけた者は、どんなに心を痛めたことだろう。だが、それは現実に行なわれた。そのハート型のブルーダイヤモンドは、研磨されて永遠に失われた。いまでは宝石の専門家の意見は、次の点で一致している。一八一二年に、ロンドンのディヤマンテールのダニエル・イライアソンが手にしたブルーダイヤモンドが、ほぼ間違いなく再カットされたフレンチ・ブルーである、と。その石の図取りをした宝石細工人は、こう述べている。

この図は、きわめて珍しい最高級のディープブルーダイヤモンドの大きさと形を、正確に写したものだ。ブリリアント・カットで、純粋なディープブルーのサファイアと同じ色をしている。美しさに満ちあふれ、一点の染みも傷もない完璧な品質である。全体にわたって、色むらはまったくない。私はダニエル・イライアソン氏に無断で、そのダイヤモンドの輪郭を鉛筆でなぞった。これまで見てきたダイヤモンドの中で、最も見事にカットされている。

おそらくこれを書いた人物が、そのダイヤモンドをカットしたのだろう。だが、彼はその仕事を自分の手柄にできなかった。法律的な問題もあるし、恥じる気持ちもあったはずだ。どんなにうまくカットしたところで、世界で最も美しい宝石の一つを抹殺してしまったことに変わりはないからだ。それ以来、その宝石には不幸な伝説がつきまとった。ロシアのある王子は、そのダイヤモンドをフォリー・ベルジェールという女優に与えたが、嫉妬にかられて舞台上の彼女を撃ち殺したという。ベルジエールが死んだとき、胸にはそのダイヤがかかっていた。とはいえ、それはお話である。事実としてわかっているのは、一七九二年九月の夜にギャルド・ムーブルから奪われた、六七カラット以上あったハート型のブルーダイヤモンドが、一八三〇年にロンドンで、ヘンリー・フィリップ・ホープに九万ドルで買われたということだ。そのときの重さは四五・二カラットだった。ホープ家がその宝石を三〇年間所有したあと、宝石の専門家たちは、そのダイヤモンドは失われたフレンチ・ブルーだと結論した。それまでに、ホープという名前はその石と結びつけられるようになっていた。その後、それはつねにホープ・ダイヤモンドと呼ばれている。

一九〇一年、財政難に陥っていたヘンリー・フランシス・ホープ卿は、そのダイヤモンドをハットン・ガーデンのある商人に売った。一九二八年、ホープ卿は、兄の跡を継いでニューカッスル公となった。有名なダイヤモンドを売ったことをとても悔やんでいたので、自分の前では誰にもその話をさせなかった。一九四一年に亡くなったとき、死亡記事には彼をうんざりさせるはずの見出しがつけられた。「ニューカッスル公。ホープ・ブルーダイヤモンドの元所有者」

ホープ家のあとにそのダイヤモンドを所有したのは、オスマン帝国のスルタン、アブドゥル・ハミド二世だった。だが、革命によって王位を追われると、彼もそれを手放さざるをえなかった。パリで、ピエール・カルティエがそのブルーダイヤモンドを買った。一九一〇年、彼は、アメリカの鉱山会社の相続人にして新聞王の妻、エヴァリン・ウォルシュ・マクレーン夫人にそれを見せた。マクレーン夫人はそのダイヤモンドを気に入らなかった。だが、カルティエはあきらめなかった。それを無色のダイヤモンドで輝くネックレスにはめこみ、ニューヨークへ持っていくと、マクレーン夫人に一八万ドルで売った。数年後、ある土曜日にマクレーン夫人が亡くなったとき、遺言執行者はその有名な宝石の安全が心配になった。週末のため、銀行が閉まっていたからだ。彼らは、ＦＢＩ長官のＪ・エドガー・フーヴァーに助けを求めた。フーヴァーは、ホープ・ダイヤをＦＢＩ本部ビルの金庫に入れることを許可した。

一九四七年、ハリー・ウィンストンがホープ・ダイヤモンドを買った。彼は一七万九九二〇ドルを支払うと、それを一〇〇万ドルの保険に入れた。一九五八年、ウィンストンは、そのダイヤをワシントンのスミソニアン協会に寄贈した——世界で最も美しいそのブルーダイヤモンドは、一六個の無色のダイヤモンドに囲まれ、四五個の無色のダイヤモンドでできたネックレスにつながれている。博物館に収められたホープ・ダイヤモンドは、四〇年以上にわたり、どんな展示品よりも多くの来館者を引きつけつづけている。

8 盗品

ダイヤモンドの世界の裏側では、枯草の中のヘビのように、悪党がカサカサと音を立てている。誰かがつねに盗みを働いているのだ。詐欺と盗みの狂騒によって、業界は活気づけられる。ダイヤモンドで生計を立てている人びとでさえ、悪党の犠牲となることもある。

二〇〇〇年一月、シカゴのあるジュエリー・セールスマンが、リンカーンを道の片側に寄せた。エンジンから大きな音が聞こえたからだ。エンジンはまだ動いていたが、何が悪いのかを見ようとセールスマンは車をおりた。彼が路上に立つと、二人の男が現われてリンカーンに飛び込んだ。目の前でドアが閉まり、車は轟音を立てて走り去った。座席の下のケースには、一〇〇万ドル相当の研磨済みダイヤモンドが入っていた。泥棒がどうやって、車から突然騒音が出るよう細工したのか、警察にもいまだによくわかっていない。

ときには、宝石商自身が盗みを働くこともある。シカゴで強盗があったのと同じ月、二人のアメリカ人宝石商が、顧客から八〇〇〇万ドルを盗んだとして裁判にかけられた。偽物を売る、あるいは、クリーニングに出された最高級の宝石を偽物と取りかえるという手口だった。だが、こうした類のすべての盗みは、採鉱現場での大量略奪とくらべれば大した問題ではない。ダイヤモンド・コーストほど、堂々と盗みが働かれる場所はどこにもないのだ。

南アフリカの北西の隅に、ナマクアランドと呼ばれる砂漠が広がっている。その海岸を大西洋の波が洗い、浜辺はしばしば霧で見通しがきかなくなる。ダイヤモンド・コーストはナマクアランドに始まり、北へ向かってナミビアに入る。その海岸にダイヤモンドがもたらされたのは、一五〇〇万年前のことだった。川をくだって海に流れ込んだのだ。すべての沖積鉱床において、ごく小さなダイヤモンドは川の流れにさらわれ、十分な重さのある大きな宝石だけがその場に堆積する。それゆえ、沖積鉱床でとれるダイヤモンドは、典型的な鉱山のものよりカラット当たりの価値が高い。沖積鉱床で豊富に見つかる宝石には、価値の低い小さな石が混ざっていないからだ。

古代の海が後退したとき、そこに流れ込んでいたダイヤモンドが海岸の鉱床に残された。それ以外のダイヤは、沖合いで海底の砂利にうずもれている。浜辺と海で、ダイヤモンドの広大な帯が、荒れ果てた海岸に沿って延びているのだ。

バッフェルズ川が大西洋にぶつかるクラインシーで、デビアスは、年に七〇万カラットのダイヤモンドを採鉱している。クラインシーの北に、政府から採鉱権を与えられた広大な土地が横たわっている。アレックスコーというその場所は、南アフリカが所有する採鉱地である。アレックスコーには、クラインシーからオレンジ川までの海岸が含まれ、その沿岸をダイヤモンドボートの船隊が走っている。オレンジ川を渡ると、ナミビアの南西の角全体に、海、海岸、三万二〇〇〇平方キロにおよぶ砂漠が茫漠と広がっている。地図上では、その全域がダイヤモンドエリア1とされている。地図には、その地域の旅行は禁止と書かれている。ダイヤモンドエリア1を所有するのは、ナムデブ・ダイヤモンド・コーポレーションである。デビアスとナミビア政府によるコンソーシアムだ。

ダイヤモンドエリア1の境界は、旧シュペールゲバイトのそれと正確に一致している。前世紀初頭の数年間にダイヤモンドが発見されたとき、支配していたドイツ人が〝立ち入り禁止〟を宣言した地域だ。ダイヤモンドエリア1は、かつて地上で最もダイヤモンドの豊富な土地だった。ナマクアランドに生きる人びとの心の中で、その地区は特別な地位を保っている。唯一の大切な雨——盗んだダイヤモンド——が、乾燥したその地方に水を供給してくれるからだ。

ナマクアランドでは、ダイヤモンドを盗むことは、男の立派な仕事である。老いたダイヤモンド鉱夫のフリッキー・モスタートは、これを説明しようと、ピックアップ・トラックを駆ってオレンジ川の三角州へ向かった。汽水には背の高い草が生えていた。小型のフラミンゴの群れが竹馬に乗ったように浅瀬に立っていた。ピンクの羽が炎天下でかすかに光っている。浜辺に打ち寄せる波の音が、重々しくリズミカルに、三角州に轟いていた。モスタートはピックアップ・トラックをとめ、外に出た。

八〇〇メートルほど離れたナミビア側で、一台のトラックが、ダイヤモンドエリア1の——したがってナミビアの——境界を示す鉄条網の内側をゆっくりと進んでいった。鉄条網のはるか先で、海岸に沿って連なる灰褐色の丘が始まっていた。それらの丘は尾鉱である。ダイヤモンドを選り分けたあとの砂利が、波によって積み上げられ、山脈のようになっているのだ。反対方向、つまり川の南側には、アレックスコーの小ぎれいな会社町——アレクサンダー・ベイ——が建設されていた。その向こうには、長く、暑く、荒涼とした採鉱地が広がっていた。海と砂漠以外は何もなかった。一方は冷たい水をたたえて霧のベールをかぶり、他方は情け容赦のない太陽に照らされて乾ききっていた。モス

ナムデブによる原石の吸引作業。ダイヤモンド・コーストにて。（デビアス提供）

タートは、見てくれと言うように手をぐるりとまわした。笑みを浮かべると、こう言った。「神様はこの土地にダイヤモンドをくれたが、ほかには何もくれなかった。なあ、お前さん、ここではみんなが、ダイヤモンドは自分たちのものだと思っているんだ。ダイヤモンドを盗んでも、盗んだことにはならないのさ」

海岸の採鉱地では、盗みを働こうと思えば簡単にできる。露天鉱床のような、タイプの違う採鉱地では、鉱夫がダイヤモンドに直接触れる機会はほとんどない。鉱石はパワーショベルですくいあげられ、選鉱装置に入れられてしまうからだ。だが海岸では、ダイヤモンドは昔海底だった場所に横たわっている。鉱夫は積もった砂利を取り除くと、岩盤を小ぼうきで掃き、宝石を探してあらゆる裂け目を探る。ナムデブはバキューム式吸引機を導入し、鉱夫がダイヤモンドに指を近づけにくくしようとした。だが、男たちはいずれにせよダイヤに指を近づける。当然ながら、それを見ることも触れることもできるなら、彼らは盗もうとするだろう。現場監督はあらゆる場所に同時に目を光らせることはできない。そこで、鉱夫はダイヤモンドを袖口にさっと隠したり、ブーツで踏みつけて靴底にくっつけたりする。その宝石をあとで取り出し、海岸を去る自動車のタイヤに押し込む。そして、整備工場で仲間がそれを回収するという寸法だ。だが、これぞダイヤモンド・コーストという泥棒は、ハトを使ったものだった。

一九九〇年代末の一時期、ナムデブの鉱夫が、採鉱地の宿泊所で伝書鳩を飼うのは珍しいことではなかった。管理者はそれに反対しなかった。採鉱地では、たくさんの若い男たちが、長い間家族と離れて暮らしていた。無害な鳥を飼うことで気がまぎれるなら、結構なことだ。だが、管理側も気づいたように、この娯楽を許すことには次のような問題があった。伝書鳩が帰る場所は採鉱地ではなく、その外側にあったこと、また鉱夫とは違い、鳥は途中で警備員のチェックを受けることなく、そこへ戻れることだ。

まず、鉱夫はハトをしっかりと縛り、弁当箱に入れてこっそりと海岸へ持ち出す。それから、小さな首輪に原石を入れて放す。ハトは舞い上がり、不規則に広がった採掘現場の上空を何度か旋回すると、自分の家へと飛び去る。家に着くとやさしく迎えられ、小さな首輪からダイヤモンドが取り出される。時間がくると、ハトは次の輸送のために採鉱地へ戻る。この方法によって、大量の原石がナムデブから持ち出された。ナマクアランドで〝鳥が飛んでいる〟と言えば、ダイヤモンドエリア1からの密輸によって、着実に原石が運ばれていることを意味した。一人の鉱夫が欲張りすぎ、ハトが飛びたてないほどの原石を首輪に詰め込まなければ、その方法はいまだに盛んだったかもしれない。そのハトが、泥だらけの羽をばたつかせながら地面を這っているところを、警備員に発見されてしまったのだ。こうして、ハトの飼育はすぐに禁止された。いまではダイヤモンド・コーストの全域で、ハトが飛んでいれば、警備員によって即座に撃ち落とされる。

すぐさま、鳥に代わるものが登場した。矢である。鉱夫たちは、クロスボウの部品をこっそりと採鉱地に持ち込んだ。矢の軸をくりぬくと、海岸から密かに持ち出したダイヤモンドを詰め込んだ。夜になると、鉄条網の向こうにその矢を放ち、仲間がそれを拾うという仕掛けだ。この輸送便が鉄条網を越えていかに遠くまで飛ぶか、デビアスにはわからなかった。だが、そのたくらみも終わりを告げた。鉄条網沿いにパトロールしていた警備のジープに、矢が当たってしまったのだ。

ダイヤモンドはガソリンタンクに投げ込まれ、汗止めバンドの裏に押し込まれ、耳の中へ詰め込まれた。デビアスのある採鉱地で、警備員は泥棒をあっさりと捕まえた。その男は直腸に原石を詰め込みすぎ、よたよたと歩いていたからだ。ダイヤモンドは、X線を浴びると蛍光を発する。そのため、法律で許されている場所では、鉱夫を検査するためにX線スキャナーが使われていた。とはいえ警備隊の多くが、買収されて機械を細工しているのだ。

ナムデブにとって最大の問題は、採鉱地の保安境界線の内側に鉱夫の宿泊所があるという点だ。四六時中ダイヤモンドを盗むことを考えている多くの人びとが、資源豊富で有名な採鉱地の最もデリケートな地域を占拠している。その一帯の採鉱地で活動している犯罪シンジケートが、ナムデブの宿泊所の内部で、活発にダイヤモンドを取引しているのだ。デビアスもこれを認めている。デビアスの元警備隊長のアラン・グロース中将は言った。「ダイヤモンド業界には、あらゆる種類のよからぬ輩が集まってくる傾向がある。そうした連中は盗みを働くだけでなく、人びとをおびえさせ、犯罪の起きそうな空気を蔓延させる。いったんそうなってしまうと、元に戻すのは非常に難しい」

ナムデブは、捜査のために宿泊所に踏み込むこともできなかった。そのシンジケートには、ナミビアの与党を構成している組織――SWAPO（南西アフリカ人民機構）――のベテランが含まれていたからだ。言いかえれば、政府の元戦友が国家の主要な資産を略奪していたのである。微妙な政治的理由から、またおそらく買収のために、略奪をやめさせることはできなかった。宿泊所に踏み込めないため、手詰まりとなったナムデブの警備隊は別の手を打とうとした。鉱夫を海岸へ送り迎えするバスを抜き打ちで捜査するのだ。

「それはこういう考え方だった」デビアスの鉱山担当の元取締役は言った。「宿泊所にまったく手を出せないなら、現場から帰るバスを止めてしまおう。それなら、宿泊所に踏み込むというやっかいな問題を避けられるし、鉱夫もまだ勤務中だ」

何の警告もなしに、警備隊はバスを止めた。だが、何も見つからなかったため、そのまま行かせるしかなかった。バスが発進するやいなや、警備隊は、一〇〇メートル後方の路上に小さな袋が散乱しているのに気づいた。袋には原石が詰まっていた。

盗んだダイヤモンドを宿泊所に持ち込んでも、越えるべきハードルはもう一つあった。鉄条網である。ナムデブは、鉱夫をX線検査にかけていた。X線の放射を繰り返し浴びると健康に害がおよぶため、そうしたX線検査は無作為に行なわれていた。そのため、鉱夫が一か八かの賭けに出て、ダイヤモンドを持ったまま検問を抜けてしまうこともあった。捕まって刑務所に送られても、シンジケートが家族の面倒を見てくれるのを知っていたからだ。そこでデビアスは、スキャネックスという低線量のX線を開発した。おかげで警備スタッフは、X線検査をより頻繁に行なえるようになった。一九九九年九月、彼らは一人の従業員を捕まえた。その男は、二五〇〇万ドル相当の五一個のダイヤモンドを、胃の中に隠して検問を抜けようとしたのだ。

◆

ナムデブの警備への配慮は鉄条網をはるかに越え、浜辺へ、海岸へ、そして波の荒い大西洋へとおよんでいる。デビアスは、四〇年近くの間海底から採鉱していた。サム・コリンズという男から、パイオニア的な海洋ダイヤ採掘事業の経営権を買いとって以来のことだ。コリンズはテキサス出身の直情径行な人物で、海軍の将校とケープタウンの冒険家から、海洋のダイヤモンドの話を聞いていた。彼が次に刺激を受けたのは、南アフリカの農夫の話だった。その農夫は、木製の漁船でナミビア沿岸の荒れ狂う海に乗り出し、ダイヤモンドを含む砂利をポンプで吸い上げたというのだ。アンゴラから南アフリカにかけての浅瀬で、数年にわたってダイヤモンドが一個ずつ見つかっていた。こうした宝石がときおり発見されることから、その元になる鉱床があるかもしれないと考えられていた。ダイヤモンドを含む陸地の砂利に、カキの殻の化石が混ざっていたからだ。コリンズはこう考えた。浜辺の鉱床がかつて海の底にあったなら、現在の海底に、同じように資源豊富な鉱床がもっとたくさんあるのではないか？

コリンズは、その農夫から海洋採掘権を買い取り、会社を設立した。一九六一年、みすぼらしい船と採鉱バージの最初の一団が、列をなしてケープタウンから北へ向けて出港した。それから数年間、コリンズの船団は波の高い海で悪戦苦闘した。しばしば濃い霧が発生し、現場の海域全体を覆った。ナミビアの海岸に吹きつける悪名高い嵐によって、バージが係留所から押し流され、岩だらけの岸に打ち上げられた。だが、彼らはダイヤモンドを発見した。最初の五日間で、総重量一〇一八カラットにおよぶ二一〇〇個の石を吸い上げた。原石の品質は最高だったので、現在の価格にすると、その一山で約三〇万ドルの価値があった。さらにその後、六日で一一〇〇カラットの原石がとれたこともあった。コリンズは、それまでのものよりいい船を一隻買った。岸沿いを行ったり来たりして乗組員を運んでいたボートに代わって、飛行機が使われるようになった。いまや、ケープタウンから一時間あまりで、新しい乗組員が飛行機で到着できるようになった。新しい鉱床が見つかったことで、コリンズの会社のダイヤ産出量は飛躍的に増えた。六日間で四〇〇〇カラットを産出したこともあった。だが、ダイヤモンド・コーストの当てにならない天候のおかげで、そのテキサス男の船は停泊中にときどき座礁した。財政上の重荷によって、彼の会社は押しつぶされた。従業員は五〇〇人に増えていた。また、船団を海に浮かべておくコストは、増加する収入をさらに上まわっていた。入金が滞ることが多かったからだ。結局一九六五年、デビアスが介入し、その会社の経営権を買った。

デビアスは、その事業に猛然と取りかかった。サム・コリンズ船団の誇りだったダイヤモンド採鉱船〝ディヤマントカス〟が、急いでケープタウンへ戻った。デビアスは、その船から四四〇〇馬力のエンジン二基を取りはずし、造船所で建造中の〝ポーモーナ〟という巨大バージに、発電機として設置した。ポーモーナは長さが約八七メートル、幅が約一八メートルあった。鉄の甲板上には、ガーダー、パイプ、シュート、ウィンチといった機械がものものしくそびえていた。前端にある五階建ての建造物には、乗組員用の寝台が一二〇人分用意されていた。一つの甲板の全体が、レクリエーション用となっていた。最上部には、ヘリコプターの発着場がつくられていた。その船は不恰好で、頭でっかちに見えた。最初の波の一撃で、転覆して沈んでしまうのではないかと思われた。ポーモーナが完

ナミビア沖で操業するデビアスの採鉱船。(デビアス提供)

成したのは、一九六七年六月のことだった。船長は、月に五万カラットのダイヤモンドがとれるという希望で胸を躍らせていた。そのバージは、港から海岸沿いに牽引されていった。だが、沿海での数々の危険のために、デビアスもまた挫折した。一九七一年、デビアスは沿海の事業から手を引き、遠洋に照準を合わせた。

現在、海上で操業している船団への交替要員は、ケープタウンから飛行機でアレクサンダー・ベイにやってくる。そこで、大型で黄色の旅客ヘリコプターが、熱くなったアスファルトの上で待機している。全員が搭乗すると、ヘリコプターはナマクアランドの灼熱の地面から離陸する。そして、オレンジ川の三角州上空を横切り、ブンブンと音をたてながら海上を進むのだ。一九九九年秋のある日、濁った緑色の海には、海風によって白波が立っていた。波打つ海面で、陽光がきらめいていた。船団は沖合い二五キロの海底を採掘していた。私が乗っていたヘリコプターは、吹きつける風に向かって突進していた。一〇分ほど飛ぶと、赤い船の最初の一隻が現われた。すぐに、船団の全体が視界に入った。白い乾舷のついた深紅の船体が五つ、上下に揺れながら海上に散らばっていた。ヘリコプターは〝デブマール・パシフィック〟に近づいていった。発着場は船尾から海上に突き出し、支柱に支えられていた。船の動きに合わせて、上下左右に揺れている。ヘリコプターのパイロットは、発着場に描かれた目標地点の上空で、慎重に機体を制御した。大波によって船が持ち上がるのを待つと、すばやく着陸した。乗組員が飛び出し、ヘリコプターを甲板に固定した。

その日、船は水深一二〇メートルの地点を採鉱していた。船楼の上には掘削装置がそびえていた。船の中央にぽっかりあいた四角い穴に、ドリルのシャフトがまっすぐにおろされている。船が上下に揺れるのに伴ない、その空洞から緑色の水があふれ、甲板をひたひたと洗った。空洞の真中で、大きなドリルが休みなく回転している。海底では、直径七メートルの巨大な鋼鉄の刃が、固まった砂利を粉砕していた。ポンプが、泥と砕けた岩を海底から吸い上げ、選鉱装置に送り込む。泥と価値のない巨礫が、舷側を越えて緑色の海に滝のように落ちている。ミルクティーのような色の水が、海流に乗って尾を引いていた。

船上の選鉱装置は、陸上にあるそれを小型にしたものだった。ダイヤモンドは、単純な過程を経て鉱石から取り出される。まず、大きすぎて破砕できない巨礫が廃棄される。次に、軽すぎる石や泥が分離され、廃棄される。こうして、重量のある鉱物だけが残される。ダイヤモンドはそこに含まれているのだ。この精鉱が、選鉱の最終段階へ送られる。鉱石が、細長いシュートを通ってベルトコンベヤーに滑り落ちる。ベルトの端まで流れて落下するとき、X線が照射される。光電子倍増管が設置されていて、X線を浴びたダイヤモンドが発する蛍光を探知する。その装置がダイヤモンドからの蛍光を記録すると、空気が噴射され、大箱に落ちていく砂利の滝からダイヤモンドをはじきとばす。このシステムはきわめて効率がいい。デブマール・パシフィックの選鉱管理室には、コンピュータの画面が並び、選鉱装置のカチカチという音が絶え間なく響いていた。断続的にポンという音がして、その単調さを救った。精鉱から新たなダイヤモンドがはじきとばされ、デビアスの金庫に入った合図だ。

選鉱装置は、巨大な粉砕機、サイクロン（遠心分離方式の集塵装置）、振動する鉄のふるいなどから成っていた。それらが一体となり、猛烈な勢いで駆動する機械の巨大な塊をつくりだしていた。鉱石が次々と処理され、精鉱が生産される。この騒音の中で、予想通り故障が発生する。そうした事態は、ダイヤモンドを盗む好機となる。人間と原石の距離が近くなるという単純な理由のためだ。普段、選鉱の流れから人びとを遠ざけている金網は、取りはずさざるをえない。故障が発生すればダイヤモンドに近づけるので、従業員は事故が起こるように細工する。すると、今度は修理技師がやってくることになり、船に出入りする人の数が増える。人員の移動が増えると、すでに問題のあった状況――典型的な採鉱地から盗品を持ち去るより、船からのほうが簡単だという事実――がさらに悪化する。サー・アラン・グロースが指摘したように、海上の船を保守点検する通常の活動によって、共謀して盗みを働く好機が増えているのだ。

一九九九年、その赤い船団は、約四八万五〇〇〇カラットの原石をナムデブにもたらした。沿海の船団――一二メートルの船を所有する民間の請負業者――が、さらに一三万五〇〇〇カラットを納入した。浜辺では、七八万六〇〇〇カラットの原石がとれた。すべてを合わせると、ナムデブが採掘した原石は一五〇万カラット近くに達し、その価値は四億ドル以上になった。本来なら、この総額はもっと多かったはずだ。その年、約一億八〇〇〇万ドル相当の最高品質の原石が、ナムデブから盗まれたからだ。実に、産出量の三〇パーセントに当たる数字だ。おそらく、さらに二〇〇〇万ドル分のダイヤモンドが、アレックスコーから盗まれたはずだ。アレックスコーは国家が所有するダイヤモンド採鉱地で、オレンジ川の南アフリカ側、ナムデブの所有地の南にある。ダイヤモンド・コーストの一帯で、アレックスコーは物笑いの種となった。最も大きな笑い声が聞かれた場所は、ポート・ノロスだった。

◆

ダイヤモンド・コーストから盗まれる原石の中間集積地として、最も長く続いている場所の一つが、ポート・ノロスである。ナマクアランド北部の海沿いにある荒涼とした村で、ナミビアとの国境から約九〇キロの地点にある。ほこりっぽい通りには、海からの冷たい風が吹きつけている。船着場は油で汚れたL字形の建造物で、さびついたレールの上にクレーンが載っている。〝タッパーウェア〟と呼ばれる、ファイバーグラス製の丸みを帯びたダイヤモンド採鉱船が数隻、リーフに守られて揺れている。街の南端には小さな選鉱場がある。そこでトランス・ヘックスが、沿海で採取したダイヤモンドを含む砂利を処理している。

ダイヤモンド・コーストには強風が吹くことが多い。しばしば海は大荒れとなり、タッパーウェアは港に釘づけとなる。早朝、ダイバーたちは自転車に乗って霧を抜け、船着場に到着する。彼らはぼんやりと立ち、波立つ海を見つめる。たいていは引き返し、自転車をこいで家に帰る。風が静かな日、船団は一隻また一隻と、吸入管をひきずって海に出ていく。採鉱地点に着くと、ダイバーは舷側を越えて、ベンゲラ海流の冷たい水に飛び込む。彼らは、危険で暗い波の下へおりていく。

海底に着くと、彼らは鉄製のノズルを砂利にねじ込む。ダイバーが怪我をするのは日常茶飯事で、肋骨にひびが入ることもある。砂利吸入管によって削られた巨礫がどんよりした沈泥に隠れていて、予想していないときに突然転がり落ちてくるからだ。荒い波によって、海から上がるダイバーは船体に叩きつけられる。長時間深く潜りすぎるうえ、海から上がるとき減圧しないため、多くの人が関節に持病を抱えている。鼓膜の破裂も珍しくない。一カ月のうち数日を除いて、タッパーウェアは暴風で出港できないことが多い。そんな日の夜、ダイバーたちは薄汚れた〝スコッティア・イン〟で飲み明かす。そうした生活を送る男たちにとって、あちらこちらでダイヤモンドを盗むことは、当然の誘惑であろう。だが、その取るに足りない泥棒が、ポート・ノロスの悪名の源泉ではない。

ダイヤモンド・コーストでは、盗まれた原石の流通ルートがその小さな街にあると堅く信じられている。商業活動が行なわれているという確かな証拠はないものの、ポート・ノロスには、ＢＭＷやメルセデスベンツに乗っている人が大勢いる。街の北端は、黄土色や白に塗られたコンクリート製の邸宅が建ち並んでいる。それらは一軒ずつ独立して、浸食してくる砂丘のわきに肩を並べている。何もない砂漠と海の間のその場所での裕福な生活は異例のものだ。一九九五年、南アフリカ警察の金・ダイヤモンド係は、ポート・ノロスを手入れすることに決めた。その際、最も厳しい取り調べを受けたのは、その街のある特定のグループだった。すなわち、ポルトガル系住民である。

当日、警官隊はクラインシーにあるデビアスの滑走路に集合した。ポート・ノロスの南の場所だ。合図とともに、重装備した警官を乗せた車がうなりをあげて敷地から飛び出し、北へ向かって疾走した。ヘリコプターがブンブンと音を立てて離陸し、主目標へ向かった。ポート・ノロスの南の幹線道路に面した、ポルトガル人のカントリークラブである。てっぺんに蛇腹形鉄条網のついた壁が、その施設を取り囲んでいた。ヘリコプターは壁の上で轟音を立て、空中に停止した。武装した警官が、ロープを伝って構内の緑のオアシスにおりた。彼らはクラブハウスに突進した。のちに、その部隊に二五年以上所属した、ダイヤモンド係の刑事がその急襲について話してくれた。彼は首を振り、ダイヤモンド用の秤《はかり》とルーペを発見したことを思い出した。「だが、ダイヤモンドは一つもなかった。その後、われわれはある家に踏み込み、二五万ドルの現金を見つけた」

「その通り」彼の若い上司は、ため息とともにつけくわえた。「だが、南アフリカでは、現金を持っていても違法ではない」

ダイヤモンド・コーストは、原石が漏れる〝ざる〟だ。だが、他のすべての採鉱地も盗みに悩まされている。ボツワナは、ダイヤモンドによって国にどれほどの利益がもたらされるかの例にあげられることが多い。一見すると、この主張は正しいように思える。首都ハボローネは、人口約一五万の小さな新しい街である。学校が終わると、小ぎれいな制服を着た生徒たちが腕を組んで通りを歩く。市中には木や花が植えられている。街の周辺には広い並木道があり、交通が滞ることはない。ホテルは、裕福なボツワナ人と会合する裕福な外国人で満員だ。低い音を立てて駐車場に入っていくロールスロイスも、特に人目を引くことはない。だが、その国には一五〇万人が住んでいる。彼ら全員がホテルに詰めかけ、岬から運ばれた貝を食べているわけではない。地方に住む多くの人びとが、仕事にあぶれているのだ。

ボツワナも、外の世界からの悪影響を免れていなかった。隣接する南アフリカの犯罪シンジケートは、ボツワナのダイヤ採鉱地の隅々まで食い込んでいた。年に七〇〇〇万ドルにおよぶと思われる損失を防ぐため、二〇〇〇年、ジュワネン鉱山に管理のきわめて厳重な選鉱工場が開設された。デビアスの技術者は、それに水族館という愛称をつけた。ＦＩＳＨ（Fully Integrated Sort-House 十分に組織化された選別所）とＣＡＲＰ（Completely Automated Recovery Plant 完全に自動化された選鉱施設）という頭字語のためだ。改善された設備の目的は、原石の選別ラインから、従業員をさらに引き離すことだった。ほかのあらゆる場所と同じように、ボツワナでも次のことは自明だったからだ。実際にダイヤモンドに触れられる誰もが、それを盗もうとするのだ。

アフリカ南部の大部分で悩みの種となっている山賊文化を考えれば、採鉱地での泥棒も当然のことと思えるかもしれない。だが、オーストラリアのアーガイル・ダイヤモンド鉱山の重役が気づいたように、あらゆる鉱山で盗みが働かれているのだ。アーガイル鉱山は、グレートサンディー砂漠のへりの辺鄙な土地にある。ウェスタン・オーストラリア州の州都パースから、北西に約一九〇〇キロ行った場所だ。その鉱山で産出されるのは、安価な茶色のダイヤモンドが大半である。例外はかなりの量のピンクダイヤだ。アーガイルは、それを一粒ずつ市場に出している。「ところが、いくつかのダイヤモンドがヨーロッパでひょっこり姿を現わした」アーガイルのあるスポークスマンは言った。「こうして、われわれは〔泥棒の〕事実に警戒するようになった。実際、わが社はピンクダイヤを世界に供給している唯一の主要企業だ。ところが、ピンクダイヤは海外で突然姿を現わした。それらは、わが社の鉱山から出た品物のようだった。だが、わが社がそれらのダイヤを売った記録はなかったのだ」オーストラリアのマスコミは、その話に飛びついた。物語の全貌が明らかになると、これ以上にない悪役の面々が姿を現わした——恨みを抱く愛人、妻を寝取られた夫、そして陰謀をめぐらせた、威勢はいいが運のつきかけた企業家である。

ウェスタン・オーストラリア州の州都パースに住む実業家リンゼー・ロダンは、元教師だった。彼は野心的な企業家という評判を築いており、資産として不動産と馬を所有していた。だが、彼の事業は失敗し、一九八九年には、破産寸前に追い込まれていた。ほぼこの頃、彼は三十八歳の既婚女性リネット・クリミンスと不倫の関係を結んだ。彼女とぐるになり、ロダンはアーガイル保安部長のバリー・クリミンス――リネットの夫――を、ピンクダイヤを盗むようそそのかしはじめた。

ロダンはクリミンスに言った。男ならダイヤモンドを手にしなければならない、そして、自分は手がかりを残さずにダイヤを処分できる、と。クリミンスの――彼の言葉を借りれば――〝狂気の瞬間〟が訪れたのは、ピンクダイヤの原石が入った一クォート容器が四つ、彼のデスクに置かれたときだった。ダイヤモンド鉱山では、産出物は酸性薬剤で洗浄される。原石の外観を損なう表面の汚れを取り除くためだ。このときは、パースにいるアーガイルの選別係が、ピンクダイヤを含む最高品質の原石を送り返してきた。それらをもう一度洗浄してほしいというのだ。カナナラという近くの街の洗浄施設に原石が送られたとき、配送係がどういうわけか、容器を一つ忘れていった。クリミンスはそのミスに気づき、送り状をチェックした。置き忘れられた容器は、記載されていなかった。彼はそれを盗んだ。こうして、アーガイルでの略奪が始まった。

ロダンは、バリー・クリミンスに現金で支払いをした。ときには、即金で一万ドル渡したこともあった。ピンクダイヤの一部は直接国外へ持ち出された。また、パースで研磨されてから、航空会社の従業員ネットワークによって密輸されたものもあった。ダイヤモンドを美顔用クリームのビンに隠し、個人の手荷物として海外へ運んだのだ。

それらのダイヤがヨーロッパに現われはじめると、アーガイルの重役は、鉱山で盗みが働かれていると確信した。だが、どうやって盗んでいるのかはわからなかった。彼らは社内の警備態勢を厳しくし、パースの警察に盗難届を出した。ウェスタン・オーストラリア州犯罪情報局は、調査に乗り出した。そして、次のように結論をくだした。一味はピンクダイヤの原石を盗み、ジュネーヴとアントワープで売りさばいている。そして、その事件は、情報局から国家警察の手に委ねられた。

短期間の捜査のあと、警察の上級幹部はこう言ったという。「警察は、アーガイルのダイヤモンドが国外へ密輸された証拠を発見できない」それは、納得のいかない返事だった。アーガイルの監査役を務めるクーパー&ライブランドからの報告を考慮すれば、なおさらのことだ。つまり、ダイヤモンドは実際になくなっているようだが、重要なダイヤモンド記録簿が適正につけられていないというのだ。そのうえ、アーガイルの重役は自社の品物を識別できたし、それらがヨーロッパに姿を現わしていた。そして、アーガイルはそれを売ったことはなかった。彼らは、国家警察に圧力をかけて捜査を再開させた。

二度目の捜査のあと、再び警察は、起訴するだけの証拠はないとアーガイルに告げた。怒り心頭に発したアーガイルはみずから調査員を雇い、民事訴訟を起こした。警察が押収したダイヤモンドの包みを、誰が所有していたかつきとめるためだ。その包みが、盗まれたものではないかと疑っていたのだ。三度目の捜査が始まった。雇った調査員にすでに支払いを済ませていたアーガイルは、警察の捜査費用の一部も負担した。「われわれには確信があったので、さらなる調査に資金を提供した」アーガイルは述べた。「それらの調査の結果、警察の内部問題も関係してきたのだ」

ついに、リネット・クリミンスが圧力に屈した。彼女は、憎悪へと変わっていた不倫の恋愛について話した。彼女が法廷に現われ共謀の罪を認めたとき、弁護士はこう言った。盗んだダイヤから得た金が底をついたとき、リネット・クリミンスはロダンに売春を強要されていた、と。バリー・クリミンスは、仲たがいした妻と並び罪を認めた。彼は、彼女の貪欲さによって犯罪に突き動かされていたと言った。リンゼー・ロダンの弁護士は、リネット・クリミンスの話を一蹴した。自分を無視した愛人に復讐しようと、作り話をしたというのだ。一九九四年二月、パース地方裁判所の裁判官は、バリー・クリミンスを懲役四年とした。リネット・クリミンスは、警察に協力したため執行猶予三年がついた。二年後、リンゼー・ロダンは懲役三年の判決を受けた。すでに拘置所ですごした二年は差し引かれた。

どのくらいのピンクダイヤの原石が、鉱山から海外へ出ていったのか、アーガイルにはわからない。三〇〇〇万ドル相当の原石がなくなったとする意見もあった。問題はまだ残っていた——何人の人びとが、アーガイルからダイヤを盗むという陰謀に加わっていたのか？　ウェスタン・オーストラリア警察本部長に提出された秘密報告書で、盗みを助けた可能性のある者が特定されたと言われている。その数は、ウェスタン・オーストラリア州で四〇人、国内のほかの地域で約三〇人だという。

◆

盗まれたダイヤモンドは、合法的なダイヤモンドの世界に容易に入りこむ。この流通過程を支配する法則はただ一つ、需要の法則である。裏の世界から表の世界への移動が簡単なのは、ダイヤモンド業界の特質のためである。つまり、仲間言葉が使われること、玄人による閉鎖的社会であること、歴史的起源が小規模な秘密取引にあることなどだ。今日でさえ、多くの取引が現金でまとめられる。書面による記録はない場合もある。年に数億ドルの原石を適法なルートで買う有力な商人が、出所のまったくわからない品物を購入することもある。それが取引所で売りに出されていさえすれば、問題はないのだ。市場のこうしたあり方によって、ダイヤモンドはほかの密売品から截然と区別される。たとえば、違法薬を流通させるには闇のルートが必要なため、それを売りさばくのは犯罪者である。麻薬は非合法な世界にとどまっている。多くの国で、それを所持するだけで犯罪とされるのだ。ところが、盗まれたダイヤモンドは犯罪者の世界をたちまち離れる。泥棒あるいは密輸業者の手から、ダイヤを商う免許を持つ者の手に渡るやいなや、正統な品物となるのだ。それはもはや単なる在庫品であり、適法な取引先から仕入れた原石と区別がつかない。ダイヤモンドの歴史上、最もスリリングな詐欺の一つは、商品のこうした匿名性に支えられていた。

一九九二年、清潔な身なりのほっそりとした三十代はじめのロシア人が、ロンドンのヒースロー空港をさっそうと歩いていた。ファーストクラスのチケットを手に、しゃくしゃくとしている。アンドレイ・コズレノクは、サンフランシスコ行きの飛行機に搭乗した。カリフォルニアに着くと、すぐに税関と入国管理所を通過した。いかにも裕福なヤング・エグゼクティヴという様子で、コズレノクは待機しているリムジンに乗り込み街に走り出した。イタリア製のスーツに身を包み、五万ドルの腕時計をはめている。彼は実に驚くべき事業計画をたずさえていた。ロシアの原石を合衆国へ輸入し、サンフランシスコで研磨し、アメリカ市場に売り出そうというのだ。

コズレノクはその注目すべき計画を、デビアス・カルテルを直接襲撃するものとして立案していた。デビアスがロシアの原石を買いつける契約は、二年で満了する。そこで、カルテルの価格システムにつねに疑問を抱いているロシア政府は、代わりとなる原石販売ルートを探していた。コズレノクは、次のように提案した。原石を世界最大のダイヤモンド市場に直接運び込み、そこで研磨済みの商品をつくりましょう、と。サンフランシスコで、コズレノクは二人のアルメニア移民――デイヴィッド・シャギリアンとアショット・シャギリアン――と組んで商社を設立した。三人は、アンドレイ、デイヴィッド、アショットの頭文字をとり、社名をゴールデンADAとした。

ゴールデンADAに関して起きた数々の事件は、最初から最後まで、華々しくめちゃくちゃなものだった。《USニューズ&ワールド・リポート》のカバーストーリーのような最先端の報道記事で広く公にされてきたにもかかわらず、その事件はありがたくない家庭の秘密のようなものとして、ダイヤモンド業界に記憶されている。コズレノクの小さな会社は、ロシア国家の最上層とつながっていた。そのコネは、ロシア大統領ボリス・エリツィンにまでおよんでいた。橋渡し役の一人が、エフゲニー・ブィチコフだった。一九八五年、ブィチコフは大蔵省貴金属局長に任命された。彼の責任の一部は、国中に隠されている地下金庫を管理することだった。そこにはロシアの国家的財宝がしまわれていた。芸術品、家具、希少品、エメラルドやルビーのような宝石、銀、プラチナ、約一四〇トンの金といった、途方もない在庫品の数々である。そこには、ダイヤモンドも含まれていた。モスクワの通りの九メートル地下にある収納庫には、最高級の原石の袋が詰まった地下墓地がまるまる横たわっていた。ロシアの役人は、こうした秘密の地下倉庫を、まとめて〝押し入れ〟と呼んでいた。

一九九二年、ボリス・エリツィンはブィチコフの職責を広げ、貴金属・宝石委員会の委員長に任命した。ブィチコフの新しい任務の一つは、ロシアのダイヤ原石の新しい流通経路を開拓することだった。ブィチコフは、ダイヤモンド部門ではすでに有名だった。ある報告によれば、一九九〇年、ソ連政府がダイヤモンドの秘密販売から得ようとしていた二二〇〇万ドルを、彼が稼ぎそこねたからだ。ブィチコフは、上司にこう提案した。ロシアは、ダイヤモンドを合衆国に直接流通させられるルートを開くべきだ、と。彼はまず、サンフランシスコのゴールデンADAに原石を送る。ゴールデンADAは、その原石を担保にアメリカの銀行から融資を受ける。その資金で、サンフランシスコにロシアのダイヤモンド研磨・販売事務所を設立するのだ。

約九〇〇〇万ドル相当の莫大な財宝が、サンフランシスコに到着した。ダイヤモンドだけでなく、帝政ロシア時代の金貨が数トンあった。ロサンジェルスのある金塊商人が、五〇〇〇万ドルで金貨を売った。売上げはゴールデンADAに入った。コズレノクは、収入の許すかぎり贅沢に暮らしはじめた。ある日、彼はロールスロイスと二台のアストン・マーティンを購入し、一〇〇万ドル以上を支払った。ゴールデンADAに流れ込む収益によって、レジャー用ボートの小さな船団がつくられた。それには、一二〇万ドル以上が費やされた。自動車もさらに増え、結局、その会社は合計一五台の車を所有することになった。

のちに帳簿を調べた人びとによると、ゴールデンADAは次のようなものを購入していた。一八〇〇万ドルのガルフストリーム・ジェット機、三八〇万ドルのコンドミニアム、ガソリンスタンドのチェーン、『ゴッドファーザーPARTⅡ』が撮影された、四四〇万ドルのタホー湖の地所など。コズレノクは、サンフランシスコに五〇〇万ドルで自宅を建て、高価な絵画、〈ファベルジェの卵〉、金のケースに入った一・五メートルの時計一組などで室内を飾った。ゴールデンADAは、市の政治家たちに友人をつくった。三人の主役は、アル・ゴア——当時の合衆国副大統領——と一緒にポーズをとって写真におさまった。彼らはロシア軍のヘリコプターをサンフランシスコ警察に寄贈した。唯一の条件は、ゴールデンADAがそれを使い、原石の袋を空港から都心のオフィスに運ぶことだった。

原石は絶え間なく流れ込んだ。あるとき、ロシアの役人は約九万カラットを発送した。ロシア国家とゴールデンADAの表向きの契約条件では、原石はコズレノクの工場で研磨されるはずだった。彼は実際に、サンフランシスコのビルの中に工場を建設した。ゴールデンADAは、そのビルも現金で買っていた。工場には現代的な機器が設置され、三六人のカット師が働いていた。ダイヤモンド業界の誰もが、その二つの事実──九万カラットの原石と三六人のカット師──を考え合わせれば、警告の旗をあげたはずだ。一カラットの原石が工場を通過するのに、二週間かかる。その間に、ソーイング（鋸引き）とブルーティング（胴削り）を経て、クラウン・ファセット、パビリオン・ファセット、ガードル・ファセットがつけられる。一人のカット師が一つの石にある加工を施し、別の一人が次の加工を施す。一カラットの原石を磨いて、二分の一カラットの研磨済みダイヤにするには、一人で作業したら優に四時間はかかるだろう。三六人の研磨師が週四〇時間働くとすると、その工場における延べ労働時間は週一四四〇時間となる。つまり、処理できるのは三六〇カラットの原石というわけだ。そのスピードでは、九万カラットを処理し終えるには二五〇週、つまり五年近くかかってしまう。契約は意味をなさなかった。原石はどうなっていたのだろうか？

一九九四年末、ゴールデンADAに関する情報の記載されたファイルが、連邦捜査局（FBI）サンフランシスコ支局の三十九歳になる捜査官の机に置かれていた。ジョー・デイヴィッドソンは、コロンビアの麻薬カルテルやアメリカのマフィアといった捜査対象に取り組んでいた。その新しいファイルは、すぐに彼の注意を引いた。FBIの情報提供者によれば、コズレノクと二人のアルメニア人が途方もない大金を使っているという。ほんの数カ月前、コズレノクは、ゴールデンADAのビルの屋上で華やかな夕食会を主催した。ヘリポートには、サンフランシスコ警察へ寄贈されるヘリコプターが駐機し、来賓の称賛を浴びていた。サンフランシスコ市長、警察署長、カリフォルニア州の有力官僚、企業の重役——全員が屋上をうろつきながらキャビアを食べ、シャンパンを飲み、コズレノクの話に耳を傾けていた。彼は、サンフランシスコがいかにして世界のダイヤモンドセンターとなるかについて語っていた。

ＦＢＩは、ロシアの内務省と接触することから調査を始めた。内務省は警察を管轄する官庁だ。アメリカ側は、ロシア側と捜査チームをつくった。そのメンバーの一人が、ヴィクトル・ジロフ少佐だった。内務省の経済犯罪局のベテラン捜査官である。ジロフはすでに、ゴールデンＡＤＡの存在について内密に情報を得ていた。アメリカの税関職員から、問い合わせがあったからだ。アメリカの税関はインターポール（国際刑事警察機構）に、合衆国へ大量に輸送されているダイヤモンドと金が合法的なものかどうかをたずねた。インターポールは、その問い合わせをジロフにまわした。ジロフは、モスクワの大蔵省のファイルを調査しようとした。国家の金庫室から資産を正式に移動するには、大蔵大臣の署名が必要とされていたからだ。彼が見たかったファイルは、関連する税関申告書と通信文に分類されていた。だが、ゴールデンＡＤＡはモスクワに事務所を置いていた。そこで、ジロフは大蔵省のファイルを調査する代わりに、その事務所を手入れした。そして、八八〇〇万ドル分の原石の輸出について記された文書を押収した。彼は、この情報をモスクワにいるＦＢＩの連絡員に伝えた。連絡員は、それをサンフランシスコに送った。

コズレノクは、ＦＢＩがゴールデンＡＤＡを調べはじめたことを知った。そこで、サンフランシスコ市長の上級顧問ジャック・イメンドルフに助けを求めた。一〇〇万ドルの俸給で、ゴールデンＡＤ

Aの最高責任者を引き継いでくれるよう申し出たのだ。経験豊かな民間調査者のイメンドルフは、それに同意した。そして、カリフォルニア州選出の上院議員クウェンティン・コップを、ゴールデンADAの顧問として雇った。彼らはその会社がめちゃくちゃな状態にあるのに気づいた。だが、驚くべき資産――文字通りの宝物！――が手の届くところにあった。会社の口座からは、資金が流出していた。イメンドルフは、アーサー・アンダーセンという会計事務所を仲間に加え、帳簿を調べさせた。すると、ゴールデンADAが一億三〇〇〇万ドルを支出していたことがわかった。だが、それがなぜかはわからなかった。その仕事について六カ月後、イメンドルフは失望して職を辞した。一九九五年九月、コズレノクはベルギーに逃亡した。

コズレノクが逃げ出したすぐあと、ジロフがサンフランシスコに到着した。はじめ、FBIは彼をなかなか信じようとしなかった。ロシアの警察は、組織犯罪に買収されていることが知られていたからだ。FBIは、犯人と通じている者に情報を提供することを警戒していた。だが、ジョー・デイヴィッドソンはそのロシア人を知るにつれ、誠実な男だと確信するようになった。一例をあげると、ジロフは毎日同じスーツを着ていた。それしか持っていないようだった。また、昼と夜に金のかからない簡単な食事をとり、FBIから出る毎日の食事代をポケットに入れていた。デイヴィッドソンは、ジロフが月に四〇〇ドルためているのに気づいた。アメリカの食事手当は、彼にとっては大金だったのだ。彼が給料だけで生活しているのは明らかだった。ジロフを知れば知るほど、デイヴィッドソンは彼を信頼するようになり、やがて、ますます心配するようになった。ジロフは、ロシアの有力者の周辺をかぎまわっていた。モスクワにいる部下の一人が地下鉄でナイフを突きつけられ、ゴールデンADAから手を引くよう警告された。ジロフの答えは、捜査のペースを上げることだった。

モスクワに戻ると、ジロフは捜査員をさらに増やした。数日後、二人の男が彼を待ち伏せして襲い、こっぴどく殴りつけた。「ゴールデンADAの捜査をやめろ」殴り終えると、一人の男が鼻先でどなった。「さもないと、この次は命がないぞ」その襲撃で、ジロフは脳震盪を起こして病院に運び込まれた。デイヴィッドソンは事件のことを聞き、これで捜査は終わりだと思った。だが、それどころか、ジロフは病院を出るとすぐに現場に復帰し、さらに多くの警官を捜査に投入した。ロシア貴金属・宝石委員会トップのエフゲニー・ブィチコフは、いまやこう問われていた。一億七八〇〇万ドル分の財宝の見返りとして、ロシアは何を受け取ったのか。ブィチコフは、以前の子分のコズレノクを非難した。そして九月下旬、コズレノクが合衆国から逃げ出してわずか数週間後、ロシアの大蔵省は、ゴールデンADAをサンフランシスコの合衆国連邦裁判所に訴えた。その会社が、ロシアの財宝を盗んだというのだ。

裁判が始まると、FBIは捜査を推し進めた。それによって、ロシア政府の最上層――そこにはボリス・エリツィン大統領の執務室も含まれていた――での汚職を示す、信じられないほどもつれあった手がかりが得られた。サンフランシスコで裁判が始まってから一年後、合衆国国税庁（IRS）は、判決がくだされる前にゴールデンADAの資産が消失するのを恐れ、南カリフォルニア中に散らばっている五〇人の捜査員に強制手段をとらせた。彼らはガソリンスタンドを差し押さえた。金、宝石、ダイヤの原石が、スイスに向かうのを阻止した。ロシアから運び出された一億七八〇〇万ドル分のダイヤモンドとその他の財宝のうち、IRSは四〇〇〇万ドル分を取り戻した。その政府機関は一〇五〇万ドルをみずからのものとし、二五〇〇万ドルをロシアに返した。そして残りを、ゴールデンADAの多くの不幸な債権者に分配した。

ロシア政府は、ブィチコフが受け持っていた官庁を解散させ、財宝の管理を大蔵大臣に任せた。ロシアの検察官は、ブィチコフのほかに一三人を起訴した。ブィチコフは職権濫用の罪に問われたが、のちに釈放された。第二次世界大戦終結五〇周年を記念して、エリツィン大統領が大恩赦を実施したからだ。拘置所から出るとすぐに、ブィチコフはロシア銀行の副総裁の地位についた。ロシア銀行はダイヤモンド産業とつながりがあった。コズレノクはベルギーから姿を消した。ジロフは彼をギリシャに追い詰めて逮捕した。ロシアの検察官はコズレノクの引き渡しを受けると、モスクワに送還した。二〇〇一年五月十七日、モスクワ裁判所はコズレノクを懲役六年とし、一八〇〇万ドルの罰金を科した。同裁判所は、ブィチコフを職権濫用で再び有罪とした。だが、過去に国家から栄誉賞を受けていたため、彼はすぐに釈放された。有罪判決を報じるAP通信社の記事によれば、ロシアの政府高官が贈収賄で起訴されて有罪判決を受けることは、〝汚職が国中にはびこっているにもかかわらず〟稀だという。

合衆国に目を戻すと、アショット・シャギリアンは、アメリカの当局とともに仕事の後始末をつけた。FBIによると、本書の執筆時点で、デイヴィッド・シャギリアンはまだ逃亡中である。

捜査員たちはこう結論した。ゴールデンADAの目的は金とダイヤモンドだけでなく、ロシアの戦略予備品から石油を手に入れることでもあった、と。それが実現しなかったのは、コズレノクが商売上の愚行に走ったからにすぎない。彼が華美な生活におぼれず、惨憺たる財務管理を避けていれば、今でもゴールデンADAを経営していたかもしれない。IRSによってロシアに返還された少額の金を考慮しても、コズレノクの盗みによって、母国は一億五三〇〇万ドルの損害を受けたことになる。

この物語の核心は、ダイヤモンドを売りさばくのは難しくないという点にある。ロシアから到着した袋入りの原石が、サンフランシスコにあるコズレノクの工場で、すべて研磨される可能性はまったくなかった。ダイヤモンドの大半が、コズレノクがそれを売れると知っていた場所——アントワープ——に直行したのだ。ベルギーの税関は、その原石の出所をザイールと認め、入国を許可した。ロシアの原石には顕著な特徴があるため、アントワープのダイヤモンド街で、商人はその品物がアフリカ産ではないことに気づいたはずだ。それでも、彼らはそれを買ったのである。

非合法なダイヤモンドの世界は、合法なそれに影のようにつきまとっている。二つの世界の境界線はぼやけている。ダイヤモンドは双方を行ったり来たりする。どちらがどちらなのか、誰に言えるだろうか？　デビアスが経営する鉱山から、毎年数億ドル相当の原石が盗まれている。今度は、デビアスが公開市場で原石を買う。このとき購入される原石に、そもそもデビアスから盗まれたダイヤモンドが含まれているのは間違いない。ロシアの犯罪組織は、その国で産出される原石の四〇パーセントを盗んでいるとも言われている。ＦＢＩもそう見ている。もっとも、ロシアのダイヤモンド事情に詳しいリチャード・ウェイク‐ウォーカーは、この数字は大きすぎるとしてしりぞけているが。どんなにたくさん盗まれようと、盗品を売りさばくことは可能である。流通経路の末端にいる小売りの仕入係が、合法なダイヤモンドと非合法なそれを見分けられないからだ。この単純な事実のおかげで、誠実さを冷笑する独善が、ダイヤモンドの世界に広まってしまった。そして、忌まわしい商売が定着することになった。戦争ダイヤモンドの取引である。

9　ダイヤモンド戦争

一九五〇年代の半ば、デビアスは次のことに気づいた。もぐりのダイヤモンド商人が、シエラレオーネの沖積鉱床の原石を大量に買いつけ、その国から密輸出していたのだ。この商売をやめさせるため、ハリー・オッペンハイマーは、元ＭＩ５（英国情報部）長官のサー・パーシー・シリトーを雇った。サー・パーシーは傭兵部隊を組織してダイヤモンド保安隊と名づけ、密輸業者の隊商がリベリアへ向かって藪の中を進むところを捕まえはじめた。少なくともしばらくの間、密輸はなくなった。

半世紀後、シエラレオーネは忌まわしい商売に悩まされている。そこで扱われる商品は、紛争ダイヤモンド、血のダイヤモンド、戦争ダイヤモンドなどの呼び名で知られるものだ。ダイヤモンド鉱山の支配権をめぐる戦争で、盗賊軍が国中で暴れまわっている。以前と同じく、宝石はリベリアを通って運び出されている。今日、サー・パーシーを派遣しても、この商売をやめさせるのは難しいだろう。国連を支援するイギリスの精鋭部隊でさえ、屈辱を味わった。二〇〇〇年の末、何人かの兵士が、ロシア製のライフルを持ち麻薬で興奮した十代の暴徒に捕らえられたのだ。だが、最も嫌悪すべきは、一般市民に対する——手足を切断したり殺したりといった——犯罪である。

ダイヤモンド戦争を報道する目的は、その業界を取り巻く状況を明るみに出し、秘密を解明することだった。その問題に深くかかわっているのは、アントワープ、テルアビブ、ボンベイなどの都市であり、アフリカでは一二カ国以上が巻き込まれていた。アフリカのダイヤモンド戦争がピークに達した一九九六年と一九九七年、年に約一〇億ドル分の非合法な原石が、大陸から流出していた。商売の背後に、荒れ果てた都市、数十万人の死者、四半世紀あと戻りした歴史が横たわっていた。

最悪のダイヤモンド戦争が始まったのは、一九七五年のことだった。アンゴラで、ポルトガル人による植民地政府が、暴動を鎮圧しきれなくなって国を捨てたのだ。五〇万人の白人入植者が逃げ出すと、アンゴラは内戦状態に陥った。敵対する主要な組織は、アンゴラ解放人民運動（MPLA）とアンゴラ全面独立民族同盟（UNITA）だった。キューバ軍が、MPLAを助けにやってきた。南アフリカの陸軍と海軍が、合衆国の黙認を得てUNITAに味方した。

UNITAはダイヤモンドを産出する主要な河川を手に入れ、MPLAは海底油田を収入源としていた。十分な資金を背景に、国中で戦争が繰り広げられた。一九九一年、選挙のために一時休戦となった。そのまま戦争が終わり、委任統治政府が成立するものと思われた。だが、選挙結果に異議が唱えられ、戦争は再開された。

一九九三年までに、UNITAはアンゴラのほぼ四分の三を支配下に置いていた。ダイヤモンドのおかげで、UNITAは年に六億ドルの収益を得ていた。それによって、戦争を遂行する能力が支えられていた。だが一九九四年、合衆国とロシアの圧力で、交戦者たちは和平協定に署名した。UNITAは、政権に加わるかわりに武装解除することになった。二〇年にわたる戦争が終わり、その荒廃した国に表向きの平和がもたらされた。UNITAが実際には主要連隊を武装解除しなかったにもかかわらず、ルアンダのMPLA政府は、敵が支配していたダイヤモンド産出地の一部を占拠できた。

こうして、国際的なダイヤモンド採鉱コミュニティに、アンゴラで事業を展開できるようになったという噂が広まった。

その後の数年間で、多くの新しい採鉱・探鉱企業が現われた。それらはすべて、アンゴラの〝政府〟――国連に承認された、ルアンダのMPLA政権――と結びついていた。最高級のアンゴラ産原石の香りがダイヤモンド業界に漂い、楽に財産を得ようとする人びとが引き寄せられていった。一九九五年、二人の南アフリカ人が、チカパ川から二四カラットのピンクダイヤを吸い上げた。一週間後、ヨハネスバーグのダイヤモンド取引所で、彼らはそれを四八〇万ドルで売った。その石はただちにニューヨークへ運ばれ、一〇〇〇万ドルで転売されたという評判だ。海外での噂によれば、そのピンクダイヤは研磨され、ブルネイのスルタンの兄弟に二〇〇〇万ドルで売られたという。二〇年にわたって戦場の軍隊を支えた品物の、もう一つの姿である。

二年後の一九九七年、クリス・ジェニングズは、ロシア製イリューシン貨物輸送機を往復便として手配した。それは七日間続けて運行し、ヨハネスバーグのヤン・スマッツ空港から、サウリモの街へ採鉱機器を輸送した。さらにジェニングズは、それらの機器をトラックに積み、泥道を越えてチカパ川のピンクダイヤが発見された場所に運んだ。その翌年、ダイヤモンドワークスというカナダの別のジュニアが、チカパにやってきた。こうした商業活動は、アンゴラが平和になった証拠だとされた。それにもかかわらず、広い地域でＵＮＩＴＡの法令がいまだに有効であり、そこでは、ＵＮＩＴＡ議長を務める狡猾な将軍ジョナス・サヴィンビが支配者であるのは明白だった。そのため、アンゴラに資金をつぎこむのをためらう投資家もいた。一九九八年初め、ダイヤモンドワークスは株式市場アナリストのグループに、チカパに来てその国がどれほど安全になったか見てくれるよう頼んだ。こうして、一月のある朝の五時半、小さなグループがヨハネスバーグ空港へやってくると、チャーターしたボーイング737に乗り込んだ。そして、十分な量のシャンパンとオレンジジュースをたずさえ、アンゴラへ向けて飛び立った。

(ダイヤモンドワークスは、南アフリカの傭兵団エグゼクティヴズ・アウトカムとつながりがあるという報道につきまとわれていた――そして、つねにきっぱりと否定していた。そうした問題はなくならないだろう。二〇〇〇年一月、イギリスの外務担当大臣でアフリカ問題を扱うピーター・ハインは、南アフリカの鉱山会社重役アントニオ・テイシェーラを、国連によって禁止されたダイヤモンドを商う多くの人びとの一人として名指しした。新たにダイヤモンドワークスの役員になったばかりのテイシェーラは、ハインの言っていることはまったくでたらめだとし、イギリス下院の法的保護の外でその言葉を繰り返してみよと挑発した)

アンゴラの首都のルアンダは、美しい湾岸に位置している。大西洋が陽光を浴びてきらめいている。最初に上空から一瞥する風景は、かつてポルトガル人が見ていたものと同じに違いない。ルアンダは、上品で優雅な細長い街だった。高層アパートが建ち並び、並木道がゆったりとカーブしている。しかし、飛行機が下降するにつれ、街の荒廃ぶりがはっきりしてくる。戦争による放置と窮乏のため、ビルも道路も破壊されている。ボーイング737は滑走路におりて減速し、草地に並んでいる壊れた古いアントノフ貨物輸送機の列の横を通りすぎた。

ダイヤモンドワークスの一行は税関を通過すると再びジェット機に乗り、一時間半後にサウリモに着陸した。ヘリコプターが一機、彼らを運ぶために待機していた。それが最後の行程だった。二〇分飛ぶと、チカパ川の曲がりくねった流れが見えた。ルオのダイヤモンド鉱山は川の曲がり角にある。

ダイヤモンドワークスは川の進路を変えてしまっており、土手を掘り返していた。小さな選鉱場で、砂利がかみくだかれていた。川の向こう側で、白い花をつけた木々の枝が垂れ下がり、濁った水につかっていた。一艘のバージが流れの中につなぎとめられ、プラスチック製の浮きが、吸引ホースを持って底を這うダイバーの位置を示していた。

ルオの採鉱地をひとまわりすると、ヘリコプターは下流へ向かった。ダイヤモンドワークスのもう一つの所有地を見るためだ。途中、約一〇〇キロにわたって川が続いていた。UNITAの昔からの採鉱地だ。岸にはあばた状に穴が掘られ、最近採鉱が行なわれたことを示している。ヘリコプターがイェトウェネの新しい鉱山につくと、私は会社のスポークスマンの肩をたたいた。そして、ヘリコプターの騒音にかき消されないよう叫んだ。「UNITAはどんな様子ですか?」

その男は首を振った。「彼らはチカパから完全に手を引いています」

「上流で採掘していたのは誰ですか?」

「わかりません。その地域は完全に平静な状態に戻っています」

◆

一〇カ月後、UNITAの特殊部隊が藪から出てきて、イェトウェネの採鉱地を急襲した。銃撃戦で八人が死亡した。休戦は崩れた。MPLAとUNITA、それぞれの敵対する軍隊が出動し、戦争を再開した。ダイヤモンドワークスはほぼ壊滅した。その小さな会社は、アンゴラでダイヤモンドを採鉱するのに必要な基本的装備を持っていなかったのだ——軍隊である。

ダイヤモンド戦争についての新しい考え方によれば、戦闘はまぎれもない商業活動とみなされている。一九九二年から一九九九年にかけて、アンゴラの内戦で約五〇万人の死者が出た一方、UNITAはダイヤモンドの販売から四〇億ドル近い収益を得た。世界銀行の研究では、次のように示唆されている。そうした紛争において、戦闘で敵を打ち破るという目的は、利益を得るという動機に取って代わられており、ダイヤモンドは戦争遂行の単なる手段ではなく、その理由なのだ。

アンゴラ産の原石は、平均して一カラット当たり二〇〇ドルという高い価値がある（どんなサンプルでも、最も小さなダイヤモンドによって平均価格は低下する。アンゴラの原石の典型的な包みには、一カラット数千ドルの石がたくさん含まれている）。だが、隣のコンゴ民主共和国――その国の原石の平均価格は、一カラット当たりわずか二〇ドルにすぎない――でさえ、ダイヤモンドはいくつかの軍隊を引きつけてきた。所属を替える多くのゲリラグループはもちろん、ナミビア、ジンバブエ、アンゴラ、ウガンダ、ルワンダ、そしてコンゴ自身の軍隊が、国内をうろついている。その異様な混戦は、アフリカの第一次世界大戦と呼ばれてきた。

二〇〇一年一月にコンゴ大統領ローレン・カビラが暗殺されたとき、戦争のためにその国に入りこんでいた外国の軍隊の数は、約三万五〇〇〇に達していた。一〇万人の市民が殺され、一三〇万人の難民が藪の中へ追いやられ、マラリア、髄膜炎、飢餓に苦しんでいた。外国人兵士のある者はカビラを支えようとし、ある者は打倒しようとしていたが、いずれにせよ全員が資産を手に入れようとしていた。侵入してくる将軍の中には、ダイヤモンド採鉱地を占領したり、商品を市場に出す会社を設立したりする者もいた。国の東部では、別の侵入者が、ダイヤモンドの産出地帯を自分のものとしていた。

ダイヤモンドの出所を隠すため、悪徳商人は商売に手を貸してくれる国を通して原石を売りさばく。そうした国の一つがリベリアである。そこは、とてつもなく大きなダイヤモンドの洗濯場である。リベリアを通過する大量の非合法ダイヤが、アントワープやテルアビブへ運ばれる途中で、きれいに洗われてしまうからだ。たとえば一九九六年、合衆国地質調査部によれば、リベリア国内の鉱山で産出された原石の総量は、一五万カラットだった。ところがその年、リベリアはベルギーに一二三〇万カラットの原石を出荷したのだ。つまり、国内で産出された量の八二倍である。その数字を額面通りに受け取れば、リベリアは南アフリカ全体よりも多くのダイヤを生産したと信じるしかない。だが、ダイヤモンド高等審議会——ダイヤモンド市場の盛衰を監視するよう、ベルギー政府から委任されたアントワープの圧力団体——は、リベリアを原石の供給地としてそのまま記録した。アントワープのダイヤモンド業者はさまざまな欠点を抱えているが、決して世間知らずではない。原石の本当の出所は、広く知られているのだ。

◆

ダイヤモンド戦争はダイヤモンド業界の秘密だったが、あるとき突然、衆目を集めることになった。それは、あっという間の出来事のように思えた。カーテンをはぎとると、血を浴びたダイヤモンド業者が原石を選り分けていた、とでも言えばいいかもしれない。告発したのは、グローバル・ウィットネスというほとんど知られていないグループだった。積極行動主義の専門用語で言うと、グローバル・ウィットネスはＮＧＯ（非政府組織）である。ＮＧＯとは、貧窮者救済から自動車の排気ガス削減にいたるあらゆる運動を展開する団体である。グローバル・ウィットネスは以前、カンボジアにおける不法な材木伐採を調べていた。だが、一九九八年に矛先を転じ、アンゴラのダイヤモンド戦争の調査に乗り出した。その年の十二月、グローバル・ウィットネスは「原石の取引」という一四ページの告発状を作成した。その衝撃によって世論の批判が巻き起こり、ダイヤモンド業界はあわてふためくことになった。

その小冊子の中で、ダイヤモンド業者は、戦争に荷担したとして非難されていた。さまざまな公文書の文言が引用され、アンゴラの戦争ダイヤモンドがいかに容易にアントワープに流れ込んでいるかが説明されていた。国連は戦争ダイヤの取引自体に取り組んできたが、大した成果はあがっていなかった。「原石の取引」の成功は、戦争の細部をわかりやすい形で提示した点にあった。統計は読みやすく配置され、地図と年表、さらに簡単な用語集まで添えられていた。一枚の写真では、泥まみれになった戦争犠牲者の死体が穴に放り込まれていた。別の写真では、鉱夫が長い列をつくり、奴隷のような条件下で立坑からバケツリレーをしていた。違法なダイヤモンドの販売による毎年の収益が、一覧表で示されていた。その小冊子をパラパラとめくれば、卑劣な戦争の経過、犠牲となった人や物、また、ダイヤモンド業者の――こうした状況下の恐ろしい意味での――商売上の思惑を一目で推測できた。

増加するアンゴラ産原石の約三分の二を買えたことは、わが社が、財力ばかりでなく、その地域に下部組織と経験豊富な社員を持っていることの証明である。〔デビアスの年次報告書における会長の言葉。一九九二年〕

ＣＳＯは、アフリカとダイヤモンドセンターの両方の公開市場で、購買所の広範なネットワークを通じ、相当量のダイヤモンドを買いつけている。購買所の若い担当者は、しばしば難しい条件で働いている。一九九六年の購入量は、主に増加するアンゴラ産原石のおかげで記録的レベルに達した。アンゴラ産のダイヤモンドは、需要の高いカテゴリーに入ることが多かった。とはいえ、概してこうした購買活動は、市場を支えるメカニズムである。〔デビアスの年次報告書における会長の言葉。一九九六年〕

グローバル・ウィットネスのおかげで、そうした情報が、ダイヤモンド業界の常識から新聞を手にとるすべての人の常識となった。マスコミは発覚した事実にとびついた。ダイヤモンド業界も反応し、グローバル・ウィットネスの裏にいるのは誰かを推測しようとした。驚くべき数の電子メールが飛び交い、戦争と結びついた商売を暴露したそのグループに関して、きわめて俗悪で、明らかに不合理な説明が流布した。その内容は、以下のようなものだった。「グローバル・ウィットネスはアンゴラの海底油田会社に密かに雇われていた。その会社は、ＵＮＩＴＡのダイヤモンド事業を壊滅させることによって、ルアンダのＭＰＬＡ政府に取り入ろうとしていたのだ」「デビアス自身、ＵＮＩＴＡのダイヤモンドを市場から追い出すため、その報道に資金を提供していた。その原石を買わずにすむようにするためだ」「合衆国政府が、ＣＩＡを通じてグローバル・ウィットネスを支配していた。すべては、アフリカの原石のイメージを悪くし、カナダのダイヤモンドに有利な市場をつくりだすための、ＢＨＰの差し金だ」こうした噂は、ダイヤモンド業界に関する複雑怪奇な空想を刺激するだけだったにもかかわらず、広く流布していった。

グローバル・ウィットネスは金持ちに買収されているのではないかという疑念は、そのNGOのオフィスを訪問すれば消散するはずだ。それはロンドン北部のさえない通りに面した、元は校舎だった建物の中にある。最上階の、狭苦しい二つの部屋だ。スタッフは書類の山の中で仕事をしていた。訪問者が通ると、彼らは机の上に急いで書類を伏せた。グローバル・ウィットネス代表のチャーミアン・グーチは、背が高く青白い女性で、強靭な意志をみなぎらせている。一九八九年から一九九三年まで、彼女はロンドンに本拠を置くNGOの環境調査エージェンシーで働いていた。一九九三年、天然資源会社と人権蹂躙の関係を調べるためにグローバル・ウィットネスを設立した。カンボジアの森を調査したあと、ダイヤモンドの問題へ移った。調査員のアレックス・イアズリーは、以前は音楽番組の司会を務めていた。二人は、年に六〇億ドルの収益がある業界をこれほど狼狽させた人物にはとても見えなかった。

「原石の取引」を公表してから一年足らずのち、グローバル・ウィットネスは、ダイヤモンド業界にさらなる一撃を加えた。デビアスさえうならせたかもしれないマーケティングの才能を発揮し、グーチとイアズリーはガラスでできた〝ダイヤモンド〟の指輪を黒いビロードの箱に詰め、世界中の編集者に送った。箱にはパンフレットが入っていた。その中で、ダイヤモンド業界は〝死を招く恐竜〟とされ、ダイヤモンド戦争による死者の数が示されていた。〝致命的取引〟――このキャンペーンはそう呼ばれていた――のおかげで、強力な援軍が現われた。カナダの国連大使ロバート・ファウラーは、国連安全保障理事会の議長国という立場を利用し、ダイヤモンド業界全体を厳しく非難した。国連決議が組織的に無視されていたからだ。ワシントンでは、オハイオ州選出の下院議員トニー・ホールが、ある法案を後押しした。原石と研磨済みダイヤを輸入するアメリカの業者は、供給者に原産地証明書を要求しなければならないとするものだった。

ダイヤモンドの売買に対する風当たりは強まった。シエラレオーネの傭兵への武器売却を黙認していたことを暴露され、決まりの悪い思いをしていたイギリス政府は、グローバル・ウィットネスに助成金を与えた。そして、戦争ダイヤモンドの取引をやめさせる手助けをすると明言した。デビアスは風向きを察知すると、アンゴラの購買所をすぐに閉鎖し、公開市場でアンゴラ産の原石を買うのを禁止すると発表した。「わが社は」デビアスは述べた。「アンゴラの人びとの打ちつづく苦しみに関する世界的な懸念を共有しています。彼らは、三〇年間におよぶ残酷で破壊的な内戦の犠牲者なのです」この声明には懐疑の声が上がった。あるコラムニストは、ヨハネスバーグの《スター》にこう書いた。デビアスにアンゴラの購買所を閉めさせるには、国連、合衆国議会、イギリス政府、グローバル・ウィットネスが関与する必要がある。

ダイヤモンド戦争の問題が世間に知れ渡ると、一つのやっかいな疑問が浮上した。戦争ダイヤの取引を阻止できなかったら、どうなるのだろうか？　これは恐ろしい疑問だった。どのダイヤモンドも戦争ダイヤかもしれないという不安を呼び起こすからだ。なにしろ、その量は莫大だった。さらに、政治環境が腐敗しているアンゴラでは、政府軍の将軍がＵＮＩＴＡの原石を売買していると広く信じられていた。ＵＮＩＴＡがダイヤモンドをみずからの敵に売ることができるとしたら、どんなに楽だろうか？　また、ダイヤモンドを売りたがっているほかの軍隊が、それを合法的な流通過程に紛れ込ませるのはどんなに簡単だろうか？　ダイヤモンドの密輸が巧妙になっていることを考えれば、これはもっともな疑問だった。

典型的なシナリオはこうだ。ロシア人パイロットのチームが、イリューシンＩＬ‐76輸送機でブルガリアの首都ソフィアに向かう。ＩＬ‐76は四基のエンジンを積んだジェット機で、五二トンの有効荷重と四八〇〇キロの航続距離を誇る。ソフィアにつくと、パイロットはＵＮＩＴＡに注文された商品――たとえば、ロシアのＴ‐62主力戦闘戦車――を積む。そうした兵器を手に入れるのは、難しいことではない。インターネット上で買えるからだ。ソフィアの地上要員が用意した積荷目録には、機械の部品と記されている。その目録は現金入りの封筒に押し込まれ、ブルガリアの税関職員に手渡される。ロシア人たちは、戦車を操縦してジェット機の貨物倉に載せる。

飛行計画では、最終目的地はザンビアのルサカということになっている。パイロットはウガンダに飛んで燃料を補給すると、ザンビアに向かって飛行を再開する。夕方、ザンビアの領空に到達すると、飛行機は夜陰に乗じて突然進路を西に変え、アンゴラへ向かう。夜間なら、飛行機はアメリカの人工衛星に捕捉されない。さもなければ、その進路は記録され、アンゴラ軍に通報されてしまうだろう。

アンゴラに入ると、ロシア人パイロットは、前もってＵＮＩＴＡに指定された着陸地へ向かう。滑走路は、地図には廃墟と記載されているかもしれない。だが実際は、ＵＮＩＴＡによって保全されているのだ。あるいは、それは新しい滑走路かもしれない。ブルドーザーでならされ、撒水された直線道路である。湿った土は、陽光を浴びて固まっている。ＵＮＩＴＡは、そのような滑走路を決して広げようとはしない。広い道路は上空から見えるし、コンピュータによって発見されてしまうからだ。そのコンピュータは人工衛星からの画像を走査し、地上のそうした変化を探すように設定されているのだ。滑走路が狭いため、両側の藪によって飛行機の翼がもぎ取られないよう、ＵＮＩＴＡは道路脇の草木を六〇センチの高さに切り払っておく。上空からは、刈り込まれた草木と周囲の高い草木との見分けはつかない。だがその高さなら、イリューシンの翼とエンジンは通過できるのだ。すべての戦略的軍事輸送機と同じく、イリューシンの翼は機体の最上部と水平についている。そのおかげで、ジェットエンジンが泥やその他のやわらかい物質を吸い込まずにすむのだ。

前もって決められていた位置に到着すると、パイロットは急降下を始める。高度三〇〇メートルまで下がると、暗号化された信号を送る。UNITAの係員は一列になった着陸灯、すなわちディーゼルエンジンによって光るトーチをつける。上空から見つからないようにフードがかけられ、ジェット機が近づいてくる方向に向けられている。時速二二五キロで、巨大な輸送機が藪を越えて着陸し、轟音を立てて泥の上を走る。パイロットが逆推進力をきかせると、飛行機は鋭い音を立てて止まる。取引自体は、確立された協定にもとづいて簡単に進められる。戦車と交換されるダイヤモンドは、UNITAの支配地域に駐在する仲買人によって、すでにチェックされている。この際、原石は機上で再びチェックされ、戦車はガラガラと音を立てて地上におり、飛行機はダイヤモンドを積んで飛び立つ。

そうした原石は、容易に合法な品物の流通経路に入りこむ。たとえば、飛行機がギニアに着陸したとしよう。するとその原石は、ダイヤモンド取引所で違法性を洗い落とされてしまう。取引所には、原産地証明書をつける権限があるからだ。あるいは、パイロットはダイヤモンドをルサカに運び、ほかのアフリカの原石と混ぜ、ウクライナの首都キエフに送るかもしれない。それからウクライナの工場で、ロシアの原石と一緒に研磨される。いったん研磨されると、ダイヤモンドの原産国を知るのは事実上不可能である。あるいは、ウクライナではなく、積荷はロシアに送られることもある。そしてロシアの原石と混ぜられ、アントワープに売られる。ほかの原石と混ぜられた原石の原産地を知るのは難しいからだ。

（包みに入っているのが一つの採鉱地でとれた原石だけであり、色、形、大きさといった目立つ特徴が容易に見きわめられるなら、有能なディヤマンテールにはサンプルの原産地がわかる。だが、産地の異なる原石が包みに混ざってしまうと、そうした特徴によって示される明確なイメージは曇り、像を結ばなくなる。元の原石には見られない特徴が、つけ加わってしまうからだ）

非合法なダイヤモンドにとって、都合のいい積み替え地点はリベリアだった。アントワープやテルアビブのダイヤモンド会社は、その地に購買所を置いていた。リベリアのダイヤモンド洗濯場で、戦争ダイヤと鉱山から盗まれた原石が一緒にされていた。西側の情報機関では、リベリアは、麻薬とダイヤモンドの売買を基盤とする国際的犯罪組織の中心だと考えられていた。二〇〇〇年一月、パートナーシップ・アフリカ・カナダというNGOによって、リベリアとダイヤモンド戦争との結びつきが細大漏らさず報じられた。パートナーシップ・アフリカ・カナダの調査員は、それまでの批判者よりもさらに歩を進めた。ダイヤモンド業界と戦争とのかかわりについて、最も厳しい対応をとるべきだと主張しようとしたのだ。すなわち、あらゆるダイヤモンドの不買運動である。

◆

二〇〇〇年の初めのこの時点で、ダイヤモンド業界は混乱していた。新聞報道による攻撃が激しさを増していた。しばしば耳にする弁明――血のダイヤモンドが総売上げに占める割合は、五パーセントにも満たない――は、異様なほど下劣かつ欺瞞的に聞こえた。デビアスは不買運動という惨事が起こるかもしれないと悟り、戦争にかかわりのある原石からすでに遠ざかっていた。アントワープにあるDTCの購買所は、公開市場での原石購入をすべてやめ、ルアンダから運ばれる〝公認の〟アンゴラ産ダイヤの買い入れさえ中止していた。二〇〇〇年三月、デビアスはサイト・ボックスに、次のように保証するカードを入れはじめた。デビアスが扱う原石の一つとして、戦争に荷担する売買に反対する国連決議に背いて購入されたものはない、と。それは、将来に大きな影響をおよぼす事件だった。世界最大のダイヤモンド会社が血染めの原石に背を向け、事実上、その業界を最も辛辣に批判する人びとの一部と手を組むことを通知したのだ。ダイヤモンド業界の消息通の中には、デビアスの通知の信頼性を疑問視する人もいる。彼らは、ロンドンの備蓄に以前買われた原石が含まれているのは間違いないと不平を言う。当時DTCは、公開市場で活発に原石を購入していたからだ。デビアスは、そうした申し立てを退けた。内部監査の結果、自社の原石に問題はないとわかったというのだ。いずれにしても、疑惑が尾を引いたという事実から、非合法な原石のおかげでダイヤモンド業界全体の評判が地に落ちていたことがわかる。なにしろ見識ある観察者が、アントワープのような中心地で手に入る原石の一部は血で汚れていると信じていたのだ。だが、そうした疑いを抱く者にとってさえ、デビアスが状況の後追いをするのではなく、それを先導すると決めたことは明らかだった。

業界に活を入れて行動に駆りたてる力を持つのは、デビアスだけだった。ダイヤモンド商人は、目先の問題にしか注意を向けないことで悪名が高い。彼らの仕事は大量のダイヤモンドをすばやく売買することであり、利ざやは少ない場合が多い。こうした状況では、短期間の取引に注意が集中される。この業界では、より大きな道徳的問題から故意に目がそらされていたのだ。一人の注目すべき例外がいた。ディヤマンテールにして雑誌発行人のマーティン・ラパポートである。月刊誌《ラパポート・ダイヤモンド・レポート》に連載された苦悩に満ちた記事で、ラパポートはダイヤモンド戦争の惨状に激しく抗議した。だが、ダイヤモンド業界では、デビアスほど声の大きな者はいない。二〇〇〇年六月、ニッキー・オッペンハイマーは問題がいかに深刻であるかを明確にした。ダイヤモンド取引所に手紙を送り、戦争ダイヤを売買している商人がいたら、見つけ次第除名するよう命じたのだ。オッペンハイマーはぶっきらぼうに警告した。戦争ダイヤの取引を停止できなければ「即座に否応なく、ダイヤモンド市場に計り知れない影響がおよぶだろう……」

翌月、アントワープで会議が開かれた。国際ダイヤモンド製造業者協会と世界ダイヤモンド取引所連盟は、すべての協議事項を戦争ダイヤをめぐる緊急討論に当てた。国連大使のファウラーとイギリス外務省の高官も出席していた。会議では、業界から戦争ダイヤの締め出しをはかるための、輸出入の管理システムが提案された。原則的に、そのシステムでは、鉱山から出荷されるすべての原石の包みに札が添付される。したがって、原石の包みを、鉱山から市場まで追跡できることになる。合法的な原石は〝保証の鎖〟——業界ではそう呼ばれはじめていた——を有することになる。鎖による保証のないダイヤモンドを持っている商人は、ダイヤモンド取引所から追放される。

そうした方策の有効性には疑問もあった。わずか一カ月前、あるイギリス人記者が、シエラレオーネからロンドンのハットン・ガーデンというダイヤモンド街へ原石を持ち込んだ。彼は、熱心な買い手を見つけた。そのときイギリスの法律では、そうした原石の売買は禁じられていた。また、ロンドンのダイヤモンド取引所では、密輸品の売買が見つかった会員は除名するという方針がとられていた。記者は買い手たちに、そのダイヤモンドはシエラレオーネから運んできたと明かし、戦争ダイヤであることも隠さなかった。何人かの商人は、以前にもその類の原石を買ったことがあると言った。記者がもっと手に入れられると言うと、商人たちは興味を示した。それでもアントワープの会議で、ファウラー大使はその新しい提案を歓迎した。問題に真剣に取り組もうとする、ダイヤモンド業界の意志が現われているというのだ。ダイヤモンドの製造業者と取引所は、第三の組織として世界ダイヤモンド協議会を設立した。まもなく始まる追跡システムを監視するためである。

会議が終わり、最後の声明がスケルデ川を渡っていったとき、業界の批判者がその成果に首をひねったのももっともだった。各国の政府は、みずからが失敗した場所でも業界の努力によって戦争ダイヤの流通を止められると思っていた。一方、業界は逆のこと——政府が制定する法律によって障壁をつくる——を考えていたようだ。だが、戦争ダイヤをなくすための法律や決議は、すでに存在していた。にもかかわらず、そうした原石の取引は大して混乱していなかった。これらの事実を踏まえ、戦争ダイヤを最も確実に阻むものはテクノロジーだと考える人もいる。

カナダ政府は、発生期にあるダイヤモンド産業を、戦争に荷担する商売という醜聞から守りたいと切望している。そのため、連邦警察がダイヤ原石の原産地の特徴を決定する方法を研究している。その方法では、まず、検査する原石の小片をレーザーで気化させる。続いて、気化したダイヤを質量分析器によって分析する。ダイヤモンドは純粋な炭素と考えられているが、わずかな不純物を含んでいる。重さに換算すると、不純物は一パーセントの二〇分の一より軽くなる。これらの不純物は、五〇くらいの元素からできている。含まれる元素の割合は、原産地によって違う。理論上、あるパイプから出たダイヤモンドに含まれる不純物の比率は、別のパイプから出たダイヤモンドのそれとは異なる。原石を気化させて分析することによって、研究者は不純物の唯一の特徴を取り出せる。それゆえ、原石の出所を確認できるのだ。この技術をたずさえた検査官は、包みから一かけらの原石を抜き取れば、その原産地を特定できる。包みに戦争ダイヤを混ぜる者は、発覚の危険をおかさなければならない。

このシステムの難点は、データの収集にある。信頼できる実験室が、信頼できる特徴を推定するには、世界中のあらゆるダイヤモンドのサンプルが必要となるだろう。ＵＮＩＴＡはそのようなサンプルを提供しそうもないし、シエラレオーネの反逆者たちも同じだ。あるいはサンプルが手に入ったとしても、だまされている可能性もある。たとえばアンゴラの人びとは、ＵＮＩＴＡの原石をサンプルに混ぜ、偽の特徴を与えようとするかもしれない。そうしておけば、ＵＮＩＴＡの原石の売買を仲介しつづけられるからだ。

さらに、合法的な鉱山会社も、自社の原石の適切なサンプルを提供することに抵抗するだろう。鉱山でとれる原石の品質は、企業秘密だからだ。ダイヤモンド鉱山からは、質の異なる宝石が産出する。ダイヤモンドの大きさと品質の分布によって、鉱山の商業的な長所が決定される。その構成がわかれば、企業はライバルの長所となる原石がどのタイプかを知ることができる。すると、その商品を市場にあふれさせ、ライバルが最も利益をあげている分野を一時的にであれ攻撃できる。当然の習慣ともいえる商売上の配慮のおかげで、そうした情報が共有されにくくなるのだ。

戦争ダイヤを発見するための、おそらくもっと有望な別の方法は、原石にこびりついている泥の粒子を分析することだろう。原石が酸性薬剤で洗浄されても、泥の粒子は残っているからだ。そうした方法を研究したのは、カリフォルニア工科大学鉱物学教授のジョージ・ロスマンだった。ロスマンは、政府の科学技術政策局の要請にこたえ、みずからの案を提出した。二〇〇一年一月、科学技術政策局は特別会議を開き、原石の原産地を特定する方法を模索した。

ロスマンは、公開市場でオラパの原石のサンプルを手に入れた。そうした品は、酸性薬剤で洗浄されているはずだ。だが彼は、洗浄の過程で微量な泥まですべて取り除かれるとは思っていなかった。

たとえば、ある種の鉱物を取り除くには数カ月かかるからだ。ロスマンはオラパのダイヤモンドを検査し、結晶の微小なしわに、顕微鏡でしか見えない微量の泥が入りこんでいるのを見つけた。

その泥片は、地中でダイヤモンドの表層を形成している粘り気のある薄膜（現地の水から沈殿した鉱物によってできるもの）の残滓だった。ダイヤモンドは――沖積鉱床の場合のように――産出地から遠くに運ばれても、その石が落ちつく場所に応じて鉱物の新しい皮膜が形成される。この新しい薄膜は、その土地の泥の化学的性質と水の同位体組成を反映する。ロスマンの案にとって決定的な意味を持つのは、後者である。

同位体のおかげで、同一の化学元素を別のものとして区別できる。特定の化学元素の原子でも、それぞれの核内の物質の量が異なるため、たがいに重さが異なる場合がある。同じ化学元素でありながら、そのような違いを持つ原子が同位体と呼ばれる。地球上のいかなる場所の水にも特定の同位体組成、すなわち特徴がある。これらの特徴は、重水と通常水の比率の違いによる。この違いは非常に小さいが、測定は可能である。水は酸素と水素からできている。重水をつくる水素は、原子核の中に余分な物質を有しているのだ。

ロスマンはオラパの原石を溶鉱炉に入れ、発生した水蒸気を採取した。宝石の表面に残っていた微量の泥に含まれていた水だ。彼は水蒸気から、〇・〇〇〇〇〇一グラムの水素を取り出した。ほとんど理解できないほど微量のサンプルだが、水の同位体的特徴を確認するには十分なのだ。得られた特徴は、水素の同位体組成の世界地図で、オラパ地区に示された測定値に一致した。ほかの原産地についても、同じように確認できるはずだ。実際ロスマンは、アンゴラとシエラレオーネでとれた、洗浄済みの原石の表面から微量の異物を発見していた。紛争地域から泥のサンプルを収集することも含め、彼の計画にはさらなる研究が必要だった。

　原石の産出地を特定する技術は、紛争ダイヤモンドを締め出す最も確実な方法である。一方、研磨済みダイヤについても、さまざまな試みがなされている。ノースウェスト・テリトリーズの政府は、原石をバレンランズからイエローナイフの新しい研磨工場まで直接運ぶことによって、鉱山からカット師にいたる明確な〝検査ルート〟を確立しようとしている。ダイヤモンドを入れた小箱を封印して鉱山から発送し、イエローナイフで開封する。そして、包みの中の各原石をデータベースに登録する。重さ、色、透明度、結晶のタイプ、予想される歩留まり、予想される研磨後の色、予想される研磨後の透明度を入力するのだ。製造過程を経たあと、完成したダイヤモンドをデータベース上の元の原石に関する記録と照合する。それから、政府が実施するプログラムに加わっている研磨師が、レーザー光線で製造番号をガードル・ファセットに刻印し、証明をつける。それによって、その研磨済みダイヤモンドが、純正のカナディアン・アークティック・ダイヤモンドであることが保証されるのだ。

　もちろん誰もが、レーザー光線でダイヤモンドに好きなものを刻印できる。残念ながら、ダイヤモンド業界ではまさにそれが行なわれている。無意味な数字が刻まれた石が、研磨済みダイヤの主要流通経路で発見されているのだ。そのプログラムを偽物から守るため、政府はジェムプリントと呼ばれる安全対策を追加した。トロントのジェムプリント社によって開発された技術である。一般に、たとえばシエラレオーネ産のDカラー・フローレスの研磨済みダイヤは、バレンランズ産のDカラー・フローレスの研磨済みダイヤと同じように見える。だがジェムプリントの技術を使えば、両者の違いがわかる。レーザー光線をトップ・ファセットに照射し、はねかえってくる光の微小点の独自のパターンを記録することによって、研磨済みダイヤの〝指紋をとる〟のだ。そのパターンが表示された保証書が、保証付きダイヤモンドに添付される。同時に、そのパターンはジェムプリント社のデータベースにデジタル方式で記録される。飛び散った微小点の模様によって唯一の指紋が提供され、それによって鉱山から消費者までの検査ルートが完成する。経済的に意味のある量の戦争ダイヤが、このシステムに入りこめる唯一の場所は、鉱山だろう。現実的な案ではないが愉快なアイデアである。ダイヤモンドを鉱山に密輸する犯罪者を思い浮かべてみるといい。

ダイヤモンド業界における最も重大な変化の一つは、伝統的に原石の領域にとどまってきた諸勢力が、研磨済みダイヤに注意を向けなおしたことだ。戦争ダイヤの問題が公に取り上げられる前から、デビアスは〝ブランドをつけた〟ダイヤモンド――デビアスのダイヤモンドとして特別に認定されたダイヤモンド――というアイデアを市場で実験しはじめていた。従来、ダイヤモンドはつねに匿名の商品だった。まるで、世界最高のすべての自動車ディーラーが、単に〝高級車〟として知られる製品を売っていたようなものだ。年に二億ドルの広告費をかけて、デビアスは、自社ばかりかほかのあらゆる業者の商品イメージを高めていたのだ。

一九九六年、ロンドン近郊のメーデンヘッドにあるデビアスの研究施設で、研磨済みダイヤに商標をつける方法の研究が始まった。やがて、完成品のダイヤにロゴを刻印する技術が開発された。そのマークは肉眼では見えない。また、それを刻印する仕組みは企業秘密である。製品を買う予定の人は、そのマークとダイヤモンドの製造番号を、特別な装置を通して見ることができる。その装置は、デビアスによって小売業者に売られる。デビアスによれば、一九九八年にイギリスのマンチェスターで行なった市場実験で、次のような結果が示されたという。買い手はデビアスの商標がついた品物にプレミアムを支払った。また、商標のついた品物を売っている小売商は、全体としてより多くのダイヤモンドジュエリーを売った。

ダイヤモンド業界には、この主張に異論を唱える者もいる。だが、ブランドの刻印を首唱することは、別の現象から力を得た——戦争ダイヤをめぐる問題である。デビアス常務のゲーリー・ラルフェは、率直にこう認める。世間の注目が戦争ダイヤに集まったとき、デビアスの技術スタッフにマーキングの研究を急ぐよう命じた、と。デビアスは、戦争とは縁もゆかりもないダイヤモンドの構想を描けた。研磨済みの石にデビアスのロゴを刻印することによって、ほかのダイヤモンドから区別すればいいのだ。その会社はすでに、合法的なダイヤモンドの最大の供給者となっており、外部からの購入を中止して戦争ダイヤとのかかわりを免れていた。小売業界でも、デビアスは合法だと推定されるようになれば、そのカルテルはマーケティングの機会を獲得するはずだ。ダイヤモンドに関する著述家であり、予言者でもあるハイム・イーヴン‐ゾウハーはこう述べた。「勇者は、戦争ダイヤの問題全体がデビアスを利するだけだと書くだろう」

デビアスは強大で、秘密主義で、ダイヤモンド業界を長い間支配してきたため、その目的はしばしば非難を浴びる。だが、次のことは注目されるべきである。デビアスは、戦争ダイヤを取引しているのを見つけた場合、考えられる最も厳しい制裁——ロンドンのサイトからの追放——を加えると言って顧客をおどしてきたのだ。

◆

ダイヤモンド戦争のおかげで、業界ですでに進行していた変化がさらに促されることになった。バレンランズで鉱山が発見され、良質な宝石の供給地が選べる状況となったため、古いカルテルは脅威にさらされていた。北方の地でダイヤモンドが発見された当初から、新参の生産者たちがカルテルとは独立に、商品を売り込もうともくろんでいたのは明らかだった。彼らは、とりわけ合衆国において、カルテルによる不自然で独占的な仕組みとは無関係な商品への購買意欲をかきたてたかった。選択肢ができるだけで、アメリカ人はカルテルをさらに不愉快に思うかもしれない。

こうした大きな闘争が展開される間も、ダイヤモンド業界では日々の仕事が進行していた。それはある面で、業界の土台を揺さぶる有力者とは無関係だった。本質において、ダイヤモンド業界は一つの世界に夢中になっている。その世界に、心を奪うものはただ一つしかない――ダイヤモンドという石である。ここには、原石の価格操作も罪なき者の殺戮もない。ただ、光を発散させるための念入りな仕事があるだけだ。この独立した土地で、ダイヤモンドのカット師は至近距離でその石と格闘し、ダイヤモンドの世界をときとして薄汚い事実の向こうに押しやる。彼らはダイヤモンドに刃を当てる。そして、その石は意味を獲得する。

10　カット師

一九九八年夏のある日、マンハッタンは焼けつくような暑さだった。それほどの熱波に襲われたことは、ここ一世紀以上なかった。ダイヤモンド仲買人のデイヴィッド・ダンツィガーは、かまどの中のような通りを歩き、五番街のウィリアム・ゴールドバーグ・ダイヤモンド・コーポレーションを訪れた。エレベーターに乗り、ゴールドバーグのオフィスに上がる。受付係が防弾ガラスの向こうで電子ロックをはずし、中へ入れてくれる。ダンツィガーは、バーズアイメープルの鏡板のはめられた、狭いくさび形の部屋に入った。カメラのレンズが彼をとらえる。一つめのドアがカチャリと閉まると、受付係は再び電子ロックをはずし、鏡板のはめられた廊下へダンツィガーを通した。壁の間に、スレートグレーの広幅織り絨毯が敷かれていた。

狭い廊下に沿って、ドアの閉まった四つの売り場が並んでいた。受付係は三番のドアの鍵を開けた。ダンツィガーは部屋に入ると、細長いテーブルをはさむ二脚の椅子の片方に座った。テーブルの上には、ダイヤモンド用の秤《はかり》、蛍光灯、四五センチ四方の白い紙でできた台が置かれていた。ダイヤモンドの仲買人は、白い紙の上で、強い光を当ててダイヤモンドを吟味するのを好む。石の色をよりよく評価するためだ。

　ダンツィガーは、黒い革張りの椅子に座って待った。サザビーズやクリスティーズのジュエリーカタログが、広い窓台の上にきちんと重ねられていた。マンハッタンの往来から聞こえる小さな音のために、絨毯と鏡板にくるまれた繭という雰囲気がいっそう濃厚になっていた。窓の向こうのテラスの端に、一本のヒマラヤスギが植えられた木製の鉢が置いてあった。ウィリアム・ゴールドバーグの個人オフィスは、テラスにかこまれた角部屋だった。五番街側は、テーブルと椅子を置くのに十分な広さがある。天気のいい日には、お抱えのコックがそこに昼食を用意した。

　ダンツィガーが数分待つと、ウィリアム・ゴールドバーグのしゃがれ声が、廊下を近づいてくるのが聞こえた。ゴールドバーグは、ニューヨークでも指折りのディヤマンテールである。背は高く、体格はがっちりしていた。老いたライオンのように自分の縄張り中に声を響かせ、歯に衣着せず意見を言う。長い白髪が襟にかかっている。頭のてっぺんはつるつるにはげ、浅黒く日焼けしている。目は温かみのある茶色で、異様に太い眉毛の下できらきらしている。ゴールドバーグは三番の売り場のドアを開けると、ダンツィガーに座ったままでいいと合図し、その手をしっかりと握った。ダンツィガーはハンカチで額をぬぐった。二人は、ひどい暑さだと言い合った。それ以上はあれこれ言わず、ダンツィガーはポケットを探ってたたんだ白い紙の包みを出した。「ビル、これがあなたの好みの品でないことはわかっています」彼はそう言うと、包みをゴールドバーグの机に置いた。「おそらく、あなたはこれを欲しいとは思わないでしょう」彼は肩をすくめた。「とにかく、一度は見ていただこうと思いましてね」

　その包みには、中に入っているものが鉛筆で詳しく書かれていた。それゆえ、ゴールドバーグが紙

ウィリアム・ゴールドバーグ。（ウィリアム・ゴールドバーグ・ダイヤモンド・コーポレーション提供）

を親指でさっと開き机の上に石を転がしたとき、それが八二カラットあることはすでにわかっていた。その原石は、美しいとは言えなかった。へりは角ばっていて、ぎざぎざしていた。まるで、原鉱を適当な大きさに砕く鋼鉄の粉砕機によって、もっと大きな結晶からえぐりとられたような形だ。たくさんの染みや傷があった。色もよくなかった。ケープ・イエローである。本当のファンシーカラーと言えるほど濃い黄色ではない。その石にはさらに不利な点があった。ドアの中に入ってきた経路である。

デビアスのサイトホルダーであるゴールドバーグは、主にロンドンの正規のボックスから商品を仕入れる。それに加えて、アントワープ、テルアビブ、ときにはブラジルで品物を購入することもある。たまたま大きな原石のニュースを聞いて、それらの地を訪れる場合だ。しかし、一人の仲買人のポケットに入ってマンハッタンに運ばれてくる石は、まったく別物である。それは、すでに多くの人の手を経ているからだ。ゴールドバーグのような商人にとって、そうしたダイヤモンドは輝きの一部をすでに失っていると感じられる。その魔力が、ほかのディヤマンテールによってかきとられてしまっているのだ。あまりにも多くの目がルーペを通してそれを凝視しては、欠点を見つけたはずだ。多くの商人がダンツィガーの前で肩をすくめ、手を広げたことだろう。

「だが、ビルは他人がどう思うかをあまり気にしない」ゴールドバーグの義理の息子で共同経営者のバリー・バーグは言った。「彼はその石を持ってきて私の机にぽいと転がし、どう思うかとたずねた。大きくて、ごつい原石だが、研磨すれば大粒で良質のダイヤモンドになるかもしれない、と私は言った。歩留まりがいいとは言わない。二〇カラットの研磨済みダイヤにはなるかもしれない。だが、われわれはあまり厳密に考えてはいなかった。ビルはすぐにダンツィガーのところに戻り、その石に値をつけ、購入した。彼はそんなふうに、せっかちに行動する。彼は、オフィスに刺激をもたらしたがっていた。われわれは、長いこと大きな石を扱っていなかった。そこで、それを手にいれようとしたのだ」ゴールドバーグは、ダンツィガーに六万ドルを支払った。そのダイヤにたくさんの傷がある事実を考慮に入れた金額だ。彼らは、その石を週末までしまっておくことにした。

月曜日の朝、一四階の角にあるゴールドバーグの小さな工場の作業台のまわりに、四人の調査者が集まった。開かれた包みの中のケープ・イエローの原石が、モッティ・バーンスタインの強力な電気スタンドの光を浴びていた。カット師のバーンスタインのほか、ゴールドバーグ、バーグ、そして劈開師のベン・グリーンがいた。高速鋸とレーザー光線が普及したおかげで、劈開という技術は消えかかっている。だが、いまだにそれを好む人もいる。原石から宝石を削り出す作業の最初の工程として、

イエローダイヤモンドに印をつけるモッティ・バーンスタイン。
（マシュー・ハート撮影）

最もあざやかで、最も時間がかからないからだ。

ダイヤモンドの結晶は、層が重なることによって大きくなる。これらの層は、何重もの平面をつくる。カット師が石目と呼ぶものだ。劈開師は一つの平面、すなわち〝劈開面〟に沿って石を割る。まず、割るべきダイヤに別のダイヤをこすりつけ、刻み目をつける。次に、その刻み目に劈開ナイフを当てる。そしてナイフをコツンとたたき、望みの石を二つ手に入れる――さもなくば、石を粉々にしてしまう。生前最も腕のいい劈開師だったヨーゼフ・アッシャーについて、次のような話が伝えられている。これまで知られている最大のダイヤモンド――三一〇六カラットのカリナン――を劈開する準備をしたとき、彼は医者と看護婦を待機させた。そして、ついにそのダイヤモンドにハンマーを振り下ろし、完璧に二つに割ると、完全に気を失ってしまったのだ！　アッシャーの甥は、この話を聞くと鼻先でせせら笑った。「アッシャー家の者は、作業中に気を失ったりはしない」彼はぴしゃりと言った。「シャンパンをあけたという話のほうが、おじにはよっぽど似合っている」

ウィリアム・ゴールドバーグの工場で、大きな黄色のダイヤモンドのまわりに集まった一団は、ある突起を削りとるべきか、それとも劈開すべきかを決めようとしていた。彼らは一五分間話し合ってから、結論を翌日まで持ち越すことにした。おかげでバーンスタインは、その石を磨いてウィンドウをつける時間ができた。ウィンドウを通せば、ダイヤモンドの中を直接見ることができる。ウィンドウをつけてその大きな傷を調べることによって、カット師には、それが結晶内に入りこんでいる様子がわかる。

劈開についての決定だけが、彼らの関心事ではなかった。バーグは、よく調べると、その石は〝眠そうに〟見えると思っていた。つまり、やや曇っているのだ。したがって、その石には別の傷があるかもしれない。小さすぎて個々には見えないが、ダイヤモンドを曇らせるだけの傷だ。彼は自信が持てなかった。カット師の仕事は、原石の中に閉じ込められた仮想の宝石を取り出すことだろう。この場合、彼はその想像上の石を、その周囲で不規則に屈折する光を通して発見しなければならなかった。そのイエローダイヤには傷が多く形も悪かったからだ。まるで、ひび割れた氷の箱に入ったガラスの塊の形を見きわめようとしているようだった。モッティ・バーンスタインはウィンドウをつけ、一目見ると、ウィリアム・ゴールドバーグにこう告げた。「ウィンドウはうまくついたし、そのイエローダイヤは思ったよりよさそうです」

翌日、バーグは売り場の一つで会議を開いた。バーンスタインが入ってきて、皿のキャンディーをつまんだ。金色の包み紙を器用にとると、空になったダイヤモンドの包みのように、太い指で横にはじいた。彼はキャンディーを口に放り込み、考え込むような様子でなめた。八二カラットのダイヤモンドが、白い紙パッドの上に置かれていた。「この石が」そのダイヤをぽんとたたくと、彼は言った。「透明でないことはわかっている。そこで、よく調べるため、ウィンドウをつけねばならなかった。まず第一に、この石には強い蛍光性があるかもしれないと思った。もしかすると、白濁しているかもしれない。しかし一目見ると、かなり透明なことがわかる。蛍光性はあるが、大したことはない。次に、いくつかの傷がある。それらは、かなり深くて、予想より悪いかもしれない」

ノックの音がしたのでバーグはドアを開けた。ベン・グリーンが入ってきた。外の猛暑のせいで汗をかいている。グリーンは几帳面に礼儀を守った。全員と握手してから、バーンスタインの隣に座った。片手でフェドーラ（フェルトの中折れ帽）をとると、もう一方の手で頭蓋帽《スカルキャップ》をかぶった。それから、穏やかな緑の目でその石を見つめた。バーンスタインは言った。「私がウィンドウをつけたあと、あなたはこの石を見ていないね」

グリーンはダイヤをつまみ上げた。「品質はそれほど悪くない」

「驚くことではない」バーンスタインは言った。

「驚くことではない」グリーンが繰り返した。

「曇りはないですね」

「ライトはそこにあるよ」

「私が決めた場所から、〝テーブル〟を動かさないでほしい。このグレッツ（ひび）は大した問題ではない。それほど深く入りこんではいないようだ」

グリーンは、その石をつめでひっかいた。「節もある。これも問題はない」

「劈開で節をとれるかな?」バーグが言った。

グリーンはうなずいた。「ええ。しかし、節に沿って鋸を引くことはできません」

節とは、結晶の内側で構造が変化している場所である。大きなダイヤは、小さなダイヤを飲み込んでいることがある。そうすると、平面は異なる方向を向いてしまう。カット師は、それを木の節にたとえるのだ。〝グレッツ〟の語源は、骨折を意味するオランダ語である。テーブルとは、宝石の最も大きな研磨面——最上部の平面——である。業界の専門用語が飛び交っていた。彼らは、やっかいだが興味深い患者について話し合う医者だったのかもしれない。ダイヤモンドは、つまみあげられては元に戻された。グリーンは、曲がった突起の根元にペンで線を引いた。「劈開とは、映画でやっているみたいにハンマーを使うものと思われている」

バーンスタインはキャンディーをしゃぶる大きな音を立て、指を振った。「それは違う」彼はきっぱりと言った。

「違うね」グリーンは同意した。彼も指を立て、前後に動かした。「ナイフで軽くたたくだけだ。問題は、何より辛抱なのだ。劈開師は辛抱強い。絶対にあわててはいけない。ダイヤモンドに根気よく溝を刻むのだ。その溝は丸みをおびてはならず、V字形でなければならない。ハンマーは必要ない。のみも必要ない」

「圧力をかけるだけだ」バーンスタインはそうささやくと、キャンディーをもう一つとった。包み紙をあけはじめたが、途中で思いなおした。彼は包み紙をしっかりと閉じ、ポケットに入れた。

「ナイフは正確に当てねばならない」グリーンはそう言うと、手のひらを合わせ、指先をわずかに開いてナイフが入る溝を表現した。「そして、軽くたたくと」——彼は合わせた手を広げた——「石は割れる」グリーンはダイヤを紙の包みに戻してたたむと、ズボンから革の小袋を取り出した。それはベルトにしっかりと結びつけられていた。彼は包みを小袋にしまい、ズボンに押し込んだ。それから、入ってきたときと同じくスムーズな動作で頭蓋帽《スカルキャップ》とフェドーラを交換し、全員と握手をすると、八二カラットのケープ・イエローのダイヤモンドをたずさえて出ていった。

グリーンはゴールドバーグのビルを出ると、五番街を横切り、ハシディズム派のユダヤ人で混雑しているロビーに入った。一二階の彼の小さな仕事場で、現代を感じさせるものは、チャットウッド・ミルナーの大きな金庫とモーションセンサーだけだった。置かれている道具は、劈開師が数世代にわたって使ってきたものと同じだった。作業台には、劈開に用いる硬い茶色のセメント板が置かれていた。それをアルコールランプの炎で溶かし、劈開棒の端にダイヤモンドを固定するために整形するのだ。グリーンは手早く作業を進めた。まもなく、黄色の原石はセメントにくるまれてしっかりと固定された。ペンで印をつけた突起だけが露出している。石を吟味し準備を整えると、グリーンはダイヤモンドを劈開箱の上にセットした。角の鋭いカット用ダイヤで大きな石をこすり、少しずつ溝を刻みはじめた。溝にナイフを当て、力を込める瞬間は恐いのではないかと問われると、グリーンは激しく反発した。

「そんなことはない！　手術をしている外科医がびくびくするだろうか？」彼は、劈開棒を持つ手の人差し指を立てた。「するはずがない」彼は棒を置き、金庫からブリキの箱を取り出した。中には、たくさんのダイヤモンドの包みが入っていた。彼はそれらを手早くめくると、目当ての包みを見つけて引き抜き、親指で紙をはじいて包みを開いた。そこには、ピンクダイヤが横たわっていた。その色はとても微妙で、そよ風によって結晶の中に吹き込まれたかのようだった。その横に、グリーンが切り取った細長いダイヤの小片があった。彼は自分の作品を見つめた。「私は、この石のすばらしさを大いに楽しんでいる」と言った。やがて包みをたたみ、ブリキの箱のほかの包みの間にそっと挿し込み、金庫に戻した。彼は静かにつけくわえた。「私は、とてもとても気分がいい」

ダイヤモンドの取引は、歓喜と計算の戦いである。ゴールドバーグのようなディヤマンテールは、原石に隠された宝石を見ようとする。宝石を取り出せることに、そして取り出したときそれが自分の頭の中にあるものと同じくらい美しいことに、金を賭ける。原石の値段を交渉するとき、研磨師はそのダイヤの将来を読みとる自分の能力に賭けているのだ。

ゴールドバーグは、グリーンに預けた石に六万ドルを支払った。その石は黄色だった。だが、どんな黄色だろうか？　購入したとき、彼らはそれをMカラーだと思っていた。〝フェイントトイエロー〟と呼ばれる区分に入る最後の等級だ。最終的に、Mカラーで二二カラットの宝石を手にしたとすれば、一カラット六〇〇〇ドル、すなわち一三万二〇〇〇ドルで売ることができる。だが研磨ののち、それがMカラーではなくNカラーだとわかったとしたら、〝フェイントトイエロー〟よりも価値の低い〝ベリーライトトイエロー〟という区分に格下げとなる。すると、その石の価格は、またたくまに一カラット一〇〇〇ドル下がり、ゴールドバーグは二万二〇〇〇ドルを失うことになる。とはいえ、ゴールドバーグが石のためにがっかりするのは、初めてのことではない。

一二年前、一人の仲買人がゴールドバーグのオフィスにやってきた。彼が持ってきた石は、最高級の無色に見えた。ゴールドバーグはその場で二五万ドルを支払った。「それはすばらしい石に見えた。とても興奮したのを思い出す。グレッツか傷があったかもしれないが、正確には覚えていない。覚えているのは、ぞっとするような驚きを味わったことだ」ゴールドバーグは、その石の細かな点を振り返って顔をしかめた。「ところが結局、その石はほとんどカットできなかった。全体にわたって節があったからだ。私にはそれが見えていなかった。まさに節だらけだった。われわれは、それを六カ月間砥石車にかけた。細かく砕くのに、それだけの時間がかかったのだ。私のもうけは、一ドルにつき六〇セントだった」彼は大きな手を片方上げ、振りおろした。「これはゲームなのだ。参加するのもしないのも自由。私はどうすれば損するかを知っている。どうすれば得するかを知っているからだ」

八二カラットのケープ・イエローのダイヤモンドが、まだ通りの向こうのグリーンの作業場にあるうちに、別のイエローダイヤ――五〇カラットのファンシー・インテンスイエロー――が、三八カラットの無色のダイヤと一緒にゴールドバーグのオフィスに持ち込まれた。ゴールドバーグは妙だと思った。その夏、大きな原石はなかなか手に入らなかった。ところが、良品が二つも目の前に現われたからだ。案の定、落とし穴があった。「ゴールドバーグさん」売り手はきっぱりと言った。「片方ではお売りできません。両方をお買い上げいただきたいのです」

ゴールドバーグはバリー・バーグを呼んだ。二人はその原石を交互に手にとって吟味した。「このイエローダイヤには染みがある」とバーグはささやいた。彼らはその包みの価値を、五二万五〇〇〇ドルから五五万ドルと見積った。売り手が二つの石を一括して売るのは難しいかもしれない、とバーグは思った。彼は低い値をつけるべきだと考え、三四万ドルではどうかと提案した。ゴールドバーグは少し考えた。付け値が低すぎれば、売り手は腹を立てて部屋を飛び出し、戻ってこないかもしれない。ゴールドバーグはそのイエローダイヤが欲しかった。それは、パンプキン――四四・七四カラットの目の醒めるようなファンシー・イエローダイヤで、彼がハリー・ウィンストンに売ったもの――

の小型版になるかもしれないと思ったからだ。彼はその石をドアから逃がしたくなかった。「三七万五〇〇〇ドルを提示しよう」とゴールドバーグは言った。「だが、いますぐ小切手を切ろうと言うのだ。今日、金を払ってしまおう」売り手は、その提案について考えるために出ていった。相手から二時間連絡がなかったとき、ゴールドバーグはいい徴候だと思った。「彼らが怒っているなら、その場で悪態をつき、頭がおかしいのではないかと言い、戻ってこないだろう」

三時間後、売り手の仲買人から電話があった。販売価格の三七万五〇〇〇ドルに上乗せして、仲買人に一パーセントの手数料を支払うことに同意すれば、取引は成立だという。ゴールドバーグはそれに同意し、石の持ち主は替わった。ゴールドバーグとバーグは、そのイエローダイヤを詳しく吟味した。すると、曇りがあるのがわかった。彼らはダイヤを包みに戻し、五番街の向こうのネッド・サルツマンというカット師に送った。彼らの設計（それは、原石から取り出そうとする宝石の形と重さによって決定される）にしたがい、鋸引き師はその曇りを通して鋸を引かねばならない。サルツマンは、それらのダイヤを一目見て、電話をかけてきた。

「ビル」彼はゴールドバーグに言った。「この石はいつ爆発するかわからない。覚悟を決めてほしい。正直に言うが、これは爆弾だ。私はとても恐ろしい。この中心にある曇りが問題だ。鋸で引いたときどうなるのか、私にはわからない」

ゴールドバーグが、その状況を楽しんでいたのは明らかだった。まるで、旧知の好敵手が、いかさまゲームで恐るべき手を打ったかのように。バーグはそれほど楽天的ではなかった。彼はぶっきらぼうに言った――そのイエローダイヤは、砥石車の上で砕け散る危険がある、と。サルツマンは、すぐにその石に鋸をかけてみようとはしなかった。木曜日に金庫に入れ、週末いっぱいそのままにしてお

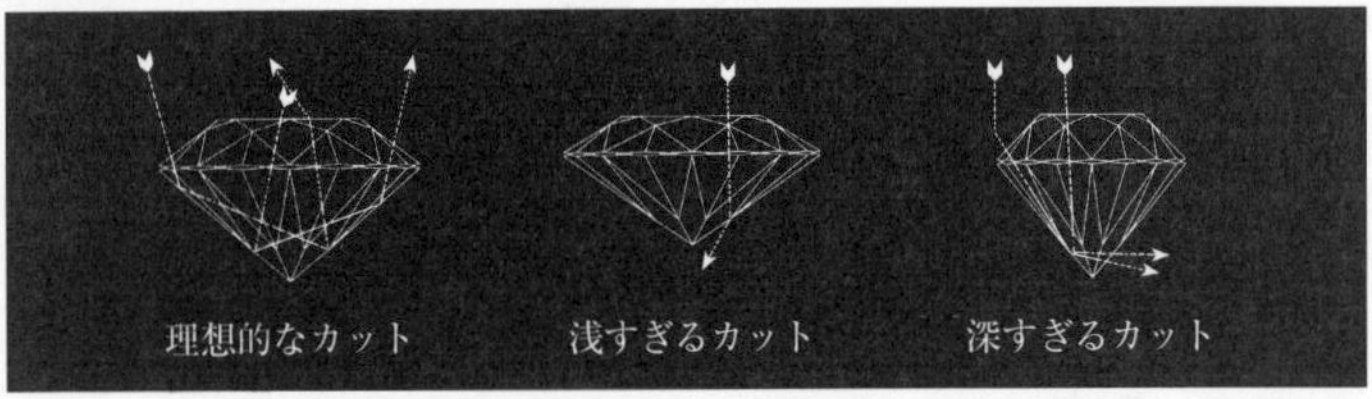

プロポーションの重要性を示すイラスト。うまくカットされたダイヤモンド（左）では、上から入る光が石の内部で反射し、再び上から出ていく角度になっている。これによって、輝きが生み出される。カットが浅すぎるダイヤモンド（中央）と深すぎるもの（右）では、光が底から出ていってしまう角度になっている。この場合、輝きは損なわれる。（ダイヤ・メット・ミネラルズ提供）

いた。

月曜日、サルツマンは作業場にやってくると、金庫からイエローダイヤを取り出した。一〇倍のルーペを目に当て、親指と人差し指で石をつまんでまわした。そして、石の内部のわずかな曇り、小さな気泡の塊を観察した。サルツマンはルーペを置き、イエローダイヤを偏光器にかけた。偏光フィルターを組み合わせた、屈折の特性を探知するための装置である。悪いところがあれば、赤や緑の光の塊として現われる。赤や緑が散乱していればいるほど、石の危険は増す。「この石は、小さな斑点だらけだった」サルツマンは言った。「色つきの光の粒が散らばっているようだった。とても危険だった。そして、曇りがある最悪の部分を、私は鋸で引かなければならなかった」

カットの条件は、ダイヤモンド次第で決まる。業界の決まり文句によれば、カット師は光線になったつもりで考えなければならない。完成したダイヤモンドの内側に自分がいると想像し、光がどこに入り、内部でどう反射するかを理解しなければならないということだ。傷のないダイヤモンドはほとんどない。そこで、カットの仕方を工夫して傷を隠すのだ。たとえばカット師は、研磨済みダイヤの上部、すなわち〝クラウン〟に傷を持っていこうとする。クラウンにはファセットが少ないため、下部、すなわち〝パヴィリオン〟よりも光の反射が少ないからだ。パヴィリオンにある傷は何度も反映されるので、実際の状態よりも見た目はずっと悪くなる。一方、傷がクラウンにあっても、見る者にはまったくわからないこともある。

「石を知らねばならない」サルツマンは言った。「私はこれを五〇年間やっている。その石から何が引き出せるかを知らねばならない。完成した石を念頭に鋸を引かなければならない。色の悪い石を手にしたら、ペア・シェイプのようなファンシー・シェイプに研磨せざるをえない形に鋸引きしてはいけない。売るのが難しくなる。色のために、その石はほぼ価値を失っているからだ。そこで、ラウンド・シェイプに研磨できる形にしてやる。ラウンド・シェイプはファセットが多いから、輝きも強い。それなら、〔悪い〕色は大した問題にはならない」

フローレス・トップカラーの無色のダイヤモンドでさえ、カットはきわめて重要である。ある石が最も輝くようにカットされれば、それは最高の〝でき〟と言われる。そのプロポーションと面の角度によって、できのよくない石よりも多くの光を反射するからだ。たとえば、ダイヤモンドは輝きを生み出すことより、重さを損なわないことを重視してカットされる場合がある。カット師が、最高のできの〇・七五カラットの石の代わりに、輝きの少ない一カラットのダイヤに仕上げることを選ぶ場合だ。そうした決定は価格に反映される。重さを重視するカット師が無駄にする原石の量は、輝きを最優先するカット師のそれよりも少ない。買い手は、カット師が無駄にしたものにも金を払わねばならない。ティファニーのフローレス・トップカラーの一カラットのダイヤは、二万八〇〇〇ドルだ。五番街を数ブロックくだると、同じ色、同じ透明度、同じ重さの石が二万ドルで売っているかもしれない。西四七丁目でなら、同じ特徴のダイヤモンドを一万五〇〇〇ドルで見つけられるかもしれない。

価格の違いは、マンハッタンの小売店地図――そこでは、ティファニーがファッショナブルなブロックを占拠している――における宝石店の位置だけによるわけではない。研磨師が完成品をつくるのに、どれだけの原石を無駄にしたかにもよるのだ。

それゆえ、サルツマンのような鋸引き師は、そうした問題もよく理解しなければならない。サルツマンはそのイエローダイヤについて検討を重ねると、鋸引きすべきと思われるところに黒のインクで印をつけ、ゴールドバーグに送り返した。バーグとゴールドバーグはサルツマンがつけた印を検討すると、再び送り返し、作業を進めるように言った。サルツマンは、ドップと呼ばれる工具にダイヤモンドを固定した。それによって、ダイヤを刃の上に保持するのだ。サルツマンは鋸のスイッチを入れた。それは垂直の円盤で、一分間に一万五〇〇〇回転する。ダイヤモンドをカットできるほど硬いものは、ダイヤモンドしかない。そのため、鋸引き師は銅製の刃をダイヤモンドの粉でコートしておく。油剤にダイヤモンドの粉を混ぜ、鉄製のローラーを使って回転する刃に塗るのだ。最後に、ダイヤモンドが鋸に当たるように圧力を調節すると、カットを開始した。

鋸によって掘られる溝の幅は、二〇分の一ミリだった。原子レベルでは、結晶をくだいて峡谷がつくられていた。ダイヤモンドの結晶は数百万年かけて形成され、その構造は焼きなまされている。すなわち、数百万年以上にわたって徐々に低下する熱にさらされ、固まっているのだ。だが、条件によっては、つねに完璧な結晶ができるわけではない。また、鋸刃が突然侵入し、ダイヤモンドを引き裂いて熱を発生させるため、圧力のかかり方が急激に変化することがある。結晶の内部に弱い部分があれば、破裂するかもしれない。ダイヤモンドは粉々に砕けるか、あるいは小さなひびの入ったレース細工のようになるだろう。ガビ・トルコフスキーというカット師が、二七三・八五カラットのセンテナリー・ダイヤモンドを研磨していたとき、彼と所有者のデビアスは熱が上がりすぎるのを恐れ、特別な冷却装置を石に取りつけた。それによって、ダイヤモンドの温度は九〇度以下に保たれた。だが、サルツマンはそんな冷却装置など持っていなかった。頼りとなるのは自分だけだった。「それは危険な石だった」――彼は肩をすくめた――「だから、私は作業をゆっくりと進めた。あまり重さをかけなかった。わずかな圧力をかけただけだ。刃に塗るダイヤモンドの粉の量も少なくした。幸運を祈った。私は神ではないのだから」

サルツマンは、一五分置きにイエローダイヤをチェックした。彼は、薄めたダイヤモンドペーストを刃に塗って熱を下げていた。そのペーストで、頻繁に刃をコートしなければならなかった。さもなければ、ダイヤモンドによって刃が磨滅するか、熱くなりすぎてしまっただろう。ダイヤは、七時間ぶっつづけで刃に当てられた。月曜日の午後四時半、サルツマンは鋸をとめ、ダイヤをしまってから帰宅した。

翌朝、彼は前日と同じように作業を始めた。特製の薄いペーストをつくった。ダイヤモンドを保持する工具を調整し、ごくわずかな圧力で石が刃に当たるように調整した。一時間ごとに、髪の毛のように細い溝が、気泡で曇った部分に忍び寄っていった。バーグから何度か電話があった。水曜日の午後までに、鋸の刃は曇った部分に入りこみ、石を削りながらさらに前進していた。サルツマンは、うなりを上げている作業台のまわりを行ったり来たりした。イエローダイヤの前で止まり、恐れている事態を警戒した。だが、とうとうそれが起こった。

「鋸の刃が問題の部分に入ったとき、グレッツができてしまったのだ」のちに、バリー・バーグは言った。「切断は途中まで進んだところだった。サルツマンから電話があり、われわれはそのことを知った」バーグは背が高く引きしまった体つきで、微笑をたたえていることが多かった。「野球のようなものさ」彼はイエローダイヤについて言った。「ときには、失投もある」

金曜日の午後、サルツマンはイエローダイヤの鋸引きを終えた。彼は、二つのダイヤをゴールドバーグに送り返した。月曜日、モッティ・バーンスタインが、大きいほうの石を研磨しはじめた。その作業は成功し、一八カラットのラディアント・カットのファンシー・インテンスイエローのダイヤモンドができた。その価格は一カラット当たり一万二〇〇〇ドル、すなわち二一万六〇〇〇ドルだった。まさに、期待通りの金額である。続いて、彼らは小さいほうに取りかかった。そのダイヤには、元の石を曇らせていた傷の多くが含まれていた。バーンスタインは、きわめて慎重に最初のファセットをつけた。小さな気泡の危険な塊の端に、鋸引きによって入ったひびがあった。バーグとバーンスタインは危険な部分を取り去ることにし、バーンスタインがそれを削り取った。原石を買ったとき、バーグは、透明度のグレードとしてVS1（very slightly included）を期待していた。それは、見るのが難しい小さな内包物を含むことを表わしている。だが、ひびが見えるおかげで、ダイヤの格づけはI1（included）に落ちてしまった。肉眼でも見える内包物があるということだ。彼らはサイズも落とさなければならなかった。そのため、色も〝ファンシー・インテンスイエロー〟から〝ファンシー・イエロー〟へと薄くなった。グレードが落ちるたびに、小さいほうのイエローダイヤの価値は下がっていった。バーグが期待していたのは、一四カラット、ファンシー・インテンスイエロー、VS1のダイヤモンドだった。ところが、彼が最終的に手にしたのは、一〇カラット、ファンシー・イエロー、I1の石だった。一四万ドルの宝石が手に入るはずが、実際には三万五〇〇〇ドルだった。あの曇りのおかげで、一〇万五〇〇〇ドルを失ったのだ。さらに、三八カラットの無色のダイヤモンドは、一三カラットのオーバル・シェイプに研磨され、価格は一三万ドルになった。彼らが期待していたのは、一六万ドルの完成品だった。「率直に言って」バーグは言った。「金を失わずにここから手を引くことだってできる。それでも、われわれは危険をおかす。われわれは、ほかの人たちほど注意深くないかもしれない。だが、楽しんでいるのだ」ゴールドバーグが、気まぐれから六万ドルで買った八二カラットのケープ・イエローのダイヤモンドは、研磨に一カ月以上かかった。そして、二六・八一カラットのラディアント・カットに仕上がり、七万八〇〇〇ドルで売れた。

◆

一九八六年七月十七日、二十世紀で最も大きく、また壊れやすいダイヤモンドの一つが、プレミア鉱山で発掘された。その重さは、六〇〇カラット近くあった。デビアスはそれをしまい込み、関係者全員に秘密を守るよう誓わせた。数カ月後、その年の秋になって、アントワープのカット師ガビ・トルコフスキーは、ロンドンのデビアスから電話を受けた。すぐに来てくれないかという。トルコフスキーは、妙な話だと思った。デビアス側も知っているように、彼は毎月、デビアスのコンサルタントとしてロンドンを訪れていたからだ。うかがいましょうと彼は言った。電話の主はそれ以上何も言わなかった。

トルコフスキーがチャーターハウス・ストリート一七番地のビルに到着すると、デビアスの重役がドアのところで出迎えた。彼はトルコフスキーを、選別フロアにある大きな部屋に連れていった。通常、選別人はその部屋に入れなかった。トルコフスキーとともに部屋に入ったのは一人だけで、彼はうしろで注意深くドアに鍵をかけた。テーブルの上には、金属製の選別箱が置いてあった。トルコフスキーはテーブルまで歩くと、箱を開けた。そこには、大きなダイヤモンドが横たわっていた。「まったく色がなかった」トルコフスキーは思い起こした。「まるで水のようだったが、それはダイヤモンドだった。全体の様子からして、私はそれを触る気になれなかった。見えている面は脳のような感じだった。形は丸かった。手にとったとき、砕け散ってしまうのではないかと冷や冷やした」トルコフスキーがそう感じたのには、十分な理由があった。ダイヤモンドの表面は、ひびだらけだったからだ。裂け目は石の中まで入りこんでいた。それがカット師にとって厳しい試練となることを、その名工は一目で理解した。

そのダイヤモンドは南アフリカに戻され、噂はいっさい聞かれなくなった。一九八八年三月十一日、デビアスの創立一〇〇周年の祝賀会のために、四〇〇〇人のゲストがキンバリーにやってきた。各国の首相や大統領も含む錚々《そうそう》たる面々だった。当時のデビアス会長ジュリアン・オグルビー・トンプソンは、歓迎のスピーチの終わりに驚くべき発表をした。デビアスは「五九九カラットの完璧な色のダイヤモンド」を発見したというのだ。「実際のところ、これまでに見つかった最も大きなトップカラー・ダイヤモンドの一つです。当然ながら、それをセンテナリー・ダイヤモンドと名づけたいと思います」デビアスは、トルコフスキーにセンテナリー・ダイヤのカットを依頼した。トルコフスキーはそれを承諾した。こうして、一つのダイヤモンドに対する前代未聞の戦術的取組みが開始された。

一九八八年末、トルコフスキーと妻のリディアはアントワープの店を閉め、二匹の黒いラブラドール・レトリバーを子供たちに預けると、ヨハネスバーグへ引っ越した。デビアスはトルコフスキーの仕事を補佐するため、研磨師、エンジニア、電気技師のチームを編成した。ダイヤモンド研究所の地下室が専用の作業場となり、デビアスによる監視も含めて厳しい警備態勢が敷かれた。その部屋自体は、いかなる振動によっても微妙なカット作業に影響がおよばないよう設計されていた。サーモスタットが設置され、約一六度の室温に保たれるようになっていた。ダイヤモンドには望ましいが、人間には寒い温度である。

石の大きさと品質を発表したことによって、デビアスはみずからの威信を危険にさらしていた。ダイヤモンドの研磨中に事故が起これば、トルコフスキーはもちろんデビアスも恥辱にまみれることになる。それゆえ、その会社はトルコフスキーを保護することに労を惜しまなかった。新聞記者が押しかけると、夫人とともにケープタウンの邸宅に避難させた。騒ぎが静まるまで、夫妻はそこにとどまった。その後、デビアスは二人を元に戻したが、警備員は厳重な警戒をおこたらなかった。トルコフスキー夫人が誘拐され、身代金としてセンテナリー・ダイヤが要求されるのを恐れたからだ。

トルコフスキーは、そのダイヤモンドを徹底的に研究することから作業を始めた。毎日、地下室におりて石を吟味した。部屋の壁は手術室のように薄い緑に塗られ、外科医——トルコフスキー——の目がまぶしさで疲れることのないようにされていた。彼はその石のあらゆるひびと傷を書きとめ、長い時間をかけてじっくりと考えた。これについて思い出すとき、トルコフスキーは一人の人間について語っているかのようだった。「内包物がいくつか、表面から内部へ入りこんでいた。圧力によるひびだ。そこからわかったのは、このダイヤモンドができたとき、自分を押しつぶそうとする巨大な力に抗ったことだ。そして、このすばらしい結晶は、力が入りこむのを防ぎ、それを食いとめたのだ」

トルコフスキーは、長く続くカット師の家系の出である。曾祖父のモーリス・トルコフスキーは、一八八〇年にロシアから移民してアントワープに定住し、ダイヤモンド工場を始めた。モーリスの兄

1919年にマーセル・トルコフスキーによって考案された、
古典的ブリリアント・カット。左から、上面、底面、側面。

弟にもカット師が何人かいた。そのうちの一人であるイジドアの息子が、マーセル・トルコフスキーだった。マーセル・トルコフスキーは数学者でもあったカット師で、一九一九年に現代のブリリアント・カットを考案した人物だ。その年、彼はある理論的著作を発表し、最大の反射光を得るための適切なプロポーションを規定したのだ。マーセル・トルコフスキーによって確立された五八のファセットと正確な角度は、ダイヤモンドの輝きを生み出すための基本となってきた。その後ファセットのもっと多いカットが現われたが、それはマーセル・トルコフスキーの古典的カットを精巧にしたものにすぎなかった。マーセルの甥の息子に当たるガビも、みずからダイヤモンドのカットを生み出した。そこには、デビアスのために開発した一連のフラワー・カットが含まれる。

ガビ・トルコフスキーは、センテナリー・ダイヤモンドを一年間研究し、重大な難点を発見した。大き目のひびを顕微鏡を使って綿密に調べていたとき、その最も深い部分で小さなひびが網状に広がっていることがわかったのだ。そして、これらの小さなひびの先端には気泡があった。トルコフスキーが最も恐れていたのは、こうした微小な気泡だった。ダイヤモンドの中のそうした微細な傷を調べたあるイギリス人研究者が、湿気を検出していたからだ。それを考えたとき、ある幻影がトルコフスキーの頭に浮かんだ。「それらの微小な気泡の一つに水が含まれていたら、どうなるだろう。石をカットするとき、九三・七度で水が沸騰するこの場所で、四〇〇度まで温度を上げたらどうなるだろう。そのとき、この小さな気泡に何が起こるだろうか？　おそらく、自然の力ではなしとげられなかったことに、道が開かれるだろう！」

デビアスのエンジニアと協力し、トルコフスキーはダイヤモンド用の冷却装置を開発した。原石は、銅製のカップの中に固定されることになる。カップの内側と外側に膜があり、その間を約六〇・八度に保たれた水が通るようになっていた。ダイヤモンドは熱をよく伝導するので、カット作業によって発生した熱は銅へ伝わる。その結果、流れる水によってダイヤモンドから熱が奪い去られるのだ。だが、その装置は試験されていなかった。トルコフスキーは、センテナリー・ダイヤの運命を、実験段階の技術にゆだねようとはしなかった。幸運にも、最近プレミア鉱山で、別の大きなダイヤモンドが見つかっていた。それは七五五・五カラットあったが、茶色だったために、最高グレードの無色のセンテナリー・ダイヤよりはるかに価値が低かった。その茶色のダイヤモンドはひびだらけだったため、危険な石でもあった。それゆえ、すばらしい実験台だったのだ。一九八八年五月、トルコフスキーはその石を研磨しはじめ、一カ月足らずで約六〇カラットを磨きとった。〈名なしのブラウン〉と命名されたそのダイヤモンドは、完璧に持ちこたえた。もはや、ぐずぐずしている理由はなくなった。トルコフスキーはセンテナリー・ダイヤを特別装置の中に固定し、作業に取りかかった。

先進的なテクノロジーの助けを借りながらも、トルコフスキーは、彼の仕事で使われる最も古い道具を手に、その大きなダイヤモンドに向かった。角の鋭い小さなダイヤモンドを劈開棒の先にセメントで固定し、カーフィングという骨の折れる昔ながらの工程に取りかかった。カーフとは、ダイヤモンドを別のダイヤモンドでこすってつける切り溝で、通常は劈開の準備である。だが、トルコフスキ

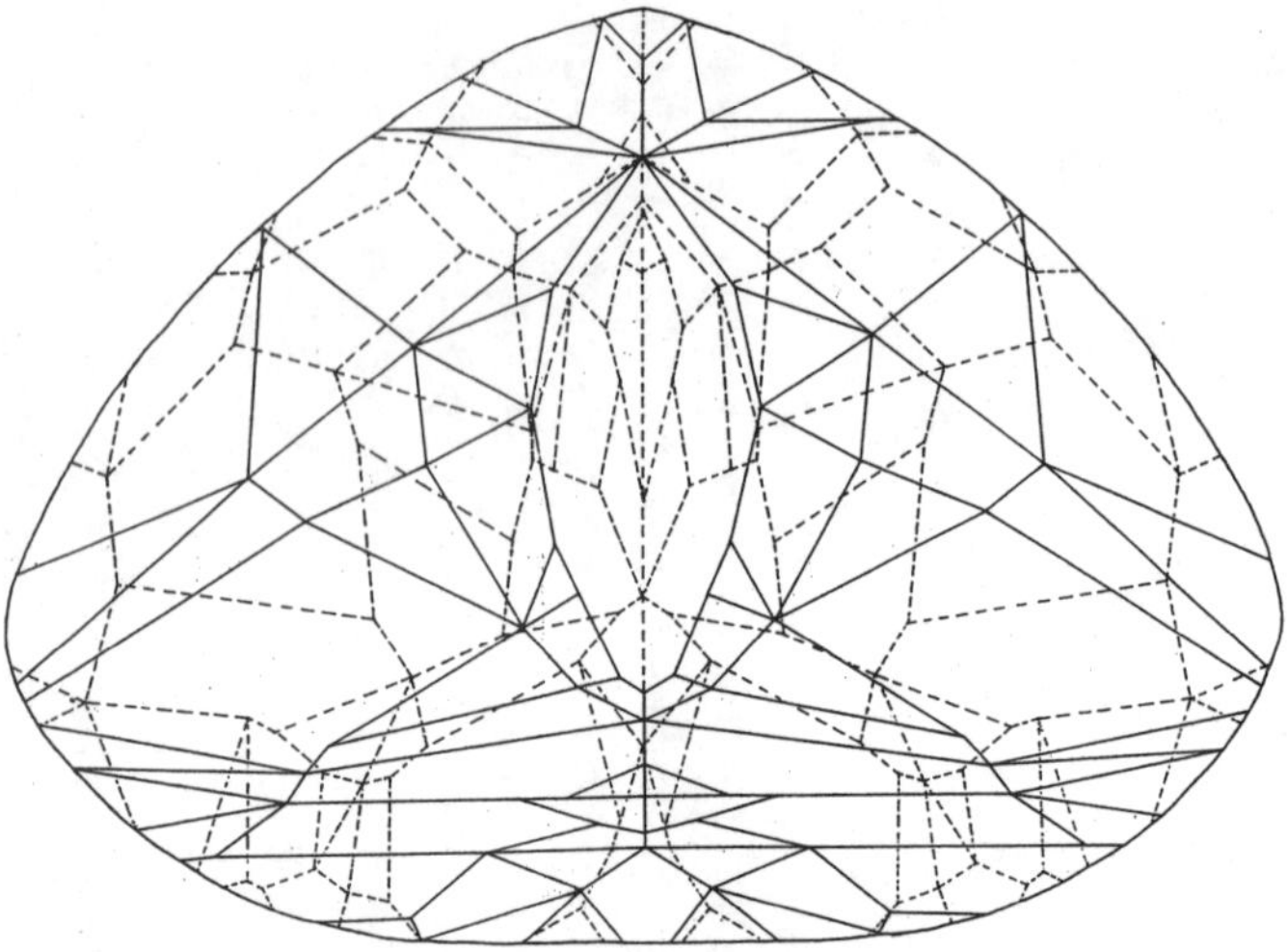

センテナリー・ダイヤモンドのファセットの平面図。247のファセットが複雑に構成されている。（デビアス提供）

ーは、その原石を劈開するつもりはなかった。そうではなく、一回に一つずつ、ひびをこすり落とそうとしていた。センテナリー・ダイヤをみずからの技量だけにゆだねたのだ。彼は、一五四日間その作業を続けた。ひびを取り去るために八〇カラットの原石を削り、そのダイヤモンドをほぼ丸い形に変えた。大きさは鶏の卵くらいで、重さは五二〇カラットになった。これで、研磨する準備が整った。

センテナリー・ダイヤを研磨することになったとき、トルコフスキーは、プラスチック製の原石模型を五〇個つくるようデビアスに頼んだ。それが手元に届くと、彼はエプロンとゴーグルを身につけ、マスクで口と鼻をしっかりと覆った。そして、実験のためにその模型を研磨しはじめた。プラスチックの粉がもうもうと立ちこめる中、さまざまな形の模型を次々に削り出していった。四〇個近くの試作品ができた。伝統的な形のものもあれば、そうでないものもあった。その中には、ハート・シェイプの一連の模型があった。トルコフスキーは一時、そのダイヤモンドの最終的な形をハート・シェイプにしようと思っていた。だが、絶えず何かひっかかりを感じていた。やがて、伝統的なシェイプではうまくいかないと考えはじめた。そのダイヤモンドに挑戦したくなっていたのだ。彼は、三〇〇カラットの研磨済みダイヤを目標とすることに決めた。この試みにおいて、トルコフスキーは偉大な大おじの公式の恩恵に浴することなく、独力で道を切り開かねばならない。彼の頭の中にあるダイヤモンドの形は、どこにも描かれていなかった。それはまったく独自のものなのだ。

トルコフスキーが模型をつくりおえたとき、デビアスはそれを、イギリス首相マーガレット・サッチャーに見せることにした。彼女は近々、ロンドンのオフィスを訪れることになっていたからだ。個室が用意され、トルコフスキーのプラスチック製〝ダイヤモンド〟から選ばれた品々が、ビロードの布の上に陳列された。ペア・シェイプ、マーキス・シェイプ、オーバル・シェイプ、ハート・シェイプ、そして、ふくらんだクッションのような形の大きな模型がいくつかあった。それは、トルコフスキーがセンテナリー・ダイヤのためだけに考案したものだった。「彼女は灰色の目をしていた」彼はサッチャーについて回想した。「金属のような目だった。彼女はすべての模型を見た。私は、自分の仕事について説明した。すると彼女は言った。『私なら、これをつくるわ』と」その日ロンドンでサッチャーが指を触れた模型は、トルコフスキーが選んだ形にとても近かった。彼がデビアスのある重役にその話をすると、その重役はこう言った。「ガビ、われわれは、女性の意見をもっと聞かなくてはならないようだね」

一九九〇年三月、彼らはセンテナリー・ダイヤを砥石車にかけた。トルコフスキーと助手たちは、未踏の領域に足を踏み入れた。目指すは、どのカット師も試みたことのないシェイプ——とてつもないファセットを持つ小山——である。彼らは絶えずおびえていた。トルコフスキーが大きなひびを除去したとはいえ、小さなひびが残っていたし、それらのまわりには微小な気泡があったからだ。カット師たちには、その気泡の中に——仮にあるとして——何があるのかわからなかった。だが、危険を承知でその石に取り組まなければならなかった。彼らは延々と、ダイヤモンドが埋め込まれたダイヤモンドを削っていった。

換気扇がまわってダイヤモンドの塵を吸い込み、部屋から排出していた。ダイヤモンドに取りつけられた一対のセンサーによって、絶えず温度が監視されていた。熱が八〇度に上がるやいなや作業は中断され、冷却剤によって温度が下がるのを待って再開された。チームのあらゆるメンバーが、その仕事に全力を傾けていた。世間とのかかわりは少なくなった。家族とすごせる時間は短くなった。そのダイヤモンドのおかげで、生活習慣が変わってしまった。パーティが好きな人びとはそれを控えた。頭をすっきりさせておくためだ。ケガの危険があるスポーツもあきらめた。指や目を痛めないためだ。彼らのエネルギーは、その石に吸い取られていた。まるでカット師自身の精力が、砥石車で削りとられているかのようだった。トルコフスキーは、そのダイヤモンドの研磨作業は大変な苦行だったと言う。その石は夢にまで出てきた。「一晩中、私はそのダイヤモンドを、そしてダイヤモンドは私を見ていた」

研磨作業は一年間続けられた。毎日が、同一の入念な儀式から始まった。八時に全員が集合し、あらゆる道具を骨身を惜しまず点検した。研磨の角度が正しいことを確かめた。冷却剤の温度をはかった。保持・冷却装置にダイヤモンドを固定するのに約一時間かかった。研磨するファセットによっては、三時間くらいかかることもあった。

ファセットが一つつけられるたびに、宝石が姿を現わしていった。デビアスの重役たちは、作業の進捗状況に注目していた。再び三月がめぐってくると、彼らは長かった試練を終わらせるよう催促しはじめた。世界に向けてその発見を発表してから、三年がたっていた。デビアスは、研磨済みの宝石を世界に見せたかったのだ。ある重役が、トルコフスキーのところへやってきてこう言った。「さあガビ、ゲームは終わりだ。五月一日までにその石を仕上げなければならない。五月一日までに、ロンドンに送らなければならない」

「そうおっしゃるのはご自由ですが」トルコフスキーは答えた。「果たして、石が言うことを聞いてくれるかどうか」

その重役は首を振った。「三年たつのだよ。もう十分だろう。五月一日までに、仕上げるのだ」

その年の四月、トルコフスキーはヨハネスバーグでダイヤモンドを完成させた。それは絶品だった。名工の手になる最高傑作だった。それ以上のものと言っていいかもしれない。一人の男の情熱と知識だけではなく、数世代にわたるユダヤ人のダイヤモンド一族の力によって生み出されたものだからだ。ファセットが山をなして宝石を形づくり、信じられないほど複雑な輝きを放っている。その周囲は、光が爆発したかのようにきらめいている。上面には七五、底面には八九のファセットがあり、ガードルには八三のファセットが息をのむような模様を刻んでいる。デビアスがそのダイヤモンドを公開したとき、ニッキー・オッペンハイマーはこう言った。「このような石に、誰が値段をつけられるでしょうか?」彼らはそれに、一億ドルの保険をかけた。

一方、名なしのブラウン――トルコフスキーはそれを、愛情を込めて〈醜いアヒルの子〉と呼んで

左：センテナリー・ダイヤモンドを吟味するガビ・トルコフスキー。
右：センテナリー・ダイヤモンド。（デビアス提供）

いた――は、おとぎ話の筋書き通り白鳥となった。名なしのブラウンがセンテナリーの代役を終えたとき、トルコフスキーはそのカラーダイヤを研磨する計画を立てた。その仕事を任されたのは、名カット師のダウィ・デュ・プレシだった。彼は一年をかけて、その宝石をクッション・シェイプに研磨した。原石の段階で、そのダイヤの中心には神秘的な微光が宿っていた。この前兆が、いまや金色の光輝となって表に現われていた。完成した石は、五四五・六七カラットあった。名なしのブラウンは、アフリカの偉大な星よりも大きかったのだ。トルコフスキーの醜いアヒルの子は、世界最大の研磨済みダイヤモンドとなった。これでは、〝名なし〟のままにはしておけない。デビアスはそれに、ゴールデン・ジュビリーという新しい名前をつけた。東洋のある買い手グループがそのダイヤモンドを非公開の価格で買い、二〇〇〇年五月、タイ国王の娘マハ王女にプレゼントした。彼女は、父親のためにそれを受け取った。

◆

偉大なダイヤモンドの輝きは、業界全体に行き渡る。トルコフスキーやウィリアム・ゴールドバーグのようなカット師のさっそうとした活躍は、ダイヤモンド伝説の素材となる。ゴールドバーグは、クイーン・オブ・オランダというダイヤモンドを、ロンドンでカルティエから買った。一三六・二五カラットのクッション・カットのその宝石は、当時、世界で最も完全な無色のダイヤモンドの一つだった。かすかな青みは、その稀有な無色のダイヤの特徴だった。その出所も申し分なかった。カルティエは、ナワナガーのマハラジャの相続人からそれを買ったのだ。そのようなダイヤモンドにあえて手を加えようとするディヤマンテールは、ほとんどいなかった。だが、ゴールドバーグはその宝石には改良の余地があると思い、砥石車にかけた。彼は三分の一カラットを削ってわずかに光沢を加えると、それを七〇〇万ドルで売った。

ゴールドバーグやトルコフスキーは、ダイヤモンド業界の頂点で魔法を使う。ところが皮肉なことに、研磨における最も重要な前進は、はるかに低いレベルで起こってきた。そこで扱われる商品はとても小さく光沢もないため、砂の山のように見える。カット師の数は、ニューヨークで二五〇人、アントワープで一五〇〇人、テルアビブで三〇〇〇人といったところだろう。だがボンベイでは、数十万人のカット師が砥石車の前に背をまるめて座っているのだ。彼らの努力によって、宝石の定義は大変革をこうむってきた。その結果、工業市場へと売られていた多くのダイヤモンドが、いまや宝石になるべく研磨されるのだ。そのおかげで、ボツワナからバレンランズにいたる鉱山が、商業的に立ち行く可能性を増大させた。この大きな変化が起こる間に、力と金の途方もない供給源が新しい勢力の手に移った。そして、世界のダイヤモンド産業における驚異的なシェアの支配権が、すべてが始まった場所へ戻った。インドである。

11 ロージー・ブルー

二〇〇〇年二月のある暑い朝の八時、ボンベイの国内線用エアターミナルの前で、男たちのグループが誰かを待っていた。そこは、社会的地位の高い旅行者のためにとってある場所だった。男たちが立ち話をしていると、運転手つきのセダンが入ってきて横に止まった。白い開襟シャツにスポーツジャケットという出で立ちの三十八歳の男が、後部座席からおりてきた。彼、ラッセル・メータは、世界最大のダイヤモンド研磨会社ロージー・ブルーを経営する家族の一員だった。その日その空港に集まった一二人の友人たちは、強大な研磨企業の代表者だった。その企業は、年に約六億八〇〇〇万個のダイヤモンドを砥石車にかけているのだ。

二〇〇〇年、全世界のダイヤモンド研磨師は、一一〇億ドル分の研磨済みダイヤを売った。インドのダイヤはその取引総額の五〇パーセント、取引総量の八〇パーセントを占めた。価格と量がこれほど大きく食い違う原因は、インドで研磨される原石の質にある。インドの工場を一年に通過する数億個のダイヤモンドの大半は、とても小さい。インド人は、ボンベイとスーラトで数十万人という研磨師を雇い、それらの原石を大量に研磨しているのだ。インド人がダイヤモンド事業に参入してきたとき、業界には彼らをあざ笑う者もいた。だが、いまは違う。わずか数十年のうちに、インドの製造業者は、アントワープやテルアビブといった古くからのカットの中心地の栄光を、過去のものとした。ボンベイのエアターミナルに集まった友人たちは、そうした成功の目に見えるシンボルだった。彼らは、一代にして町工場を多国籍企業に変えた家族の一員だった。

二月のその朝、一行はグジャラート州のスーラトという都市に飛ぶ予定だった。家族を代表して、ある結婚式に出席するためだ。インドのダイヤモンド商人は、仕事を休むのを嫌うことで有名である。ボンベイのダイヤモンド街では、週に七日働くことも珍しくない。だが、この結婚式は浮世の義理であるとともに、仕事でもあった。仲間の一人が壮観な儀式を催し、それによってほかの人びとに自分の成功を誇示する。その催しに参加することによって、ボンベイの大富豪たちは、同胞の偉業だけでなくインドのダイヤモンド業界の日の出の勢いとプライドをも祝うのだ。

男たちはターミナルへ入っていった。ＶＩＰ向けの簡単なボディーチェックをすませると、ビルを出て待機していた数台のバンに分乗した。ライトを点滅させた一台のジープが、短い車の列を滑走路に先導し、それから一群の民間格納庫のほうへそれていった。舗装された広場で二機の双発機が待っていた。メータと友人たちは、バンをおりると一列になって搭乗した。数分後、二機の双発機は広場を出て滑走路を走り、湿気の多い空へ飛び立った。数キロにわたって建ち並ぶ灰褐色の粗末な家が、眼下を流れていった。やがて飛行機はきらめくアラビア海に到達し、北へ旋回した。一時間飛んだあと、飛行機はグジャラートの平原に降下し、短い滑走路に着陸した。スーラトの空港である。

六台の白い自動車が駐機場で待っていた。胸板が厚く、流れるような口ひげをはやし、手首にカフスのついた清潔な白いシャツを着た大男が、メータのところに急いでやってきた。彼は手を合わせてあいさつすると、メータを車へ案内し、みずからの巨体を運転席に押し込んだ。車は砂利道をガタガタと進み、四車線の幹線道路に乗ると、スピードをあげて街へ向かった。

メータは携帯電話をとりだし、早口のグジャラート語で短い会話をした。その中に、〝アントワープ〟という言葉が二度出てきた。自動車は街に入る手前で脇道に折れ、白い建物が並ぶ郊外を進んだ。そしてコンクリートの門をくぐり、ホリデーインの庭に入った。そのホテルは、タピ川に面した緑したたる囲い地に建っていた。タピ川はグジャラート平野を横切り、一六キロ先で海に流れ込んでいる。ホテルのテラスからは、川の向こうのヒンズー教寺院が一望できた。水牛の群れが河岸をうろうろしていた。きれぎれの帆をつけた細長い漁船が、引き潮に乗って下流に疾走していた。その光景は、古いインドの絵葉書のように牧歌的だった。どう見ても、三〇〇万の人口を擁する工業都市が近くにあるとは思えなかった。そこでは、数十万人というダイヤモンド研磨師が砥石車の前にかがみ、仕事に精を出していた。このとき、ホリデーインが結婚式の招待客で満員となっていたのは、その利益のおかげだった。

ボンベイからはもちろんアントワープやテルアビブからも、多くの人が結婚式に駆けつけていた。スーラトにいる間、彼らはいっさいお金を払わなかった。また、花婿の父親のアーヴィンド・シャーが提供する自家用車が、どこへでも迎えに来てくれた。メータと友人たちが到着したとき、音楽と踊りと御馳走による祝宴は、すでに丸二日間続いていた。いまや、披露宴は三日目の最終日に入っていた。結婚の儀式が執り行なわれる日だ。

招待客は、ホリデーインからラクシュミー・ヴィラというシャーの大邸宅へ移動した。中庭は大勢の人でごったがえした。アーヴィンド・シャーは、ほほ笑みつつも途方にくれながら、人ごみをかきわけ一人一人の招待客と握手して歩いた。花婿のチラーグ・シャーは、女性でいっぱいの部屋に座っていいた。サリーを着た少女がまわりに集まり、くすくす笑いながら彼の顔を顔料で飾っていた。メータと友人たちは列をなして反対の方向に進み、日よけで陰になっているテラスに向かった。長いテーブルには料理と飲み物が広げられていた。男たちは一人ずつ椅子に座った。ある参列者が、ぱりぱりのターバンをしっかりと巻いているところだった。一分おきに携帯電話が――ときには二、三台同時に――鳴ると、招待客はターバンをゆるめて端を持ち上げ、電話を耳に押しつけた。まもなく、通りからトランペットが鳴り響き、太鼓が連打された。招待客は暑くて込みあった路地に繰り出した。そして、婚礼の行列が出発した。

細い道路は飲み騒ぐ人でいっぱいだった。楽団員は羽根飾りのついたヘルメットをかぶり、青と金の制服を着ていた。狭い通りに響き渡る音楽の音量はすさまじく、耳をつんざくようだった。アーヴィンド・シャーはみずから熱狂的な踊りに加わった。ターバンはすっとび、黒い髪が陽光を浴びて波打った。赤い肩帯をかけ、緋色の花形紋章のついたベレー帽をかぶった警備員が行列の端に沿って歩き、警棒で通行人を脇へ整列させた。

一行は数メートル歩くと、立ち止まって踊った。踊りの集団から手が伸びてきて、手当たり次第に招待客を引きずり込んだ。ダークブルーのスーツを着たアントワープの銀行家は、体を激しく揺すり、ターバンがずり落ちそうになっていた。テルアビブの研磨師は、携帯電話に最後の言葉を叫んでパチンと閉めると、主催者に踊りの輪に引きずり込まれた。喜びを爆発させているアーヴィンド・シャー自身、携帯電話を手にはねまわっていた。彼らはほこりっぽい道を、ロンドンやニューヨークと連絡をとりながら、そんな調子で進んでいった。やがて、結婚式が開かれる場所に着いた。

一行は巨大なテントに押し寄せた。天井に取りつけられた大きな扇風機が、大梁でブーンとうなっている。壇に面して、数百脚の椅子が置かれている。冷たい飲み物とマンゴーアイスクリームの屋台が、テントの長い壁に沿って並んでいる。洞窟のような空間の後部に、VIP用に木の柵で仕切られた場所があり、白いテーブルが置かれている。壇の近くでは、女性のカルテットが低いテーブルにつき、歌っている。花婿が、天蓋の下の玉座に導かれた。彼はそこに座り、宝石で顔を飾った花嫁が連れてこられるのを待った。後方のVIP席では、白いジャケットを着た給仕が銀の保温皿から料理を配っている。メータと友人たちは、仲間同士でおしゃべりをしていた。

◆

メータ一家、アーヴィンド・シャー、そして結婚式の招待客の大部分に富をもたらした商売の源は、スーラトの古いダイヤモンド街で見つかるだろう。ごみごみした通りのあちこちに、小さな研磨工場が隠れているのだ。一本の路地が、自転車でいっぱいの広い中庭に続いている。二階の回廊が中庭をとりまき、旧式のボルトアクション・ライフルを持った警備員が欄干に寄りかかっている。建物には研磨工場が詰め込まれている。ときには、薄明かりの下で、たった一つの砥石車のまわりに家族四人がかがんでいる場合もある。壁も床もコンクリートだ。人びとはむき出しの床にしゃがみ、世界で最も安く、最も小さなダイヤモンドを研磨している。

通常その原石は茶色で、重さはわずか二分の一ポイントのこともある。一〇〇ポイントが一カラットだから、二分の一ポイントは二百分の一（〇・〇〇五）カラットである。大人の場合、それを研磨するのはもちろん、見るだけでも眼鏡が必要になる。子供なら目がいいので、その原石を研磨できることもある。あらゆるダイヤモンドの中で最も小さなこれらの原石を研磨し、たった数面のファセットをつける。わずかな光をとらえ、反射する宝石のできあがりだ。それは、安価なジュエリーの表面を輝かせるために使われる。色が薄く品質の高い原石は、完全なブリリアント・カットに研磨される。ファセット数は五八で完成品の重さが一ポイント、すなわち一〇〇分の一（〇・〇一）カラットになる。この仕事で、カット師は一つの石につき数ペニーの手数料を稼ぐ。さらに、原石を交換することによって、その額を増やすのだ。

スーラトの交換市場は、その古い街の中心で交差する二本の通りで公然と開かれている。その通りには、秤《はかり》を備えた一部屋の計量屋が並んでいる。狭い道路には、端から端までダイヤモンド商人があふれている。彼らはおたがいの品物に群がると、比較し、論争し、交渉する。最終的に取引が成立すると、商人たちは秤《はかり》の力を借りる。すべてを精算し、取引は終了する。カット師は、持ってきた分と厳密に同じ重量の品物を持ちかえる。ただし、その品質は少し落ちる。そして、その差額を現金でポケットに入れるのだ。一方、価格の落ちた品物は依頼主に返される。

零細な研磨業者に原石を委託している大規模な商人や研磨業者は、このわずかな損失を商売上のコストとして容認している。安い原石の利ざやは、多くの良質な原石のそれよりはるかに大きいため、交換による損失はあまり問題とならないからだ。最も安い原石は、その安さゆえに急いでカットできるうえ、多少不出来でもかまわない。仕上がりが悪くても、利ざやに大した影響はない。いずれにしてもペニー単位の話である。安い原石の魅力は、その量にあるのだ。こうして、零細なカット師は割り増し利益を懐にして家に帰る。やがて、彼は十分に金をため、砥石車をもう一台購入し、床にしゃがんで原石を研磨する人を雇うようになるかもしれない。

インド人は、こうした底辺の――最底辺の――ダイヤモンド事業を発明した。インドでそうした事業が確立される前、鉱山の産出物のうち平均八〇パーセントが工業用ダイヤで、宝石になるのはわずか二〇パーセントにすぎなかった。今日、より一般的な比率は、工業用が四〇パーセント、宝石用が六〇パーセントというところだろう。この数字でさえ誤解を招きかねない。工業用にはいわゆる〝ニア・ジェム（宝石に近い石）〟が含まれるが、インド人はそれも研磨しているからだ。いずれにせよ、工業用ダイヤの市場は合成ダイヤの供給を受けている。それゆえ、インド人はダイヤモンド鉱山業界の余り物を宝石に変えたことになる。この変化をなしとげたのは、驚くべき数の研磨師だった。

スーラトには、ダイヤモンドを研磨する工場が約四〇〇〇ある。その地とボンベイの砥石車の前に、五〇万、ことによると七〇万人のカット師が座っている。労働者の数は、研磨済みダイヤへの需要と原石の供給によって変化する。インド人でさえ、ある時点でその仕事についている職工の正確な人数を知らないのだ。この事業は、四〇年の間に、何もないところから現在の状態まで発展してきた。当初、インド人は安い商品に専念し、アントワープやテルアビブの事業をおびやかすのを避けていた。いまや、彼らは手に入る物なら何でもカットする。すぐれた研磨済みダイヤを生産できるようになると、大手のインド人研磨業者のサイト・ボックスに、良質の原石が流れ込むようになった。

今日スーラトには、裕福で野心的なダイヤモンド研磨師がたくさん住んでいる。アトワ・ラインズ郊外にある、カープ・ダイヤモンズの大理石でできた本社では、エアコンのきいた清潔な部屋で選別人が仕事をしている。経営者の一人のキッショー・マルダーが遠くにある工場を訪れようとすると、ヘリコプターが屋上まで迎えにくる。工場は四〇〇キロ離れたグジャラート北部の場所にある。そこ

スーラトでのダイヤモンドの取引。（マシュー・ハート撮影）

には研磨師の家も付属しており、学校や商店まである。マルダーの友人のパラーグ・シャーは、スーラトで清浄な工場を経営している。そこでは、あらゆる原石の動きがモニターで監視され、製品はパラーグ・シャーにチェックされる。こうした企業家たちのおかげで研磨の技術が向上し、商業的繁栄がもたらされた。それによって、アントワープやテルアビブのカットの中心地としての重要性が低下してきたのだ。

◆

インドの研磨師の繁栄は、数世紀にわたる歴史の流れを逆転させた。インドは、ダイヤモンド大国として衰退の一途をたどっていたからだ。かつてインドでは、十五世紀の半ば頃から十九世紀まで約三〇の鉱山が操業していた。最大の採鉱地は、ハイデラバード州のクリストナ川のほとりにあった。十七世紀にそこを訪れたジャン－バティスト・タヴェルニエは、六万人の老若男女が働いていると報告した。これらの鉱山の生産統計は存在しない。だが、コイヌールのような世界最大級のダイヤモンドをいくつも産出したにもかかわらず、全産出量はきわめて少なかったと考えられる。やがて、インドはダイヤモンドの中心的産出地として地位を、まずブラジルに、ついで南アフリカに奪われた。カットの分野でも、インドはヨーロッパからはるかに後れをとった。ヨーロッパでは宝石の輝きが好まれたため、それを生み出す技術が発達した。だがインドには、そうした好みは歴史的に存在しなかったのだ。ダイヤモンドをめぐるインドの運勢が反転しはじめたのは、一九四七年のことだった。独立を達成し、外貨準備の状態を懸念していたインド政府は、いくつかの贅沢品の輸入を禁止した。そこには研磨済みダイヤも含まれていた。だが、ここで一つの決定的な例外が認められた。研磨済みダイヤを輸入していた人びとは、今度は原石を輸入していいというのだ。ただし、その後研磨済みダイヤを輸出しなければならないという条件がついていた。

だが、インドのカット師にどんな製品が研磨できるというのか？　古代に発達したその技術は、昔のインド人の好みに合わせてあった。石の中に光が入るように、あちこちの角を削り落とすというものだ。輝きを出すために研磨するという伝統はなかった。スーラトの零細な研磨業者は、準宝石を研磨しながら生き延びていた。当時アントワープでは、何人かのインドの仲買業者が、研磨済みダイヤをベルギーからインドへ輸出する事業を営んでいた。彼らにとって、研磨師が確実に原石の価値を損ねてしまうような国へ、高価な原石を送るのは狂気の沙汰だった。ところが、彼らは商売に革命を起こすアイデアを思いついた。手に入るかぎり最も安価な原石——いわゆるアントワープの廃棄物——を、母国へ送って研磨させるのだ。インド人のカット師が品物を台なしにし、原石からの歩留まりが悪かったとしても、原石の価格も人件費も非常に安いので、発注者は利益を得られる。

この新しい商機をとらえるのに恰好の位置にいたのが、ボンベイで真珠の仲買とダイヤモンドの研磨を営んでいたある家族だった。メータ一家である。彼らは悪戦苦闘していた。その先祖は、グジャラート州パリンプールの太守に仕える宝石商人だった。メータ一家の真珠事業は繁盛していなかった。唯一残っていたダイヤモンド事業は、古いカットのダイヤモンドを修繕するというものだった。ラムニクラル・メータは、小粒のダイヤモンドの取引に参入することにした。その商売が、周囲で急速に成長しはじめていたからだ。彼はボンベイの通りで原石の包みを買い、カット師のところへ持っていって研磨させ、研磨済みダイヤを輸出業者に売った。彼は金を手にすると、また包みを買い、同じことを繰り返した。

その後、ラムニクラルの義理の兄弟のバヌチャンドラ・バンサリーも、砥石車一台でダイヤモンド業界に飛び込んだ。彼が働いた条件は、スーラトのカット師のそれに似ていた。原石の包みが到着すると、取引がまとまる。バンサリーは薄暗い部屋で仕事に取りかかる。回転スケーフの前で床に座り、砂糖一粒ほどのダイヤモンドに五八のファセットの最初の一つをつける。作業が終わると、彼はその包みを依頼主に返し、手数料をもらう。さらに研磨する品物を受けとり、仕事に戻る。バンサリーの事業は成功した。彼は砥石車をもう一台買い、その後さらに三台追加した。第二の部屋を手に入れ、カット師をさらに雇った。成長するインドの業界とともに、彼の事業も拡大した。一九五八年、ラムニクラル・メータの息子でバンサリーの甥のアルン・メータは、わずか一年で大学を去り、家族ぐるみでつきあっている友人のダイヤモンド会社に入った。

アルン・メータは、ダイヤモンドに関して才能があったと言っていい。その若者は、原石をきれいにして選別し、それから再び選別することを覚えた。つまり、顧客の需要に応じて特定の分類をするのだ。うまく選別すれば、ダイヤモンドの価値は増大する。分類された山のそれぞれに、特定の顧客が欲しがる品質と大きさの原石しか含まれていないからだ。そうなっていれば、顧客はより多くの代金を支払うのだ。

アルン・メータは、ダイヤモンドの選別が大好きだった。明けても暮れてもダイヤモンドを研究した。原石の山の前にかがんで一つ一つ選別し、ルーペでダイヤモンドを吟味した。それから、研磨済みダイヤの山を机の上にならして広げ、それも選別した。このときまでに、おじの研磨会社は七つの砥石車を持つまでに成長していた。暇ができると、アルンは砥石車を見つけてダイヤモンドを研磨する練習をした。まもなく、彼は自分自身で研磨済みダイヤを買い、市場性のあるロットに再選別し、拡大する市場に売りに出すようになった。すべては順調だった。ところが一九五九年のある日、メータ一家は大きな打撃をこうむった。「父は、あるダイヤモンド会社の共同経営者になっていた」アルンの弟のディリップ・メータは言う。「ある日、父はすっかり沈みきった様子で帰宅した。一言もしゃべろうとしない。私には何があったのかわからなかった。父は沈痛な面持ちをしている。母がどうしたのかとたずねると、共同経営者に追い出されたとわかった。兄のアルンが父の手をとって言った。『心配しないで。大丈夫だよ。くよくよすることはない』と。私はそのときのことを、いまでも覚えている」

メータ一家の中で、アルンは〝岩〟と呼ばれていた。父が会社を追い出された翌年、アルンは父から二〇〇〇ドルを借り、おじともう一人の共同経営者とともにB・アルンクマール商会を始めた。Bはバンサリーを表わしていた。アルンクマールはアルンの正式な名前である。彼らはボンベイに小さな工場をつくった。原石を買い、一部を自社の砥石車で研磨し、一部をボンベイとスーラトの零細業者に下請けに出した。利益はまっすぐ会社に戻された。彼らはさらに多くの原石を買った。アルンの兄弟のアーシャドと、さらにその父が会社に加わった。三つの驚くべき好機が次々に現われた。もし彼らがそれをものしていなければ、メータ一家はこつこつと仕事をし、毎年いくぶんかずつ裕福になっていったことだろう。だが実際は、その好機をつかんだおかげで、彼らは一気に業界の先頭に躍り出ることになったのだ。

最初の幸運が訪れたのは、一九六三年のことだった。その年、中国の軍隊がインドに侵入した。それに続くパニックの中で、インドのダイヤモンドの価格は八週間で二〇パーセント下落した。アルン・メータは、その下落に合理的な理由がないことを見抜いていた。ダイヤモンドの価格は、ドルで値段をつければ、世界中のどの場所でも安定していた。その暴落は局地的なものにすぎず、感情に支配されていた。アルン・メータの考えでは、インドのダイヤモンドは基本的に格安だった。彼は在庫品のダイヤモンドを買い占め、海外へ転売した。メータ一家は棚ぼたの利益を手にした。その未成熟な産業によってそれほどの外貨が獲得できるとわかると、インド政府は原石の輸入を促進しはじめた。こうして、原石の供給が増えた。

三年後の一九六六年、メータ一家（およびその他のインドの研磨業者）は、再び好機を手にした。インドの中央銀行が、ルピーを五七パーセント切り下げたのだ。ただちにインド人は、賃金と諸経費が、ライバルとくらべて半分以上削減されたことに気づいた。この事件が起きたとき、研磨済みダイヤに対する需要は世界中で大きくなっていた。昔からカットの中心地だったアントワープやテルアビブは、独力ではそれに応えられなかった。品質がよくなっていたインドのダイヤが流れ出し、その隔たりを埋めた。

　三度目の幸運がメータ一家に訪れたのは、一九六九年のことだった。そのときまでに、インドの仲買人は莫大な量の原石を買うようになっていた。デビアスは、インドとの取引がますます重要になっていることを示すため、インドの九つの会社をロンドンのサイトへ招待した。そのうちの一社が、B・アルンクマール商会だった。メータ一家は名声を得たのだ。

　事業は拡大し、地位も向上したことから、メータ一家はインドだけにとどまっているべきではないと結論した。原石取引の第二の首都は、アントワープ――フラマン語圏の古い河港――だった。サイトで取引をしている仲買人は、商品の一部をその街で転売していた。その古いダイヤモンド街は、世界的に見て主要な自由市場だった。すなわち、デビアスと関係のない原石の供給地である。

　一九七三年、ディリップ・メータはアントワープに到着した。その街に、一家の拠点を築くためにやってきたのだ。当時、そのダイヤモンド街には圧倒的にユダヤ人が多かった。メータはすぐにこの事実にぶつかった。それは思ってもみないことだった。一家は自分たちの出現を、新会社の名前によって目立たせることにした。彼らの頭に浮かんだのは、インドで最高のファンシー・ブルーダイヤモンドの色合いを表現するのに用いられる言葉だった。その響きはエキゾチックではあるが、違和感はないはずだ。ディリップ・メータはすべての手はずを整え、文書を準備すると、会社設立の書類を完成させるためアントワープの公証役場へ向かった。公証人は新会社の名前をたずねた。「ロージー・ブルー」とメータは言った。公証人は驚いて顔を上げた。「ローゼンブルームですって？」と彼は言った。

　今日アントワープで、その名前のつづり方を知らない者はいないだろう。ロージー・ブルーは、きわめて現代的なビルの最上階に、そのダイヤモンド街で最大のオフィスを構えている。部屋の内装は上品でしゃれている。床は薄いスレート色で、漂白した木の壁にコンテンポラリーアートが飾られている。現代風で優雅な印象だが、それは誤解を招きやすい。ロージー・ブルーの唯一の目的は、ダイヤモンドを売ることだった。その活動を続けていれば、ときには感情の高ぶりを抑えられないこともある。あるとき、ディリップ・メータが会議室で来客と話していると、突然外から叫び声が聞こえてきた。メータは愉快そうにほほえんだ。「ずいぶんにぎやかですね」彼は満足そうに言った。「彼ら〔ロージー・ブルーの営業員〕は仕事に懸命なのです」叫び声が静まるのを待って、彼はこうつけくわえた。「週に七日働いています」

ロージー・ブルーは、九カ国で二万五〇〇〇人を雇っている。彼らは原石と研磨済みダイヤを売買し、原石を洗浄して鋸引きし、砥石車でダイヤモンドを研磨している。常時さらに五万人の独立したカット師と契約しており、原石の仕上げを委託している。大きくたくましい動物の血管を流れる血液のように、ダイヤモンドはロージー・ブルーの中で脈打っているのだ。今日、インド企業の繁栄ぶりは、必然のことのように思える。決して失敗せず、何か手を打ちさえすれば金があふれだしてくるかのようだ。アルン・メータは、自分自身そう考えていたと認める。

「一九七九年まで」彼は言った。「ダイヤモンドの事業で損をすることがあるとは思っていなかった。われわれは商品を売って金を稼いでいた。政府は、さらに多くの原石を輸入する許可をくれた。われわれが外貨を獲得していたので、政府は、機械装置などいくつかの統制品の輸入を割り当ててくれた。そこでわれわれは、十分にもうかる値段でそれを売った」ところが一九七九年、合衆国で急激なインフレが起こり、ドルの価値が下がった。ルピーはドルに対して、史上初めて値上がりした。インド人

ダイヤモンドの研磨風景。ロージー・ブルーの工場で。
（ロージー・ブルー提供）

は銀行からルピーで借入れをしていた、ダイヤモンドを売る相手からはドルで支払いを受けていた。いまや、そのドルの価値が下がったのだ。結果として、研磨師が所有するダイヤモンドは、それに対して支払った額より低い価格でしか売れなくなった。ダイヤモンドを売れば、必ず損をしてしまうのだ。

危機は、凶暴なモンスーンのようにインドのダイヤモンド業界を襲った。状況は一三年前と正反対だった。当時は、ルピーが切り下げられたおかげで、インド人は大もうけをした。今回の数字の変動は、彼らに不利に働いた。多くの製造業者が、市場から在庫品を引き上げた。彼らはダイヤモンドの販売を拒否した。研磨師を一時解雇し、操業を中断した。業界に不安が広がった。利子を払う収入がないため、過剰債務はさらにふくらんでいった。アルン・メータは家族会議を開いた。「私はディリップに、ダイヤモンド産業はアメリカのドルを基準にしていると言った。原石の価格はドル建てなのだ。それは変わらないだろう。だとすれば、手持ちの在庫を売り払って、一度だけ損をかぶってはどうだろうか？　損害をこうむっても、またやりなおせばいい」

メータ一家はすべての商品を売り払い、大損害をこうむった。それから急いで市場に戻ると、全速力で原石を買い集め、砥石車にかけた。ライバルが手をこまねいている間に、ロージー・ブルーは荒稼ぎを始めた。不平を言うライバル企業もあった。アントワープでは、人びとはディリップ・メータに面と向かって、ロージー・ブルーは不正行為をしていると言った。メータ自身、こんな噂が流布していたのを覚えている――ロージー・ブルーは帳簿を偽造しており、やがて破産するだろう。彼らはひたすら原石を買い、研磨し、販売した。

このとき、もう一つの危機がダイヤモンド業界を襲った。アントワープ、テルアビブ、ニューヨークのサイトホルダーの中に、原石に投機しはじめる者が出ていた。彼らは、ロンドンのボックスをそのまま市場に出さなかった。品質の高いものや大粒のものを取っておき、需要をつくりだして価格を釣りあげていたのだ。デビアスはこれを見て狼狽し、また――予想通り――腹を立てていた。何と言っても、ダイヤモンドの価格操作は長いことデビアスの特権だった。カルテルを維持していた理由はそこにあるのだ。ところがいまや、仲買人ふぜいが、自己の利益のためにその特権を奪い取ろうとしていた。デビアスが恐れていたのは、投機がやがて値崩れにつながることだけではなかった。自社が一カラット一〇〇ドルで販売しているダイヤモンドを、他社が一カラット二〇〇ドルで売ることを懸念していたのだ。この計略のせいで、デビアスは一カラットにつき一〇〇ドルを〝失う〟ことになる。犬が犬小屋を乗っ取ろうとしていたのは明らかだった。

デビアスはすばやく手を打った。原石に三〇パーセントの追徴金を課したのだ。この突然の予期せぬ取り立てにあい、仲買業者は退蔵していた品物を放出せざるをえなかった。Dカラー・フローレスの原石一カラットの価格は、投機のために七万ドルまで上がっていたが、一万ドルまで下落した。退蔵されていた原石の価格は暴落した。多くの会社がこの事件のあと倒産した。だが、ロージー・ブルーは助かった。インドの業者が依存していた小粒のダイヤモンドは、大した投機対象にはならなかったからだ。インドのダイヤモンド資本は、懲罰行為を無傷で生き延びた。損害をこうむらなかったため、インド人は停滞気味の市場をうまく利用した。その事件によって、インドのダイヤ業界の皮肉が明らかとなった。最も安いダイヤモンドから、きわめて大きな力が生み出されていたのだ。この力は事業上のライバルにとっては脅威だったが、もう一つのダイヤモンド事業には恵みをもたらした――鉱山である。

ボンベイでは小粒の原石への需要がある。したがって、いまや鉱山の産出物に、宝石になる石が以前より多く含まれることになる。数億カラットの工業用ダイヤが、インドの研磨業界のおかげで宝石に変わったのだ。鉱山のごみが宝石に変わったのだ。この新しい市場によって、ダイヤモンド鉱床が立ち行くかどうかの評価基準も変わった。インドのカット師が、薄暗い部屋の砥石車の前で変えたものは、わずかばかりのダイヤモンドだけではない。ダイヤモンド産業全体を変えてしまったのだ。世界最大のダイヤモンド鉱山であるオーストラリアのアーガイル鉱山は、インドの研磨業界がなければ存在しなかっただろう。それゆえ、デビアスを見込み違いの戦いに引き込むこともなかっただろう。

◆

一九八六年、アーガイル鉱山は初めて一年間フル操業し、二九〇〇万カラットのダイヤモンドを産出した。その年に、世界全体で産出した天然ダイヤモンドの四〇パーセントに当たる重量だ。アーガイルのダイヤモンドが平均的な品質であれば、その所有者は、あっという間にデビアスと肩を並べる存在になったはずだ。だが、ピンクダイヤを除き、そのオーストラリアの鉱山でとれる原石は小粒で茶色だった。たとえば、ジュワネン鉱山は平均で一カラット一〇〇ドルの原石を産出するのに対し、アーガイルの平均は一一ドルという低さだった。これはアーガイルにとっては悪いニュースだったが、インドにとってはいいニュースだった。そんなダイヤモンドを研磨できる者は、ほかにいないからだ。

アーガイル鉱山は、リオ・ティントとオーストラリアのアシュトン鉱山会社の合弁企業だった。当初、共同経営者たちは、デビアス・カルテルを通じてダイヤモンドを市場に出す契約を結んでいた。ところが、オーストラリアの新聞記事によれば、契約後まもなくデビアスの評価手続きについて論争が持ちあがった。デビアスとアーガイルの協定の一部として、デビアスは二〇人のダイヤ鑑定人をオーストラリアに駐在させていた。鉱脈からとれた代表的なサンプルを評価し、全産出物に対してデビアスが支払う金額を推定するためだ。詳しく報じられたように、アーガイルはデビアスが自社の原石につけた価格に異論を唱え、買い手と売り手はともに腹を立てて対立した。

アーガイルは、報道された論争について公式にコメントしようとはしなかった。のちに、その記事がデビアスに届けられると、スポークスマンはeメールにこう書いた。「御存知のように、評価基準には主観にもとづくものもあります。内包物の線がどこにあるか、ひびや傷が原石にどの程度悪影響をおよぼすかといった問題です。これを調整するため、同じ包みについて評価が異なっても、ある程度までは受け入れられます。認められる相違の幅は、通常一五パーセントくらいです。わが社がアーガイルと契約した当初も、こうした状態でした。とはいえ、それは友好的に解決されたのです」

それにもかかわらず、数年後の一九九六年、アーガイルはカルテルを脱退した。デビアスは、莫大な量の低価格原石をインドに売りはじめた。インド人のサイトホルダー・ボックスにそれを詰め込み、アーガイルの原石を買うための資金がほとんど残らないようにしたのだ。たった一つのサイトに二億ドル分もの安価な原石がつぎこまれ、アーガイルの原石の価格は二五パーセント下落した。

デビアスは、インド人の銀行家の自信をもぐらつかせた。デビアスのスタッフによって書かれた年刊の「バンカーズ・ブックレット」の中で、恐ろしい予言をしたのだ。それはボンベイで配布された。「いまやこう思われる」デビアスは警告した。「独自に市場で取引するというアーガイルの決定のために、業界で、相当量の在庫品の評価が切り下げられるのは避けられない」さらに悪いことに、当時、大勢のロシア人技師がインドに流入していた。彼らが市場に原石をさらに詰め込んだため、その価格は下落しつづけた。

デビアスの怒りの一部は、カナダでの出来事によるものだったかもしれない。アーガイルが独立した一九九六年までに、カルテルがカナダの原石を買い占められないことが、さらにはっきりしていたからだ。おそらくデビアスは、アーガイルに公然と罰を与え、ヨハネスバーグがいかに厳しい手段をとれるかを示す必要があると考えていたのだろう。アーガイルの原石の価格は急落し、その売上高は損益分岐点に近づかざるをえなかった。デビアスの行動によってボンベイの研磨師は動揺し、将来に対する自信を失っていった。

アーガイルには、その懲罰が長続きしないことがわかっていた。その会社は、ボンベイで独自のキャンペーンを始めた。研磨師と銀行家に、事業の土台は健全だと冷静に訴えかけ、需要は回復するという予想を示したのだ。これによって、インド人は自信を取り戻した。彼らはすでに大きな投資をし、アーガイルの磨きにくい原石に合わせて砥石車を改良していた。デビアスが間違いを犯していたとしたら、インドの業界を過小評価したことだろう。安価な原石の奔流によって、インドの業界がおぼれることはなかった。それどころか、ひとまわり大きくなったのだ。長期にわたる懲罰行動の効果によって、アーガイルのダイヤモンドへのさらなる需要が生み出されていた。四年後の二〇〇〇年、デビアスもそれを認めたようだった。突然、アシュトン――アーガイルの従属的パートナー――の株を四〇パーセント買い取りたいと申し出たのだ。その付け値は失敗した。その代わりに、主たるパートナーのリオ・ティントがアシュトンを買収し、ダイヤモンド業界における地位を揺るぎないものとした。

◆

インドのダイヤモンド業界の中心は、プラサド・チャンバーである。ボンベイのオペラハウス地区で、ほこりとざわめきの中にそびえるコンクリートの見苦しいビルだ。現在、その地区でオペラは上演されていない。その代わり、ダイヤモンド街の商人と外交員でごったがえしている。外交員はゆったりした服を着て、体にくくりつけた原石を隠している。商人はいくつかのグループになって相談し、ダイヤモンドの包みを交換している。プラサド・チャンバーは、雑踏の真っ只中に建っている。人びとは列をなして行進し、衛兵所を越えて汚い中庭を通り、ロビーに入る。彼らは長い列に並んでエレベーターの順番を待つ。列はロビーの中で曲がりくねり、ドアの外へ続いている。そのビルは数年間使われてきたにもかかわらず、いまだに未完成のままである。階段吹き抜けには瓦礫が散乱している。廊下では、むき出しの電線から裸電球がぶら下がっている。電球の弱々しい光が暗いホールを照らしている。隅々でごみが山になっており、空気はセメントのにおいがする。壁と天井からセメントが剥げ落ちている。ライフルを持った警備員が、使い古しの椅子に腰掛けている。ダイヤモンドオフィスの鍵のかかったドアの向こうに、別世界がある。そこには大理石の机が置かれ、アントワープ、東京、台北、テルアビブ、ニューヨークへひっきりなしに電話がかけられているのだ。

世界の宝石用ダイヤの八〇パーセントが、プラサド・チャンバーで管理されている会社を経由して流通している。汚い外観や一面の人だかりのために、プラサド・チャンバーは悲惨な場所に見える。おそらくこの乱雑さゆえに、この昔からのカットの中心地でこんな声が聞かれるのだろう。「インド人が愛しているのはダイヤモンドではなく金だけだ」プラサド・チャンバーの最上階のオフィスで、これについてたずねると、アルン・メータはにっこりほほ笑んだ。年に一〇億ドル分の原石が、彼の会社を通り抜けていくのだ。「そう」彼は言った。「きっと、われわれは攻撃的なのでしょう」

ある日、私は海岸通りを車で走り、マラバル・ヒルという緑豊かな地区に入った。崩れた壁の向こうに古い大邸宅があり、ときどき木々の間に切妻や曲線の屋根だけが見えた。クリフ・ロードにつくと、私はラッセル・メータの赤いスポーツタイプのメルセデスのうしろに車を止めた。そしてメータと会うため、彼の新居の建築現場を歩いていった。そこら中に材木が積まれていた。のみとたがねを持った職人が、ひざに一本の黒い木を載せて座っていた。ラッセル・メータの妻が考案した模様を彫っているのだ。石工は大理石のテラスを仕上げていた。そこで、噴水が池に水をまきちらすことになる。客が丘のてっぺんの欄干までぶらぶら歩いてくると、表にアラビア海をのぞめるはずだ。

メータと私は、建設中の邸宅の最上階に上がった。そこには彼自身の寝室が、専用のテラスに面してつくられることになっていた。テラスからの眺めは、きらめく海の息をのむような光景となるだろう。だが、マラバル・ヒルの家が象徴するのは、一つの家族の繁栄以上のものだった。それは、新しい等級のダイヤモンドジュエリーの出現を示していたのだ。つまり、従来ならダイヤモンドを買う余裕のなかった人びとでも、簡単に入手できる宝石である。この新しい業界が成功を収め、数億粒の研磨済みダイヤによって市場を広げたことから、鉱山を探す人びとの評価基準も変化した。三〇年前なら利益の出なかったダイヤモンド・パイプに、今日インドの業界で切望されている小粒のダイヤが詰まっているかもしれないからだ。ボンベイやスーラトで生み出される需要は、ダイヤの発見にともなう変化の一部だった。それは、インドから遠く離れた海岸にさざ波のように打ち寄せていた。

12　ドグリブ族の土地

ダイヤモンドに対する人びとの欲望はきわめて大きく、それが呼びさまされる場所を一変させてしまう。あの五月の朝、アバエテ川で三人のガリンペイロが大きなピンクダイヤを発見したとき、それをきっかけに、ブラジル各地から数千人のガリンペイロがその地区へ移住した。おかげで、ダイヤモンドを産出するその川の周辺は、一時無法地帯と化した。バレンランズにも、ダイヤモンドの発見を機に新規参入者が殺到した。旅行者などほとんどいない広大な土地に、突然ヘリコプターの騒音が響き渡った。バレンランズでの発見によって、ダイヤモンド業界の古い秩序が揺さぶられたとすれば、ダイヤモンドによってバレンランズの調和が揺さぶられたのだ。今日のダイヤモンド業界には、絶え間なく風が吹いている。勢力地図は次々に塗りかえられている。新しい競争相手がダイヤモンド業界にみずからの鉱区を確保しようとやってきて、思いがけない手腕を示すこともあった。その一つがドグリブ・インディアンだった。彼らは世界最大の鉱山会社に立ち向かったのだ。

二〇〇〇年三月、イエローナイフに発する氷の道路を、ダイヤモンドキャンプを目指すトラック隊が昼夜を問わず走っていた。大型トラックが氷の上を這うようにして慎重に進み、湖から湖へ一八時間の旅に出発する。トラックが整列している街中の駐車場は、切迫した空気に包まれていた。例年と同じように、一つの脅威が迫っていた――春だ。

イエローナイフからグラス湖の東端まで、氷の道路は四五〇キロにわたって延びている。湖の氷は、三月なら厚さが一・八メートルあり、大変な重さの掘削装置にも十分耐えられる。だが日が延びると、太陽が道路の弱い部分を攻撃した。湖を結ぶ陸路では、土が露出した部分に陽光が集まり、凍結した地面が数時間で通行不能の泥沼と化すこともあった。重いトラックが道路を通れる期間は、六週間足らずだった。その短い間に、遠く離れた採鉱地に、丸一年間に必要となる機材のほとんどを運び込まなければならなかった。これがその春、リオ・ティントが直面している現実だった。彼らは、政府による最後の許可を待っていた。建設機材を輸送し終えるために、その許可が必要なのだ。目的地は、エイラ・トーマスが発見した、成長を続ける北方の採鉱地だった。その場所は、いまではダイアヴィクと呼ばれている。

ダイアヴィクの管理者たちは、環境問題の最後のハードルをクリアしたと思っていた。ところが、連邦政府の役人が重要な許可を突然取り消したのだ。そのときまでに、リオ・ティントとアバー・リソーシズは、五年を費やしてパイプからサンプルをとり、採鉱すべき目標地点が散在する地域の地図をつくっていた。彼らは、湖の環境調査を委託してあった。数億ドルをつぎこみ、数千ページにおよぶ文書を提出した。ところが何の予告もなしに、政府は環境上の専門的問題を引き合いに出し、その会社のトラックを道路から追い出したのだ。

リオ・ティントとアバーは怒り狂い、ダイアヴィク鉱山を閉鎖して従業員を一時解雇した。金鉱山が閉鎖されたばかりだったイエローナイフに、ダイヤモンド鉱山の開発が即座に中止になるのではという懸念が広がった。バレンランズへ一年中通じている道路はない（その建設費は法外である）。それゆえ、冬季用道路でトラック輸送ができなければ、事業が丸一年遅れることになる。一年間の遅れによって、リオ・ティントは五〇〇〇万ドルの損害をこうむると言われていた。事業のための負債につく利息である。業界アナリストは、リオ・ティントはそんな金を払うくらいなら、鉱山の開発を無期限に棚上げするだろうと推測した。

結局のところ、ダイアヴィク鉱山の当面の運命を握っていたのは、必要な許可を与えるのを拒否している、連邦政府の官僚ではなかった。そうではなく、ドグリブ族だったのだ。グラス湖は、ドグリブ族を含むいくつかの先住民族が先祖代々住んでいる土地にあった。ドグリブ族の策士は、ダイアヴィクが提供する補償条件に満足できるまで、許可を保留することにした。ドグリブ族の介入が示すのは、力関係の根本的な変化である。バレンランズの片隅の低木林のあちこちで、先住民の小集団が生活している。大部分が読み書きのできないその人びとが、鉱山の開発を文字通りその場でやめさせた。その鉱山には一三億カナダドルの価値があり、二〇年にわたって四五〇人を雇用すると予想されていたのだ。

◆

ドグリブ族の本拠地であるレイの村は、イエローナイフから九五キロ離れた場所にある。マリアン湖の北の高地だ。村には聖ミカエル・カトリック教会があり、銀の尖塔が空に鈍い光を放っている。冬季用道路は、マリアン湖に沿って北へ向かい、遠く離れたドグリブ族の集落に通じている。それらの集落は、マルトル湖とレイ湖の周辺に点在している。スコットランドくらいの広さの地域に、約三〇〇〇人のドグリブ族が暮らしている。そのうち一七〇〇人が、レイの住民である。

ドグリブ族は、場所の細かい区別に愛着を抱いている。それは、レイにある集落の伝統的な区分けに見ることができる。四十二歳のジョン・B・ゾーイは、ダイアヴィクとの交渉でドグリブ族側の代表者を務めている。ある日ゾーイが、雪に埋もれた湖沿いの道を車で案内してくれた。彼は、そこに住むドグリブ族のいくつもの家族を識別した。それらの家族は、印はないがはっきりとわかる境界線にしたがって、血縁関係でまとまっていた。「これはタガー・ゴティ家。〝岸沿いのドグリブ族〟だ」数軒の家を通りすぎたとき、ゾーイは言った。「彼らの姓はラベスカ、ウェリン、ブラックダック。ちょうどここに細い境界線がある。ここの人たちは」彼は次の家を指差した。「チョコレート家とハスキー家。彼らはエタティ。〝間の人びと〟だ。この場所とグレート・ベア湖の間の出身だからね」

こんな具合に、ゾーイの案内は続いた――マーティン・レイク・ピープル家、〝森のへりから来た人びと〟まで。いまや、ダイヤモンドマネーのために、こうした状況も変わりはじめていた。血縁と場所によるグループ分けは崩れつつあった。レイのへりのまばらな低木林の中に、都市計画立案者が新しい通りを計画していた。衛星放送用のアンテナが空に首を伸ばし、その横には現代的な郊外型住宅が建っている。それらの家はアルミの羽目板と、テラスにバーベキュー用の炉を備えていた。この新興地区の住人がそこに住んでいるのは、親戚がいるからではない。彼らにそれだけの余裕があるからだ。外にとまっている新しいトラックが、そうした身分を表わすとともに、区分けの新しい基準を暗示している――財産だ。ドグリブ族にも、ＢＨＰ鉱山で給料のいい仕事についている者がいる。その会社が設立されたのは、一九九八年のことだった。

だが、ドグリブ族はダイヤモンドから財産以上のものを引き出していた。彼らは力をも手にしたのだ。二〇〇〇年のはじめ、その新しい力は、ダイアヴィクとその会社が所有する鉱床の間で見つかった。グラス湖の地下に眠るその鉱床には、一億七〇〇〇万カラットの良質で無色のダイヤモンドが埋まっていた。

その先住民族は、ダイアヴィクの鉱山開発を止める力を持っていた。それは、ダイヤモンド帝国の古い時代から、この世界がどれほど前進したかの証明である。ダイヤモンド会社との交渉の際、ドグリブ族は事実上、みずからの歴史と現在の利益を交換した。時代の趨勢が原住民への権限付与に向かう中、彼らは比較的すばやく事をなしとげた。一九九一年にダイヤモンドが発見されたとき、権限が付与されていたおかげで、原住民の政治階級がすでにできあがっていたのだ。

ダイヤモンド発見のニュースが広まったとき、ドグリブ族の指導者層は、すぐさまその好機の意味を理解した。だが、自分たちには法的権利がないため、降ってわいたようなその商業的事件に関与できないこともわかっていた。「まったく、大変な騒ぎだった」ゾーイは言った。「私は、ウェクウェティでの出来事を覚えている。そこには約一〇〇人が住んでいる。確か一二家族だと思う。集落の裏手に丘があるのだが、そこに一機のヘリコプターが着陸した。その集落は地図に載っていなかった。ヘリコプターに乗ってきた男たちが、杭を持って茂みから出てきた。彼らは鉱区を仕切るための標柱を、村を真っ二つに分けるように打ち込んだ。この連中は、鉱区を仕切る権限を持っていた。われわれは、土地の返還を求めて交渉を始めた。ダイヤモンドのおかげで、これは緊急の要求となった。そこでわかったのは、われわれがまったく保護されていないということだった。例外は、政府が気まぐれでこちらの権利を認める場合だけだった。彼らがダイヤモンドを発見した当時、われわれは〔ノースウェスト・テリトリーズの〕すべての鉱山に、いくつかの作業場を持っていたにすぎなかった。そこで、何らかの給付金をもらうことにしたのだ」

ドグリブ族は法的地位を獲得した。それは、彼らがもともと狩猟民族だったことに由来していた。狩猟民族としての起源をはっきりさせるため、指導者たちは、広い範囲に散らばる集落にドグリブ族の若い研究者を送り込み、猟師の話を収集させた。彼らが集めた物語から、ドグリブ族の伝統的な暮らしが、その土地に関する知識にどれほど深く根ざしているかがわかった。

動物がどんなふうに歩きまわろうと、普通、同じ道を引き返すことはない。御先祖は言ったものだ……クウィアクワティという場所の近くのウェクウェティあたりなら、やつ〔カリブー〕は、まっすぐノディーケに行く。それはわかっている。バレンランズへ戻らなければならないとき、カリブーははるばる、スネア湖の反対側ツィナゼーという所を歩いていく。〔ジョニー・エヤクフィヴォ。七十三歳〕

カリブーはベートソコを通過し、ヤーティデーコへ向かったものだ。はるか遠くのキティと呼ばれる場所まで行き、さらにエダジに沿って進んだ。いったんそのあたりに腰を落ちつけ、餌が豊富にあれば、長い間そこで暮らしながら餌を食べた。〔ジョー・ゾーイ・フィッシュ。七十歳〕

これらの話に出てくる地名は、狩猟文化の重要な財産——生き延びるために欠かせないデータ——

だった。ドグリブ族の見解によると、次のような結論が導かれた。いかなる手段であれ、そうした名前を破壊すること——たとえば、鉱山を掘って地形を変化させること——は、財産の破壊であり、それを行なう者は補償金を支払わねばならない。BHPはあっさりと折れた。一九九四年、そのオーストラリアの鉱山会社は一二〇〇万カナダドルをドグリブ族に支払い、原住民を雇うことを正式に約束した。ダイアヴィク（リオ・ティントとアバー）が交渉する段になると、要求額はさらに高くなった。ダイアヴィクは難色を示した。その鉱山会社のトラックが冬季用道路を走れない理由は、そこにあった。

結局、ドグリブ族はダイアヴィクと和解した。イエローナイフ族、チペワイアン族、イヌイット族、メティ族もまた、BHPと協定を結んだ。昔の皇帝——デビアス——さえ、文字も読めない狩人や漁師の息子たちとの交渉の席についた。デビアスはいまや、グラス湖の南東にあるスナップ湖に、ダイヤモンドを含むキンバーライトを所有している。また、大きなダイヤモンド・パイプを、ハドソン湾のへりにあるインディアンの街アタワピスカットの西に発見していた。デビアスは、両方の場所で原住民と協定を結んだ。現代のダイヤモンド時代が草原への突撃で幕をあけた頃を考えると、隔世の感がある。グリカ族と協議するために立ち止まった者などいなかった。当時は、帝国主義者の精神が大手を振っていた。そうした歴史の節目から、デビアスのダイヤモンド・カルテルが生まれたのだ。十九世紀とはそういう時代だった。そして、二十一世紀とはこういう時代なのだ。

◆

タンクローリーとダイヤモンド・キャンプで使う重機を載せたトラック。イエローナイフにとどまり、冬季用道路の通行が許可されるのを待っている。（マシュー・ハート撮影）

数カ月にわたる長い冬に入り、夏の日差しはすっかりなくなっていた。グラス湖の大規模なキャンプは、三〇キロ離れた上空からでも見える。闇夜を飾るダイヤモンドのように輝いているからだ。ＢＨＰは年に四〇〇万カラットのダイヤモンドを生産している。グラス湖の地下の、エイラ・トーマスが発見したパイプから、さらに六〇〇〇万カラットが産出するはずだ。その結果、世界の宝石用ダイヤのうち価格にして約一五パーセントが、その最初の二つの鉱山だけからとれることになる。産出物の多くは、デビアスとは無関係な流通経路を通って市場へ出されるだろう。いまやＢＨＰの原石のうち、ロンドンへ売りに出されるのは三五パーセントにすぎない。アバー・ダイヤモンド・コーポレーションは、ダイアヴィクの産出物の四〇パーセント、つまり年に二五〇〇万カラットの原石を自社のものとして受け取るはずだ。ニューヨークにある大手ダイヤモンド商社ティファニーとの取引で、アバーの最高級の原石は、直接その小売業者に売られるだろう。DTCを迂回し、長い距離を運ばれるのだ。

こうした一連の事態が進行していたとき、デビアスはオーストラリアでの戦いに連敗した。最初が安価な原石をめぐる戦争。次が、リオ・ティントの鼻先から、アーガイルの株をかすめとろうとしたときである。デビアスにとってさらに不吉なことに、世界の原石の二〇パーセントを握るロシア人が、言うことを聞きそうになくなっていた。彼らがついに、南アフリカ人との長きにわたる窮屈な提携を放棄し、みずからの手で原石を市場に出す可能性が大きくなっていた。そうなれば、原石市場におけるデビアスのシェアは、一〇年間で八〇パーセントから五〇パーセント以下に落ちるだろう。まるで、時代の精神がデビアスに襲いかかり、カルテルの終わりを告げようとしているかのようだった。

だが、デビアスは混乱してはいなかった。強力な取締役グループは、サー・アーネスト自身が考え出したかのような、大胆な一撃を加える準備を進めていた。二〇〇一年二月一日、そのダイヤモンド会社は次のように発表して業界を啞然とさせた。デビアスを非公開会社にする計画が進行中である、と。株式の上場を廃止し、公に所有されることによる細かい審査を排除し、オッペンハイマー家の力を強固なものとするためである。その計画は、コンソーシアムによるデビアスの買収という形で進められる。コンソーシアムの持ち分は、オッペンハイマー家が四五パーセント、アングロアメリカンが四五パーセント、デブスワナが一〇パーセントである。デブスワナはデビアスとボツワナの合弁企業で、デビアスの最も重要な一群の鉱山を所有している。その買収は、デビアスが近年推し進めてきた次のような戦略を、ひっくり返すものだ。すなわち、社内状況の公開、ロンドンの備蓄の放出、原石市場の管理者という役割の放棄などによって、株価を押し上げ、株主の層を広げるという戦略である。

だが悲しいかな、ダイヤモンドの記録的な売上げが達成されたにもかかわらず、株価は上昇していなかった。そこで、ニッキー・オッペンハイマーは、次のような結論をくだしたようだ。株は事実上売りに出されているのだから、ほかに買いたい人がいないなら、自分自身が一八〇億ドルの会社を買おうではないか。

その巨大なダイヤモンド企業が上場リストから姿を消せば、説明責任もなくなってしまう。デビアスがつくりあげた古いダイヤモンド業界は、もはや存在しない。そのカルテルは砂に残った足跡なのだ。だが、ダイヤモンド業界のどんな勢力も、デビアスには匹敵しない。業界のリーダーという役割は、デビアスが脱ぐことのできないマントである。ダイヤモンドの歴史における現在の危機——その宝石の地位は、邪悪な商売とつながっているという評判におびやかされている——にあって、リーダーというマントは重荷かもしれない。

七〇以上のNGOが、戦争ダイヤモンドの取引に反対している。彼らの努力に応えて、アントワープのダイヤモンド高等審議会は、シエラレオーネとアンゴラの鉱山に検査官を派遣している。その原石が〝公式の〟生産地から運ばれてきたもので、戦地から来たのではないことを認証するためだ。だが、そんな保証が当てになるだろうか？　それらの原石が検査官のもとに届く前に、戦争ダイヤを混入するのは簡単なことだ。さらに、これらの国々で産出する戦争ダイヤの多くは、首都を通って堂々と運ばれてくるのではない。反乱軍が支配する採鉱地から、直接空輸されるのだ。

また、合法的なダイヤのために保証の連鎖をつくる作業にも、あまり進歩はない。デビアスのスポークスマンはこう言ってきた。サイト・ボックスには、原石が戦争とは無関係なことを述べるカードが入っており、それが提供する保証によって、下流の顧客は保護されている、と。だが、デビアスの顧客はほかの場所でも原石を買える。そしてデビアスによる保証を、彼らが研磨するすべての原石に対する隠れ蓑に利用できる。次の顧客——研磨師の顧客——の誰にも、もともとの原石がロンドンのデビアスから運ばれてきたのか、それとも、真夜中に誰かの靴底にくっついてアントワープに到着したのかはわからないのだ。

ダイヤモンドの売買の多くが、品物の出所に関する偽造された情報に守られたまま進められている。大量の原石が、便利な港を通って定期的に放出されている。そこで、商売上、偽のパスポートと同じ役割を果たすものが手に入るからだ。スイスはダイヤモンド産出国ではない。ところが、商人が数千カラットのダイヤモンドをその国の自由貿易地帯（フライレーガー）を経由して流通させるため、スイスは原石の包みを大量に輸出する国の一つとなっている。そうした事情は、アフリカ西部の小国ガンビアでも変わらない。その国でもダイヤモンドはとれないが、ダイヤモンド商社が非合法な原石を手に入れ、〝ガンビア産〟としてアントワープやテルアビブに送っているのだ。カナダ——りんごの頰をしたダイヤモンド業界の新入り——においてさえ、連邦警察は、犯罪者が戦争ダイヤモンドを北極の原石に混ぜるかもしれないと警告している。

もちろん、必要な種類の犯罪など存在しない。二〇〇一年四月、ベルギーの新聞《ル・ソワール》は、ベルギー軍の情報部によって次のことがつきとめられたと報じた。多くのアントワープの会社が、ＵＮＩＴＡの戦争ダイヤを扱っているのだ。戦争ダイヤの取引について国連安保理に報告している研究班は、非難にも屈しない商人が、いかに手に負えない存在かを説明した。業界では周知のことだろうが、戦争ダイヤ反対のキャンペーンをしているＮＧＯは、消費者にダイヤモンドのボイコットを勧めるのに気乗り薄だ。非合法な鉱山で働くアフリカ人に損害がおよぶかもしれないからである。だが、アフリカ人の仕事を守るために、ほかのアフリカ人の命を犠牲にしていいはずがないという感情が、人びとの間で大きくなってきている。

戦争ダイヤの取引をやめさせる最も効果的な手段を持っているのは、デビアスである。デビアスが仕入係に、正規のルート以外から交易都市に流れ込む原石の購入をすべてやめるよう命じたとき、戦争ダイヤの商人は即座に強烈な打撃をこうむった。デビアスは、週に一五〇〇万ドル分の原石を市場から直接買っていたからだ。ほかの買い手がその隙間に入りこむのは確かである。それでも、戦争を継続するのに必要な量の原石をさばくのが難しくなるのは間違いない。

現在では、信頼できる原産地保証をつけて市場に出されるダイヤモンドもある。戦争ダイヤの取引に反対する世論が販売に影響をおよぼすようになれば、そうした〝きれいな〟宝石が急速に増えるかもしれない。デビアスの最高責任者であるゲーリー・ラルフェは、次のように認めた。こうした状況において、デビアスはＤＴＣの顧客に、デビアスの原石をほかの品物から切り離しておくよう求めるかもしれない、と。そうなれば、合法的な鉱山から市場までの明確な流通経路を、確信を持って断言できる。万に一つでもそうした可能性があれば、戦争ダイヤを取引する商人はぞっとするだろう。膨大な量の保証のない原石がうさんくさい二流品として扱われ、その価値は急落するはずだからだ。

ダイヤモンドの合法性は、独立した検査体制によって保証されるかもしれない。たとえば、二〇〇一年の初めに、合衆国連邦議会に提出された法案――クリーン・ダイヤモンド法――の中で考慮されていたようなものだ。それが制定されれば、基準を満たす保証のついていないダイヤモンドは、合衆国からすべて締め出されることになる。その法律では、一連の輸出品を検査する権利が武器となる。検査官が、原石の産地を特定するための信頼できる手段――たとえば、ロスマン教授の方法――を手にしていれば、戦争ダイヤを扱おうとしているすべての商人が、犯罪の発覚と破滅の危険を等しく負わねばならないだろう。戦争ダイヤは、世界の原石の中でわずかな割合しか占めていないかもしれない。だが、それがダイヤモンドの取引を害する力は大きい。ダイヤ取引における古い秘密主義の習慣は、その宝石に十分役に立った。だが、もはや時代が違う。年に一億一五〇〇万カラットが地面から出てくる現在、ダイヤモンドは異なる宝石になっているのだ。

今日、多くの新顔企業がダイヤモンド業界で活動している。バレンランズでダイヤモンドが発見されるまで、BHPが採掘していた炭素から成る物質は石炭だけだった。リオ・ティントは今日、かつてよりはるかに強大なダイヤモンド鉱山会社である。しかし、カナダでのダイヤモンドの発見には、いくつかの大企業の将来が明るくなったこと以上の意味があった。それによって、勇猛果敢な精神が業界に吹き込まれ、その多くがいまだに残っているのだ。

ポイント湖をドリルで掘って以来、エド・シラーは、ダイヤモンドを探して世界中を飛びまわっている。彼は地質学会議にひょこっと現われる。自由奔放な人物で、世界のどこかの新しい目標地点につねに情熱を燃やしている。クリス・ジェニングズは、マーズフォンテインの件で完敗したあと、取締役会の反乱にあってサザンエラのトップから引きずりおろされた。その後すぐに、株主の支持を得て再び支配権を握った。彼は時間をカナダ用と南アフリカ用に、またプラチナ用とダイヤモンド用に振り分けている。

ロバート・ガニコットはアバー・ダイヤモンド・コーポレーションの最高責任者を務めている。グレン・トーマスとエイラ・トーマスはアバーを去り、ナビゲーター・エクスプロレーション・コーポレーションを設立した。彼らは、カナブラヴァ・ダイヤモンド・コーポレーションとの合弁企業を視野に入れている。カナブラヴァを経営しているのはローリー・ムーアだ。その南アフリカ人は、ジョン・ガーニーとともに、カナダで最初の発見のトランペットを吹いた。現在、エイラ・トーマスとムーアは、オンタリオ州北部の沼の多い低地の鉱区でキャンプ生活を送っている。その鉱区は、三〇エーカーのキンバーライト・パイプに隣接している。そのパイプを所有する会社は、カナダで最も活動的な大手鉱山会社となっている——デビアス・コンソリデーティッド・マインズである。

二〇〇一年の初め、カナダでもう一つのダイヤモンド・ラッシュが起こった——今度はマニトバで。エイラ・トーマスとテント生活をともにしたレニ・キーオは、いまでもダイヤモンドを探している。だが、やがて朗報が届くだろう。

二〇〇一年二月、オレンジ川のサクソンドリフトでのこと。トーキョー・セイファラによってトランス・ヘックスにもたらされた採鉱地で、鉱夫が二一六カラットのダイヤモンドを発見した。それは表面が曇っていたので、ウィンドウをつけようという話になった。買ってくれそうな人に、よく見てもらうためだ。結局、ウィンドウはつけないことになり、宝石はそのまま約八五万ドルで売られた。この出来事は、トランス・ヘックスにとってだけでなく——あとでわかったことだが——ダイヤモンドワークスにとってもすばらしいものだった。ダイヤモンドワークスは、アンゴラで倒産した小さな会社である。その会社は新しい所有者を迎え、オレンジ川に自社の所有地を買っていた。そこは、大きなダイヤが見つかった土地のすぐ横だった。彼らはそのことをすぐに指摘した。

ガビ・トルコフスキーはソフトウェアの開発を手伝った。それは、研磨済みダイヤの独特の屈折パターンを音楽に変えるものだった。

ボツワナからダイヤモンド・コースト、また、北極圏からブラジルにいたるダイヤモンド鉱山で、いまも誰かがどうにかして原石を盗んでいる。

◆

ダイヤモンドとは闇にして光である。人間の心の中に通じる研磨されたウィンドウである。ダイヤモンドは、地球や太陽が誕生する前から宇宙空間に存在していた。そうした最も古いダイヤモンドは、星々が爆発する際の想像もつかない暴風によって、宇宙にばらまかれた。われわれの惑星では、地下一六〇キロの場所で、炭素がダイヤモンドの結晶を形成した。それは、傷つかないと同時に壊れやすい。多くのダイヤモンドが、地上に運ばれてくるまでに形を変え、グラファイトになった。そうした言いようのないはかなさは、いまでもその宝石の中に残っている。ペルシャの征服者ナディール・シャーがデリーを侵略したとき、彼は世界で最も有名なダイヤモンドを求めて、ムガール人の宮殿をくまなく探した。やがて、ハーレムの女の一人が、皇帝がターバンの中にその石を隠していることを漏らした。ナディール・シャーは、征服された支配者を饗宴に招いた。そして、東洋の慣習を利用して、ターバンの交換を申し出た。ムガールの皇帝はそれを拒否できなかった。ナディール・シャーは差し出されたターバンを静かに受け取り、頭にかぶった。その後、彼は急いで自室に戻り、ターバンをほどいた。そしてダイヤモンドを見つけた。「コイヌール！」彼はあえぎながらそう言ったという。そして、その言葉をダイヤモンドの名前とした。〝光の山〟という意味である。

ダイヤモンド業者は、原石からこの光を取り出して売る。そのため、その光は少しばかり堕落している。きれいな原石の山は、心を躍らせる堆積物である。それは潜在的な光で脈打っているのだ。手を突っ込んでみると、絹のような感触である。原石が指の間をさらさらとすり抜けていく。それらはハンマーによる創造の一撃から生み出される。カット師は、目に見える記録を頼りに、石の過去について推測しなければならない。それから、ダイヤモンドを砥石車にかける。いまもどこかで、五月の暑い朝にガリンペイロがアバエテ川から吸い上げた大きな石が、ピンクの光で輝いている。さもなければ、粉々に砕けてしまったのだ。それは、大きな冒険なのだ。

謝辞

はじめに、探検家のクリス・ジェニングズにお礼を言わねばならない。ボツワナとカナダでの発見の物語の執筆に、彼は根気よく協力してくれた。地質学者のエド・シラーからは、貴重なアドバイスをもらった。スチュアート・ブラッソンは、探検の記述に細かい点をつけくわえてくれた。ヒューゴー・ダメット、ロバート・ガニコット、グレン・トーマスは、原稿の一部を読んで有益な助言をくれた。エイラ・トーマス、ロビン・ホプキンズ、レニ・キーオもまた、いくつかの箇所を読んで誤りを正してくれた。マサチューセッツ大学のスティーヴン・ハガティーには、宇宙空間におけるダイヤモンドの説明について、親切に助けてくれたことを感謝する。ジョン・ガーニーは、ダイヤモンドの指標鉱物に関する彼の業績を述べた箇所を検討し、誤りを正してくれた。ローリー・ムーアと根気強いジョージ・リードは、マントル上部の仕組みについて、骨を折って教えてくれた。ヴァーン・ランプトンは、氷河作用の説明を改善するよう提案してくれた。アメリカ自然史博物館のジョージ・ハーロー——ダイヤモンドに関する記事の熟練した書き手——は、ダイヤモンドの原子構造の記述を手直ししてくれた。簡潔さやわかりやすさのために何かが犠牲になっているとしたら、その責任は私にある。

ランディ・ターナーにもお礼を言いたい。彼が雇っているパイロットが、私をバレンランズのキャンプに連れていってくれた。そこで、ダイヤモンドを専門とする地質学者のメリッサ・カークリー、ニック・ポクヒレンコ、ジェニファー・アーウィンが、指標鉱物の掘り方を見せてくれた。BHPのグラハム・ニコルズにも感謝する。ビル・トレナマンはアンゴラへの旅行を援助してくれた。ゴールデンADAに関する記述については、FBIのジョー・デイヴィッドソン、サンフランシスコの調査者ジャック・イメンドルフ、《USニューズ&ワールド・リポート》のデイヴィッド・カプランから助力を得た。バリー・バーグは、ウィリアム・ゴールドバーグ・ダイヤモンド・コーポレーションでの大粒ダイヤのカットにまつわる一節を細かく検討してくれた。また、それ以外の点についても助言をもらった。サイモン・ティークルと、マンハッタンの宝石商リチャード・ブオノモ——あの才気あふれる紳士——にも感謝する。

イアン・スマイリーは、戦争ダイヤについての草稿を読んで有益な提案をしてくれた。ダイヤモンド戦争の構造について理解できたのは、次の二人のおかげだ。プレトリアの安全保障研究所のジャッキー・ポトヒーターと、トロントのヨーク大学国際安全保障センターのエド・ドスマンである。スティーヴン・フェイビアン、ニール・フーゲンホート、ピーター・ダンチン、海洋ダイヤ鉱夫のアンドレ・ロウにも感謝する。ボンベイとアントワープのメータ家の人びとにもお礼を言いたい。スニル・シュリヴァスタヴァは、ルーペの最もいい持ち方を見せてくれた。スーラトに滞在中、ピュッシュ・シャーの一家にお世話になった。ジェラルド・ロスチャイルドとマーク・ボストンが、インドに関する一連の主張を吟味してくれたおかげで、安心感が増した。

パースのティム・トレッドゴールドは、アーガイルとデビアスの論争について有益な提案をしてくれた。また、アーガイルでのピンクダイヤの窃盗についての記述が正しいことを確かめてくれた。シドニーのダイアナ・バグナルは、アーガイルでの窃盗に関する多くの切り抜きを見せてくれた。パースの《ウェスト・オーストラリアン》と《サンデー・タイムズ》の資料管理者は、文中の名前と日付が正しいことを確かめてくれた。デイヴィー・ラーパは、アントワープの業界についての識見を惜しみなく披露してくれた。カール・ピアソンとキャサリン・バーネットはダイヤモンド業界のあらゆる人びとを知っており、私を大いに助けてくれた。チャールズ・ウィンダムはDTCでの盗みに関する箇所を読み、誤りを正してくれた。リチャード・ウェイク-ウォーカーには感謝し切れない。彼はダイヤモンドについて何から何まで知っており、多くの価値ある提案をしてくれた。また、ブラジルの大きなピンクダイヤに関し、彼の会社の報告書から引用することを許してくれた。

合衆国司法省反トラスト部門の犯罪訴訟担当副主任のデイヴィッド・ブロットナーにも大変感謝している。彼は、本書中のいくつかの文章を吟味してくれた。

デビアスには数年前から援助してもらい、感謝にたえない。最初に手を借りたのは、いまは取締役を退いたジョージ・バーンだった。ダイヤモンド業界の保守派の長老である。ロンドンのロジャー・ヴァン・エーグヘンは、二年間休むことなく届いた一連のeメールを丁重に扱ってくれた。トム・ビアドモア-グレイ、クリス・ウェルボーン、ジョー・ジョイス、トレーシー・ピーターソン、トム・トウィーディ、ローリー・モア・オフェラル、クリス・オールダーマン、アンドリュー・ラモント、ガヴィン・ビーヴァーズに感謝する。ビーヴァーズは、私が会ったときはボツワナの行政官だったが、現在はヨハネスバーグで事業を経営している。サー・アラン・グロースのおかげで、ダイヤモンドの保安問題について論じることができた。デビアスの最高責任者で、礼儀正しいゲーリー・ラルフェは、攻撃を受けながらも親切に応対してくれた。ニッキー・オッペンハイマーにもお礼を言いたい。《アトランティック・マンスリー》にも感謝する。ダイヤモンド・コーストでの盗みに関する私の文章が、はじめて載った雑誌だ。編集者のエイミー・ミーカーには、特にお礼を言いたい。ステファニー・ウッド、スーザン・ウォーカー、デイヴィッド・ハル、ジェファーソン・ルイス、アレックス・ビームにもお世話になった。ニール・バスコムには、本書の企画を手伝ってもらった。ジョージ・ギブソンとクライヴ・プリドルは、原稿について有益なアドバイスをくれた。代理人のマイクル・カーライルがいなければ、本書は存在しなかった。編集者のジャッキー・ジョンソンには、心からお礼を言いたい。最大の感謝をヘザー・アボットに捧げる。彼女は最初から最後まで、この仕事と著者を見守ってくれた。

解説

鉱物科学研究所・理学博士
堀　秀道

ダイヤモンドは鉱物の一種で、炭素という単独の元素からできている。日常的な炭素は、石炭に代表されるように、黒く不透明でやわらかい物質である。しかしダイヤモンドは、透明で最高に硬く、石炭とは対極にある。地球内部深くにあるマントルといわれる区域の超高圧・高温の条件で、炭素原子の配列がおきかえられて、ダイヤモンドが生まれる。マントル層では逆に黒くてソフトな炭素は存在が難しいのだ。だから、マントル層まで行けば、そこではダイヤモンドは珍しい物質ではなく、いわば採り放題の状態といえるかも知れない。しかし、月まで到達した人類も、今のところそのように地底の奥深くまで潜っていくすべをもっていない。ただし自然の地殻運動の一環で、マントルの物質が地表へ運びだされることがあり、まれにその中にダイヤモンドが含まれている。そのような特殊な地殻運動は地球が生まれた初期の地質時代におもにおこなわれた。その後、大陸が移動してしまうくらい大規模な変動がつづいた結果、せっかく地表近くに達したダイヤモンドを含む岩石は大多数が地表から姿を消したと考えられる。そこにダイヤモンドの希少性があると同時に、科学的に産地を探査する必要性があるのである。

先史時代から人類はダイヤモンドの存在を知っていたにちがいないが、たいして関心がはらわれなかった。一般的にダイヤモンドの原石はあまり光り輝いていない。鉱物標本の世界では、アメリカのニューヨーク州に産出する〈ハーキマ・ダイヤモンド〉という石が知られている。実はこれは水晶で、ダイヤモンドとは無関係の鉱物なのであるが、数ミリから数メートルの結晶体で、非常によく輝いている。ダイヤの原石と、この水晶を地面においておけば、ふつうの人は真のダイヤには目もくれず水晶の方を取ってしまうだろう。人間の技術がダイヤを切断、研磨できるようになって、はじめてダイヤモンドは社会的な存在になった。とくに本書でも触れられているように一九一九年にマーセル・トルコフスキーによって、ブリリアント型カットが発明されて、他の追従を許さない輝きが見る人に強い影響を与え、宝石の王といわれるようになったのだ。

ヨーロッパの宮廷文化が花開いたとき、ダイヤモンドは一国の富と権力のシンボルとなった。今日、イギリスのロンドン塔やパリの博物館やモスクワのクレムリン宮殿に行くと歴史的に有名なダイヤモンドが展示されている。

ダイヤをめぐっては数知れぬ悲劇や喜劇がくりかえされてきて、その一部は本書でも紹介されている。フランス革命のギロチンの露と消えた王妃マリー・アントワネットのダイヤのイヤリングはワシントンのスミソニアン博物館にあるが、その毅然たる美しさの前で彼女の薄命を思うと、観客は足をとめざるをえないのである。また同館には世界最大の青いダイヤモンド〈ホープ〉が常時展示され、これを見ないとスミソニアンを見たことにならないと言われるくらいに著名である。ダイヤモンド自体の希少性よりも、代々の持主が不幸な運命にあったというエピソードの方が有名で、その一部は本書にも紹介されている。ただ実際には、この石にまつわる種々の悲劇はすべて宝石商の作り話であると、筆者は同館の担当部長のJ・ポスト博士から伺ったことがある。

ダイヤモンド産業の中核である、いわゆるダイヤモンド・シンジケート「デビアス社」の名前は知っている人が多いだろう。宮沢賢治は鉱物マニアの作家で、ダイヤモンドの価格を人工的につりあげているとしてデビアスに良い印象をもっていなかったらしい。たとえば、詩篇「北いっぱいの星ぞらに」(下初稿二)には次のような文章をみることができる。

じつにそらはひとつの宝石類の大集成で
ことに今夜は古いユダヤの宝石商が
とれないふりしてかくして置いた金剛石を
みんないちどにあの水底にぶちまけたのだ

デビアスの発明した「ダイヤモンドは永遠の輝き」というのは人類史上もっとも成功した宣伝用コピーであった。これによって、ふつうの人とは無関係のはずの一鉱物をエンゲージリングなどとして有力商品に仕立て上げたのである。本書の著者は、「無用の品を有用にした」と述べている。デビアス社が長年にわたりダイヤモンドの価格を維持し、さらに価値を高めるためにおこなってきたことが、第七章「欲望の製造」に詳しく述べられている。エメラルドやルビーのような魅力的な色彩をもたない鉱物が、宝石の王になるについては、高い屈折率というこの石の特性のほかに人為的な持ち上げがあったことになる。

ダイヤモンド産業を大別すると、探査、採掘、分類、加工（研磨）、販売の部門となるだろう。最近までデビアスによるダイヤモンド・シンジケートがこれらを総括し、宮沢賢治に指摘されるまでに独占的であった。それが二〇〇〇年以降、事態が大きく動いている。現時点は未だ流動期で、この先どのように落ちつくのか分かっていない。

その原因は三つある。一つは、国連でも問題になった「血のダイヤモンド」の件である。またもう一つはカナダで大鉱床が続々と発見されて、デビアス社がそのすべてを支配することはできなくなったことだ。この二つについては本書の中でも詳しく述べられている。

実は本書の中では十分に触れられていないが、もう一つの重要な問題がある。高圧高温の最新技術を駆使しておこなうダイヤモンドの色の改良、および合成ダイヤモンドの宝石界への進出である。このテクニカルな問題は近い将来さらに進歩してダイヤモンド業界を困惑させることはまちがいないと考えられる。これらの改良石と合成石はすでに市場に出回っており、科学的には天然石との識別は可能とされるが、現実には二つの難点がある。まずきわめて大量にある商品に対し、すべてに科学的トップレベルの検査をおこなうのが難しいこと、また新技術で改良や合成がおこなわれると、それを宝石検査機関が把握するまでにタイムラグが生ずることである。

この三つの問題を重視したデビアス社は、長年にわたるダイヤモンド統制の仕事を止めていく方向を発表してきた。この巨大資本シンジケートは別の形式で生き残ろうと戦術を練っていると思われる。たとえば、デビアスは二〇〇一年にルイ・ヴィトンと共同で新しい宝石ブランド販売をおこなうことを発表した。近い将来、さらに大きな動きが表面に出てくるだろう。

本書ではダイヤモンド産業の全部門が三〇〇頁以上に及ぶルポルタージュ風の文章にまとめられて

いる。必ずしも手軽に読めるものではないが、専門的で詳細にわたって個々の事実を追究し、書かれている。一般の読者も業界人も本書により、ダイヤモンドの知識を大幅にグレードアップできることはまちがいない。少なくともわが国で、これだけの内容のある本はこれまでになかったことは事実である。

ダイヤモンドをめぐっては、本書に書かれているほかにも興味深いエピソードがたくさんある。例えばカナダの鉱山開発の章で、エイラ・トーマスという女性地質学者の活躍が描かれているが、シベリアでソビエト時代にダイヤモンド鉱床の発見に大貢献したのも実は女性地質学者だった。このラリサ・ポプガーエヴァという女性地質学者の活躍は、かつてロシアでは劇映画になったくらいである。また〈カリナンI〉〈コイヌール〉〈フレンチ・ブルー〉など、歴史的に有名なダイヤモンドの紹介も多くなされているが、〈シャー・ダイヤモンド〉というダイヤモンドも興味深い。これはロシアの作家で外交官だった『知恵の悲しみ』の著者A・グリボエードフが一八二九年にペルシャの首都テヘランで暗殺された代償として国家間で引き渡されたダイヤモンドである。

実際、ダイヤモンドの利用は今や工業用が大部分である。また、先端技術の発達と大型の合成ダイヤの開発については、もう一冊の別の本にまとめて続篇として出版してほしい。とにかく、本書の主題である宝石としてのダイヤモンドは、人間の明暗表裏の実体がいちばん劇的にあらわれているテーマである。スリラーやアクションの作り話ではない、実話が数多く展開されており、中には本当に背筋の凍る話もある。ダイヤモンドをめぐるルポルタージュの大作である本書を幅広い読者におすすめしたいと思う。

二〇〇二年七月

Treadgold, Tim. "Argyle's Bitter Diamond War." *Business Review Weekly.* Nov. 4, 1996.
Wharton-Tigar, Edward (with Wilson, A. J.) *Burning Bright: The Autobiography of Edward Wharton-Tigar.* London: Metal Bulletin Books Ltd., 1987.
Williams, Roger. *King of the Sea Diamonds: The Saga of Sam Collins.* Cape Town: W. J. Flesch and Partners, 1996.

その他

いくつかの金融会社は、ダイヤモンド産業に関する優れた報告書を出している。次の二人の分析には恩恵をこうむった。バーナード・ヤコブズ・メレット（ヨハネスバーグ）のジェームズ・アランとＣＩＢＣワールド・マーケッツ（ロンドン）のジャック・ジョーンズである。カナダのダイヤモンド・ラッシュに関する記述は、多くの新聞記事を参考にした。そこには《グローブ・アンド・メイル》《ファイナンシャル・ポスト》《バンクーバー・サン》が含まれる。

ダイヤモンド戦争の進展について最新情報を得るため、インターネットで《アンゴラ・ピース・モニター》を定期的にチェックした。また、国連に所属する次の二つのグループの通信文と報告書を参照した。ＵＮＩＴＡへの制裁措置に関する監視機構とシエラレオーネのダイヤモンドと兵器についての専門家委員会である。両者の活動を知るには、www.un.org/documents/scinfo.htm にアクセスしてみるといいかもしれない。

Khalidi, Omar. *Romance of the Golconda Diamonds*. Middletown, N. J.: Grantha Corporation, 1999.

Kirkley, Melissa. "The Origin of Diamonds: Earth Process." In: *The Nature of Diamonds*. (Harlow, George E., ed.) Cambridge and New York: Cambridge University Press and American Museum of Natural History, 1998.

Kirkley, Melissa B.; Gurney, John J.; and Levinson, Alfred A. "Age, Origin, and Emplacement of Diamonds: Scientific Advances in the Last Decade." *Gems & Gemology*. Spring 1991.

Kramer, Andrew. "Four Convicted in Russian Diamond Embezzlement Case." *The Associated Press*. Moscow, May 17, 2001.

Krashes, Laurence S. (Ronald Winston, ed.) *Harry Winston: The Ultimate Jeweler*. Harry Winston Inc. and the Gemmological Institute of America. New York and Santa Monica: 1984.

Legat, Allice. *Caribou Migration and the State of the Habitat: Annual Report*. Yellowknife: West Kitikmeot Slave Study Society, 1998.

Newman, Peter C. *Company of Adventurers*. Toronto: Viking, 1985.

Pearson, Carl. *A Walk on the Demand Side* —— Revitalize Demand. London: 単独の出版物。2000年にケープタウンで開かれた経営者会議での演説のための、講演用の論文。

Reardon, David. "Police Urge Open Inquiry into $2 Million ArgyleDiamond Theft." *The Sydney Morning Herald* (Sydney). Oct. 15, 1998.

Rist, Curtis. "Neptune Rising." *Discovery*. Vol. 21, no. 9: 54-59.

Rubin, Elizabeth. "An Army of One's Own." *Harpers*. February, 1997.

Saxon, Martin. "Dozens in Diamond Ring." *The Sunday Times* (Perth). Sept. 10, 1995.

Skidmore, Thomas E. *Brazil: Five Centuries of Change*. New York: Oxford University Press, 1999.

Smillie, Ian; Gberie, Lansana; and Hazleton, Ralph. *The Heart of the Matter: Sierra Leone, Diamonds & Human Security*. Ottawa: Partnership Africa Canada, 2000.

Spiegel, Maura. "Hollywood Loves Diamonds." *The Nature of Diamonds* (Harlow, George E., ed.) Cambridge and New York: Cambridge University Press and American Museum of Natural History, 1998.

Surowiecki, James. "The Diamond Market vs. the Free Market." *The New Yorker*. July 31, 2000.

Emphasising Indicator Mineral Geochemistry and Canadian Examples. Geological Survey of Canada, Bulletin 423 (1995).

Frolick, Vernon. *Fire into Ice: Charles Fipke & the Great Diamond Hunt.* Vancouver: Raincoast Books,1999.

Fumoleau, Rene. *As Long as This Land Shall Last: A History of Treaty 8 and Treaty 11.* Toronto: McClelland and Stewart Ltd., 1973.

Gibson, Roy. "Argyle Papers Kept Secret, Says Lawyer." *The West Australian* (Perth). Oct. 12, 1998.

Gooch, Charmian; and Yearsley, Alex. *A Rough Trade.* London: Global Witness Ltd., 1998.

Gosman, Keith. "Diamond Heist." *The Sydney Morning Herald* (Sydney). Apr. 16, 1994.

Government Diamond Valuator, Republic of South Africa. 取締役代行に提出された文書。日付のない、内部のための摘要書。

Government of the Northwest Territories. *Diamonds and the Northwest Territories, Canada.* Yellowknife: 1993.

Haggerty, Stephen E. "A Diamond Trilogy: Superplumes, Supercontinents, and Supernovae." *Science* 285: 851-60.

Harlow, George E. "What Is Diamond?" In: *The Nature of Diamonds* (Harlow, George E., ed.) Cambridge and New York: Cambridge University Press and American Museum of Natural History, 1998.

——. "Following the History of Diamonds." In: *The Nature of Diamonds* (Harlow, George E., ed.) Cambridge and New York: Cambridge University Press and American Museum of Natural History, 1998.

Hughes, Judy. "Argyle Inquiry Attacks Police." *The Australian* (Sydney). Sept. 6, 1996.

Isenberg, David. *Soldiers of Fortune Ltd.: A Profile of Today's Private Sector Mercenary Firms.* Washington, D. C.: Center for Defense Information, 1997.

Jackson, Stanley. *The Great Barnato.* London: Heinemann.

Jennings, C. M. H. "The Discovery of Diamonds in Botswana." *South African Journal of Science.* Vol. 66, no. 8.

Jessup, Edward. *Ernest Oppenheimer: A Study in Power.* London: Rex Collings Ltd., 1979.

Kaplan, David E.; and Caryl, Christian. "The Looting of Russia." *U.S. News & World Report.* Aug. 3, 1998.

参考文献

Balfour, Ian. *Famous Diamonds*, 2nd ed. Santa Monica: Gemmological Institute of America, 1992.（『著名なダイヤモンドの歴史』イアン・バルフォア著／山口遼訳／徳間書房刊／1990 年）

Blakey, George. *The Diamonds*. London: Paddington Press Ltd., 1977.

Bruton, Eric. *Diamonds*, 3rd ed. London: N. A. G. Press, 1976.

Capon, Tim. "The Role of De Beers: Past, Present, Future." *Mazal UBracha Diamonds* (Tel Aviv). 1996.

De Beers Consolidated Mines Ltd. *Diamond Security and Illicit Diamond Trafficking*. Johannesburg: Paper prepared by De Beers Group Executive Diamond Security, n. d.

De Beers Consolidated Mines Ltd. *Notable Diamonds of the World*. Undated monograph.

De Beers Consolidated Mines Ltd. *The Centenary Diamond*. Undated monograph.

De Beers Consolidated Mines Ltd. and De Beers Centenary AG. Circular to Holders of Linked Units〔オッペンハイマーをはじめとする人びとによるデビアスの買収に先だって、株主に発表された文書〕2001.

De Beers Consolidated Mines Ltd. and De Beers Centenary AG. Annual Reports 1999.

De Beers Consolidated Mines Ltd. and De Beers Centenary AG. Annual Reports 1998.

De Boeck, Filip. "Domesticating Diamonds and Dollars: Identity, Expenditure and Sharing in Southwestern Zaire." *Development and Change*, Vol. 29, no. 4. October 1998.

Duval, David; Green, Timothy; and Louthean, Ross. *The Mining Revolution: New Frontiers in Diamonds*. London: Rosendale Press, 1996.

Even-Zohar, Chaim. "Global Witness May Have Forfeited the Right to Walk the Moral High Road." *Mazal UBracha Diamonds* (Tel Aviv). Vol. 15, no. 115.

Fipke, C. E.; Gurney, J. J.; and Moore, R. O. *Diamond Exploration Techniques*

ダイヤモンド
輝きへの欲望と挑戦

2002年8月20日　　初版印刷
2002年8月31日　　初版発行

*

著　者　マシュー・ハート
訳　者　鬼澤《おにざわ》　忍《しのぶ》
発行者　早川　浩

*

印刷所　中央精版印刷株式会社
製本所　中央精版印刷株式会社

*

発行所　株式会社　早川書房
東京都千代田区神田多町2－2
電話　03－3252－3111（大代表）
振替　00160－3－47799
http://www.hayakawa-online.co.jp
定価はカバーに表示してあります
ISBN4-15-208440-5　C0022
Printed and bound in Japan
乱丁・落丁本は小社制作部宛お送り下さい。
送料小社負担にてお取りかえいたします。

色のない島へ

——脳神経科医のミクロネシア探訪記

THE ISLAND OF THE COLORBLIND

オリヴァー・サックス

大庭紀雄 監訳／春日井晶子 訳

46判上製

先天性全色盲の患者が集団で暮らすピンゲラップ島、四肢の麻痺や痴呆をともない死にいたる原因不明の神経病が多発するグアム島など、今なお特異な風土病が残るミクロネシア。そこには何世代ものあいだ病気とともに生きてきた人々の驚くべき暮らしぶりがあった。世界的に著名な脳神経科医が、互いに助け合いながら心豊かに生活する人々の姿を、感動の筆致で描く医学エッセイ。

ハヤカワ・ノンフィクション

だれもあなたのことなんか考えていない

Rules for Aging: Resist Normal Impulses, Live Longer, Attain Perfection

——他人にしばられずに長生きするための58条

ロジャー・ローゼンブラット／春日井晶子訳

46判上製

必携・人生のサバイバルガイド

人間関係ではつい余計な悩みを抱きがち。でも大部分は本当に〝余計〟なもの。そんなムダを減らし、巧みに立ち回るための心得を大公開。皮肉とウィットたっぷりの語り口で人づきあいの核心を鋭くつく、頼もしい笑撃の一冊